分量分解新型变换及其应用研究

徐晓刚　徐冠雷　王　勋　著

科学出版社

北京

内 容 简 介

　　本书比较全面地综述了分量分解在信号变换或信号分解、图像变换或图像分解等相关领域内的总体情况，主要内容如下。第 1 章重点介绍信号和信号变换的基本概念及分类。第 2 章重点对 EMD 进行深入理论分析，揭示 IMF 与单分量信号之间的关系，给出并证明 EMD 将多分量信号分解为多单分量信号的必要条件和充分条件等。第 3 章针对二维图像的结构特点，介绍 NLEMD、SBEMD 和 ASBEMD 等算法，并给出它们的应用。第 4 章基于一维 Hilbert 和 Bedrosian 定理理论，介绍一种新的分量分解算法。第 5 章给出几种二维 Hilbert 变换的定义，介绍它们的函数表达式，并给出基于联合二维 Hilbert 变换的图像分解方法，包括相关的理论推导证明和图像分解实例。第 6 章把边缘和梯度作为广义极值，介绍广义经验模式分解算法。

　　本书既可作为信号处理、信息理论、计算机等相关专业人员的理论技术参考书，也可作为对应专业本科生和研究生的参考书。

图书在版编目(CIP)数据

分量分解新型变换及其应用研究 / 徐晓刚，徐冠雷，王勋著. —北京：科学出版社，2020.12

　ISBN 978-7-03-067446-3

Ⅰ. ①分… Ⅱ. ①徐… ②徐… ③王… Ⅲ. ①信号处理-研究 ②图像处理-研究 Ⅳ. ①TN911.7 ②TN919.8

中国版本图书馆 CIP 数据核字（2020）第 256063 号

责任编辑：孙露露　王会明 / 责任校对：马英菊
责任印制：吕春珉 / 封面设计：东方人华平面设计部

科　学　出　版　社 出版
北京东黄城根北街 16 号
邮政编码：100717
http://www.sciencep.com

三河骏圭印刷有限公司 印刷

科学出版社发行　　各地新华书店经销

*

2020 年 12 月第 一 版　　开本：787×1092 1/16
2020 年 12 月第一次印刷　　印张：13 1/2
字数：305 000

定价：128.00 元

（如有印装质量问题，我社负责调换〈骏杰〉）

销售部电话 010-62136230　编辑部电话 010-62138978-2010

前　言

近年来，随着通信技术、信息理论和计算机科学与技术的飞速发展，信号处理技术涵盖了绝大多数的工程应用领域，而且对信号处理技术的要求越来越高。其中，信号变换，包括线性变换和非线性变换构成了信号处理技术和方法的主体，已成为信号处理的重要内容和基本工具，如 Fourier 变换、加窗 Fourier 变换、wavelet 变换、Hilbert 变换、双线性变换（分布）、分数阶 Fourier 变换、Hilbert-Huang 变换等。另外，这些信号变换的本质，是按某种规则将混叠的复杂信号分量进行有效的分离或者分解，所以可以统一划归为分量分解，目的是清晰再现信号的各个独立分量的特征，实现分量分解后的有效操作。本书主要讨论分量分解下的一些新型的信号变换方法，包括国内外近年来有关分量分解新的信号变换技术和方法，同时包含作者近几年的部分最新研究成果。

本书比较全面地综述了分量分解在一维信号变换、图像分解等相关领域的总体研究情况，主要内容包括一维 Hilbert-Huang 变换及其相关内容、二维 Hilbert-Huang 变换及其相关内容、基于一维 Hilbert 变换的分量分解及其应用、基于二维 Hilbert 变换的分量分解及其应用和基于广义极值的分量分解及其应用等。

具体内容安排如下。第 1 章为绪论，主要介绍信号和信号变换的相关内容。从第 2 章开始，重点对一维 Hilbert-Huang 变换中的 EMD（empirical mode decomposition，经验模式分解）进行理论分析，从理论上探讨 IMF（intrinsic mode function，内蕴模式函数）和单分量信号之间的关系，并给出重要的理论准则，包括给出并证明 EMD 将多分量信号分解为多单分量信号的必要条件和充分条件等。第 3 章针对二维图像的结构特点，对二维 Hilbert-Huang 变换中的二维 EMD 进行理论分析，介绍几种典型的二维经验模式分解和应用分析，探讨二维经验模式分解的理论边界条件。第 4 章则是基于一维 Hilbert 变换和 Bedrosian 定理理论的分量分解，介绍一种新的分量分解算法，并进行比对分析。第 5 章是第 4 章的扩展，首先给出几种二维 Hilbert 变换的定义，介绍它们的函数表达式；然后通过联合二维 Hilbert 变换进行图像分量分解，包括相关的理论推导证明和图像分解实例分析。第 6 章进一步推广，把边缘和梯度作为广义极值，扩展传统经验模式分解的范畴，详细介绍广义经验模式分解算法及其应用分析。

本书内容是作者多年来在对分量分解的研究基础上总结当前最新研究成果完成的，重点是在多个国家自然科学基金（多维信号的 Hilbert 变换及其应用研究，60975016；广义测不准原理理论及其应用研究，61002052；基于调制解调的图像多分辨率分解方法，61273262；信号稀疏表示的广义测不准原理研究，61471412；二维 Bedrosian 定理理论及其应用研究，61771020）研究成果的基础上积累而成。

本书的出版得到了国家自然科学基金项目（61471412、61002052、61771020、

61273262、60975016）和非配合环境下视频智能分析算法与平台项目（2019KD0AC02）的支持，在此表示感谢。

　　由于作者水平有限，本书难免有不当之处，恳请读者批评指正。

作　者

2020 年 8 月

于杭州

目　　录

第1章 绪 论

信号是信息的载体，信息是信号所蕴含的"内容"或者"成分"，通常采用数学形式和符号表征信息[1-60]。信息表现形式有很多，如系统的模型参数、冲激响应和功率谱、目标的分类特征、特定分量、水文气象预报、高等生物心电异常等[1,2]，而信号处理技术就是以提取有用信息为目的、针对信号进行处理的数学方法和手段。

近年来，随着现代通信、信息理论和计算机科学与技术的飞速发展，信号处理技术涵盖了绝大多数的工程应用领域，而且对信号处理技术的要求越来越高。其中，信号变换，包括线性变换和非线性变换[1-160]构成了信号处理技术和方法的主体，已成为信号处理的重要内容和基本工具，如 Fourier 变换[3-26]、加窗 Fourier 变换［又称短时 Fourier 变换（short time Fourier transform，STFT）］[1,2,39,40,101,104,105]、wavelet 变换[1,2,103,153-159]、Hilbert 变换[1,71-89,105]、双线性变换（分布）[1,2]、分数阶 Fourier 变换[2-26]、Hilbert-Huang 变换[106-148]等。这些信号变换的本质，是按某种规则将混叠的复杂信号分量进行有效的分离或者分解，清晰再现信号的各个独立分量的特征，实现目标特征提取、识别、分类等操作[145-284]。

信号变换又称信号分解或分量分解等。但是，一般意义上来说，信号变换涵盖的范围更为广泛，所以严格来说信号变换包含了信号分量分解。本书主要讨论分量分解下的一些新型的信号变换方法，包括国内外近年来有关分量分解新的信号变换技术和方法，同时包含了作者近几年的部分最新研究成果。

1.1 信号的变换类型

1.1.1 信号关系和分类

信号变换是信号处理领域庞大的分支，其方法众多，它们相互独立，但从物理意义上又是相通的，可以将它们归结到统一的物理框架。

数学上，信号可采用函数表示，其变量可为时间、频率，可为标量、矢量，可为一维、多维。这里以时间域一维标量函数 $f(t)$ 为例加以阐述，将 u 作为频率变量（涵盖圆周频率和角频率），$\rho(t) = \dfrac{|f(t)|^2}{\displaystyle\int_{-\infty}^{\infty}|f(t)|^2 \, \mathrm{d}t}$ （或 $\rho(t) = \dfrac{|f(t)|}{\displaystyle\int_{-\infty}^{\infty}|f(t)| \, \mathrm{d}t}$ ）为时间变量 t 的概率密度函数，$f(t)$ 的数学期望为 $\mu_f = E\{f(t)\} = \displaystyle\int_{-\infty}^{\infty} t\rho(t)\mathrm{d}t$ 。

对于信号 $f(t)$ 和 $g(t)$ ，设它们的概率密度函数分别为 $\rho_f(t)$ 和 $\rho_g(t)$ ，它们的联合概率密度函数为 $\rho_{fg}(t)$ ，如果 $\rho_{fg}(t) = \rho_f(t)\rho_g(t)$ ，则 $f(t)$ 和 $g(t)$ 线性独立，表示 $f(t)$ 和 $g(t)$

"互不包含"，$f(t)$ 不是 $g(t)$ 的线性组合，$g(t)$ 也不是 $f(t)$ 的线性组合。

设信号 $f(t)$ 和 $g(t)$ 的期望值分别为 μ_f 和 μ_g，它们的互协方差函数定义为 $C_{fg}(t) = E\{f(t)g^*(t)\} - \mu_f\mu_g^*$（这里 $*$ 为共轭算子，$E\{\}$ 为期望算子），它们的互相关函数为 $R_{fg} = E\{f(t)g^*(t)\}$，如果 $C_{fg}(t) = 0$，则信号 $f(t)$ 和 $g(t)$ 不相关。

对于均值为零的信号 $f(t)$ 和 $g(t)$，总存在它们的共性和非共性部分。对于共性部分乘积的符号相同，通过期望算子这部分得到了保留而加强；而对于非共性部分乘积的符号时同时反，通过期望算子这部分相互"抵消"而削弱[1]。因此，互协方差函数可提取两个信号的共性部分，抑制非共性部分，而且互协方差越大，表明信号 $f(t)$ 和 $g(t)$ 的共性部分越多，$f(t)$ 和 $g(t)$ 越相似，反之亦然。

对于高斯函数，线性独立与不相关是等价的。但是对于信号 $f(t)$ 和 $g(t)$ 之间相互线性独立，即"互不包含"，$f(t)$ 和 $g(t)$ 没有共性部分，线性独立可推断信号 $f(t)$ 和 $g(t)$ 不相关，反之不一定成立。

对于均值非零的信号 $f(t)$ 和 $g(t)$，若它们的相关函数 $R_{fg} = E\{f(t)g^*(t)\} = 0$，则信号

$f(t)$ 和 $g(t)$ 正交，记为 $f(t) \perp g(t)$，其内积形式表示为 $\langle f(t), g(t) \rangle = \int_{-\infty}^{\infty} f(t)g^*(t)\mathrm{d}t = 0$。

如果信号 $f(x)$ 和 $g(x)$ 的期望值为零，则不相关和正交彼此等价。从物理意义的角度来说，信号 $f(t)$ 和 $g(t)$ 正交，则它们完全可被识别。

若信号 $f(t)$ 和 $g(t)$ 的期望为零，且它们线性独立，那么它们正交，表明它们"互不包含"，且没有任何共性部分。如果 $\langle f(t), f(t) \rangle = \langle g(t), g(t) \rangle = 1$，则称信号 $f(t)$ 和 $g(t)$ 为标准正交。

通常，采用积分形式[104]定义信号 $f(t)$ 和 $g(t)$ 的互相关函数 $\mathring{R}_{fg} = \int_{-\infty}^{\infty} f(t)g^*(t+\tau)\mathrm{d}t$。

互相关函数 $\mathring{R}_{fg}$ 也需要计算信号 $f(t)$ 和 $g(t)$ 的乘积，共性部分乘积符号相同，这部分也得到了加强而保留；反之，非共性部分因"抵消"而削弱。因此，互相关函数 $\mathring{R}_{fg}$ 与互协方差函数 $C_{fg}(t)$ 具有相似的物理解释，互协方差函数 $C_{fg}(t)$ 是数理统计的概念，而互相关函数 $\mathring{R}_{fg}$ 对于任意给定的信号都适用。

再考虑信号 $f(t)$ 和 $g(t)$ 的卷积：

$$f(t) * g(t) = \int_{-\infty}^{\infty} f(t)g(\tau - t)\mathrm{d}t \tag{1.1}$$

式中，$*$ 为卷积算子。

当 $f(t)$ 为偶函数时，卷积和相关等价，因此卷积是特定条件下的相关。

除了从统计角度定义正交外，还可以通过内积定义正交。

如果

$$\langle f(t), g(t-\tau) \rangle = \int_{-\infty}^{\infty} f(t)g^*(t-\tau)\mathrm{d}t = 0, \quad \forall \tau \tag{1.2}$$

则称信号 $f(t)$ 和 $g(t)$ 正交。

当 $g(t)$ 为实数时，相关函数和内积等价，因此内积是特定条件下的相关。

综上所述，内积、相关和卷积都需要计算信号 $f(t)$ 和 $g(t)$ 乘积的积分，它们都是一

种数学意义上的广义相关运算，在一定程度上起到"提取共性，剔除差异"的作用。

从时频分析的角度来看，信号可以分为平稳信号和非平稳信号。对于信号 $f(t)$，如果其频率（或者功率谱）不随时间变化，则称 $f(t)$ 为平稳信号，反之称 $f(t)$ 为非平稳信号。

从统计的角度来看，如果信号 $f(t)$ 满足以下条件。

1）其均值为常数：$E\{f(t)\} = \mu_f$（常数）。

2）其二阶矩有界：$E\{f(t)f^*(t)\} = E\{|f(t)|\} < \infty$。

3）其协方差函数与时间无关。

则称信号 $f(t)$ 为平稳信号。

平稳信号通常称为时不变信号，其统计量不随时间变化；非平稳信号则常称为时变信号，其统计量至少有一个是随时间变化的函数。

特别地，线性调频信号（linear frequency modulation，LFM）是一种特殊意义的非平稳信号，在时频平面上的分布如图 1.1 所示。通常，以处理线性调频信号为标准衡量时频分析方法的性能，如果某种时频分析方法不能有效分析线性调频信号，那么它必定不是非平稳信号有效的时频分析方法[1,2]。

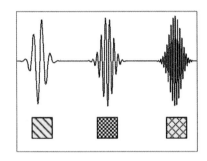 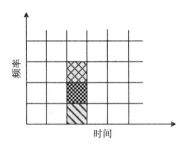

（a）加窗Fourier变换基函数的时频网格　　　（b）时频面内时频网格的对应分布

图 1.1　加窗 Fourier 变换的时频网格

1.1.2　信号变换的类型划分

对于实数信号 $f(t)$，假定 $\int_{-\infty}^{\infty} f^2(t)\mathrm{d}t < \infty$，且 $f(t)$ 在任一有限支撑上满足 Dirichlet 积分条件[104]，记作 $f(t) \in L^2(R)$，采用函数序列 $\phi_l(t)(l = 0, \pm1, \pm2, \cdots)$ 将 $f(t) \in L^2(R)$ 展开成级数形式：

$$f(t) = \sum_{l=-\infty}^{\infty} c_l \phi_l(t) \tag{1.3}$$

式中，

$$c_l = \int_{-\infty}^{\infty} f(t)\phi_l^*(t)\mathrm{d}t = \langle f(t), \phi_l(t) \rangle \tag{1.4}$$

式（1.3）称为级数展开，积分公式（1.4）称为信号变换。其中，$c_l\phi_l(t)$ 称为 $f(t) \in L^2(R)$ 的第 l 个分量。

某种意义上，信号变换的积分公式提取了 $f(t)$ 与 $\phi_l(t)$ 的共性，而该共性量值为 c_l，

c_l 越大，表明 $f(t)$ 与 $\phi_l(t)$ 共性越多，反之亦然。考虑到内容含量关系：$f(t) \supseteq \phi_l(t)$，积分公式（1.4）的作用是求解信号 $f(t)$ 包含 $\phi_l(t)$（$l = 0, \pm 1, \pm 2, \cdots$）的含量多少。

为了保证信号 $f(t)$ 展开的唯一性，要求 $\{\phi_l(t)\}$ 构成一组基函数。令 $f(t) \in L^2(R)$，若 $\{\phi_l(t)\}$ 是 Hilbert 空间的一组基函数，其必须满足以下条件。

1）$\phi_l(t)$（$l = 0, \pm 1, \pm 2, \cdots$）相互线性独立。

2）只有 $f(t) = 0$ 时，才有 $\langle f(t), \phi_l(t) \rangle = 0$（$\forall l \in Z$）。

条件 1）称为基函数的线性独立性，表明基函数之间不能"相互包含"；条件 2）称为基函数的完备性，表明基函数缺一不可。

为了获取信号 $f(t) \in L^2(R)$ 的所有可识别的目标特征，一种有效的方法就是采用正交基 $\phi_l(t)$（$l = 0, \pm 1, \pm 2, \cdots$）：$\langle \phi_l(t), \phi_k(t) \rangle = \begin{cases} b_{lk} \neq 0, l = k \\ 0, l \neq k \end{cases}$，$f(t) = \sum\limits_{l=-\infty}^{\infty} c_l \phi_l(t)$ 称为正交级数展开，

积分变换 $c_l = \int\limits_{-\infty}^{\infty} f(t) \phi_l^*(t) \mathrm{d}x$ 称为正交变换。

如果 $\langle \phi_l(t), \phi_k(t) \rangle = \begin{cases} 1, l = k \\ 0, l \neq k \end{cases}$，级数展开 $f(t) = \sum\limits_{l=-\infty}^{\infty} c_l \phi_l(t)$ 称为 K-L 展开[105]，积分变换

$c_l = \int_{-\infty}^{\infty} f(t) \phi_l^*(t) \, \mathrm{d}t$ 称为 K-L 变换[105]。

与正交基相对的是非正交基。如果 $\phi_l(t)$（$l = 0, \pm 1, \pm 2, \cdots$）和 $\varphi_l(t)$（$l = 0, \pm 1, \pm 2, \cdots$）是两组非正交基函数，那么称级数展开 $f(t) = \sum\limits_{l=-\infty}^{\infty} c_l \phi_l(t)$ 为非正交级数展开，称积分变换

$c_l = \int\limits_{-\infty}^{\infty} f(t) \varphi_l^*(t) \mathrm{d}t$ 为非正交变换。

在非正交信号变换中，级数展开基函数 $\phi_l(t)$（$l = 0, \pm 1, \pm 2, \cdots$）和信号变换的基函数 $\varphi_l(t)$（$l = 0, \pm 1, \pm 2, \cdots$）满足双正交条件：$\langle \phi_l(t), \varphi_k(t) \rangle = \begin{cases} 1, l = k \\ 0, l \neq k \end{cases}$。$\phi_l(t)$（$l = 0, \pm 1, \pm 2, \cdots$）和 $\varphi_l(t)$（$l = 0, \pm 1, \pm 2, \cdots$）构成对偶基函数，它们又互为对偶基函数。它们在级数展开和积分变换中可以互换，称级数展开 $f(t) = \sum\limits_{l=-\infty}^{\infty} c_l \phi_l(t)$ 为双正交级数展开，称积分变换

$c_l = \int\limits_{-\infty}^{\infty} f(t) \varphi_l^*(t) \mathrm{d}t$ 为双正交变换。

信号变换是求解信号级数展开系数 $c_l(t)$（$l = 0, \pm 1, \pm 2, \cdots$），因此有时把级数展开和积分变换统称为信号变换。

信号变换可以分为非正交变换、双正交变换和正交变换，它们之间存在如下关系。

1）非正交变换，其级数展开基函数和信号变换基函数不同，它们都是非正交的。

2）双正交变换，其级数展开的非正交基函数和信号变换的非正交基函数不同，但它们相互正交。

3）正交变换，其级数展开和信号变换的基函数相同，而且基函数正交。

信号变换的性能不完全取决于是否正交，因为基函数的基本条件表明各分量之间具

备线性独立性和完备性。只不过，正交变换通常可以提供没有冗余的表示和更好的识别特征。

目前，大多数信号变换方法均可归到以上三种变换类型，但是它们的目标和侧重点不一样。事先确定基函数 $\phi_l(t)$ $(l=0,\pm1,\pm2,\cdots)$ [或/和 $\varphi_l(t)$ $(l=0,\pm1,\pm2,\cdots)$]，然后获取级数展开的变换系数 $c_l(x)$，称为有基变换，如 Fourier 变换、wavelet 变换等。设定系数为 $c_l(t)\equiv1$，再获取基函数 $\phi_l(t)$ $(l=0,\pm1,\pm2,\cdots)$，即信号的分解分量，称为无基变换。无基变换以基函数为求解目标，如 Hilbert-Huang 变换等[106-150]。另外，如信号噪声去除[117,198]、信号盲分离[157-160] 及纹理分割[143-150] 等也可以看作广义上的无基变换。

无论有基变换还是无基变换，都是将一个信号分解成一系列的分量（或者获得一系列分量的含量），而这些分量之间通常至少具备线性独立性和完备性，进一步，这些分量还可能正交。因此，从这个角度来说，无论是有基变换还是无基变换，其都可以看作分量分解的信号变换方法。因此，本书研究的内容也限定为分量分解的新型变换。

上述讨论的变换均是基于内积的。另外，信号变换还可以基于卷积，且基函数只有一个元素，如 Hilbert 变换[106-150]。根据前面分析可知，内积、相关和卷积都可看作求取信号共性部分的一种广义操作。从广义物理意义上来说，Hilbert 变换与前面讨论的变换类似。

另外，信号变换还可以按照是否满足线性叠加原理进行分类。设信号变换算子为 T，对于信号 $f(t)=a_1f_1(t)+a_2f_2(t)$（a_1,a_2 为常数），如果其满足

$$T\{f(t)\}=T\{a_1f_1(t)+a_2f_2(t)\}=a_1T\{f_1(t)\}+a_2T\{f_2(t)\} \tag{1.5}$$

则称 T 为线性变换，否则称其为非线性变换。

1.2 有 基 变 换

在信号处理领域，目前绝大多数的信号变换是有基变换，即通过式（1.3）和式（1.4）给定不同的基函数，就可以定义不同的有基变换。

根据式（1.3）和式（1.4），通过选定指数函数和尺度函数，可定义最为经典的两种变换：Fourier 变换和 wavelet 变换。

如果式（1.3）和式（1.4）中的 $\phi_l(t)=\mathrm{e}^{jlt}$（j 为虚数单位），那么式（1.3）和式（1.4）可写为

$$f(t)=\sum_{l=-\infty}^{\infty}c_l\mathrm{e}^{jlt} \tag{1.6}$$

式中，

$$c_l=\int_{-\infty}^{\infty}f(t)\mathrm{e}^{-jlt}\mathrm{d}t=\left\langle f(t),\mathrm{e}^{jlt}\right\rangle \tag{1.7}$$

通过欧拉公式将 $\phi_l(t)=\mathrm{e}^{jlt}$ 展开为正弦和余弦两部分，式（1.6）可描述为

$$f(t)=\sum_{l=-\infty}^{\infty}\frac{c_l}{2}\cos(lt)+j\sum_{l=-\infty}^{\infty}\frac{c_l}{2}\sin(lt) \tag{1.8}$$

进一步，可以把式（1.8）转换为以下两种级数展开和变换：

$$f(t) = \sum_{l=-\infty}^{\infty} a_l \cos(lt) \qquad (1.9)$$

式中，

$$a_l = \int_{-\infty}^{\infty} f(t)\cos(lt)\mathrm{d}t = \langle f(t), \cos(lt)\rangle \qquad (1.10)$$

$$f(t) = \sum_{l=-\infty}^{\infty} b_l \sin(lt) \qquad (1.11)$$

式中，

$$b_l = \int_{-\infty}^{\infty} f(t)\sin(lt)\mathrm{d}t = \langle f(t), \sin(lt)\rangle \qquad (1.12)$$

式（1.6）、式（1.9）和式（1.11）分别称为 Fourier 级数展开、余弦级数展开和正弦级数展开。相应地，式（1.7）、式（1.10）和式（1.12）分别为 Fourier 变换、余弦变换和正弦变换。余弦变换、正弦变换和 Fourier 变换统称为三角变换，相应的级数展开又统称为三角级数展开。其中，正弦变换和余弦变换可以看作特殊的 Fourier 变换，且可以通过 Fourier 变换进行线性组合实现[104]。

如果 $\phi_l(t) = \frac{1}{\sqrt{a}}\phi\left(\frac{t-l}{a}\right)$ $(a>0)$，且满足条件 $\int_{-\infty}^{\infty}\phi(t)\mathrm{d}t = 0$ 和 $\int_{-\infty}^{\infty}|\phi(t)|^2\mathrm{d}t = 1$，那么将其代入式（1.3）和式（1.4）可得

$$f(t) = \frac{1}{\sqrt{a}}\sum_{l=-\infty}^{\infty} c_l \tilde{\phi}\left(\frac{t-l}{a}\right) \quad 或 \quad f(t) = \frac{1}{\sqrt{a}}\sum_{l=-\infty}^{\infty} c_l \phi\left(\frac{t-l}{a}\right) \qquad (1.13)$$

式中，$\tilde{\phi}_l(t)$ 是 $\phi_l(t)$ 的对偶基。

$$c_l = \frac{1}{\sqrt{a}}\int_{-\infty}^{\infty} f(t)\phi^*\left(\frac{t-l}{a}\right)\mathrm{d}t = \left\langle f(t), \frac{1}{\sqrt{a}}\phi_l\left(\frac{t-l}{a}\right)\right\rangle \qquad (1.14)$$

显然，式（1.13）为小波级数展开，式（1.14）为 wavelet 变换。

除了指数基函数和小波基函数外，还可以采用其他基函数定义不同的变换。另外，通过选择不同的小波基函数，还可以得到不同的 wavelet 变换。小波基可选择正交的，也可选择双正交或者非正交的[1,103]。

1.2.1 Fourier 变换和加窗 Fourier 变换

在信号处理中，Fourier 变换是将信号从时域映射到频域进行处理的方法，其逆变换则是从频域映射到时间域。在有些情况下，在频域进行信号处理简洁明了。例如，在系统响应分析中，通过分析信号幅频特性的变化，可以分析系统对不同频率分量的延迟多少[1,105]，特别是对于平稳信号具有较强的适应特性。Fourier 变换是在全时域上的积分，描述信号的不同频率成分，无法刻画某一频率分量的发生时刻，Fourier 分析不具备局部特性。因此，人们又提出了其他的时频分析方法，如加窗 Fourier 变换方法等。

加窗 Fourier 变换方法是一种获取信号局部信息的变换的有效方法。通过截取信号的局部部分，"屏蔽"信号的其余部分，并考虑内积的积分特性，获取局部信息。一般有如下策略[1]：

信号的局部变换 = <局域信号，全域核函数>

信号的局部变换 = <全域信号，局域核函数>

信号 $f(t)$ 的加窗 Fourier 变换定义为

$$\text{STFT}_f(t,u) = \left\langle f(t), g(\xi-t)\text{e}^{jtu} \right\rangle = \int_{-\infty}^{\infty} f(\xi)g^*(\xi-t)\text{e}^{-jtu}\text{d}\xi$$

$$= \int_{-\infty}^{\infty} \left[f(\xi)g^*(\xi-t) \right] \text{e}^{-jtu}\text{d}\xi \tag{1.15}$$

式中，$g(t)$ 为窄窗函数，满足 $\int_{-\infty}^{\infty} g(t)\text{d}x = 1$，$g(t)$ 截取信号 $f(t)$ 局部 $f(\xi)g^*(\xi-t)$，并对其进行 Fourier 变换。

窗函数常采用高斯函数，它具有很好的平滑性，可以得到相对较好的时频聚集性。通常将加窗 Fourier 变换的模平方称为信号 $f(t)$ 的谱图 $\text{SPEC}(t,u)$[1]：

$$\text{SPEC}(t,u) = \left| \text{STFT}_f(t,u) \right|^2 \tag{1.16}$$

加窗 Fourier 变换假定待分析的非平稳信号 $f(t)$ 在窗函数 $g(t)$ 的一个有效支撑内是平稳的或者几乎平稳的，移动窗口，分析各个不同支撑上的功率谱。对于自然界的信号，这一假定在多数情况下不成立，当信号的频谱随着频率激烈变化时，则需要一个很窄的窗函数；反之，则需要一个相对较宽的窗函数。但是，窗函数 $g(t)$ 在时频平面上是规则的时频网格（图 1.1），造成了窗函数与信号局部平稳长度不相适应。一种有效的解决办法就是窗函数 $g(t)$ 也是变化的，采用自适应的方法对不同的信号段选择长度不一的合适窗函数。但是这种方法由于种种原因并没有成为一种主流的时频分析方法，并且其可以应用的实例也不多。

1.2.2 时频分析

为了改善加窗 Fourier 变换产生谱图的分辨率及时频聚集性等，人们又提出了另外一种时频分析方法，即基于双线性变换等方法的时频分析。时频分析源于 Gabor、Wigner 及 Ville 等的研究工作[86,232]，其基本思想是设计时间和频率的联合函数，描述信号在不同时刻和频率的能量密度，从而得到时间-频率联合分布，如图 1.1 所示。描述非平稳信号的能量变化，考虑到能量的二次特性，因此二次型的时频分析是更直观、更合理的信号表示方法。

考虑信号 $f(t)$ 的自相关函数：

$$R(\tau) = \int_{-\infty}^{\infty} f(t)f^*(t-\tau)\text{d}t = \left\langle f(t), f(t-\tau) \right\rangle \tag{1.17}$$

对其进行 Fourier 变换，得到功率谱：

$$P(u) = \int_{-\infty}^{\infty} R(\tau)\text{e}^{-ju\tau}\text{d}\tau \tag{1.18}$$

式（1.17）的对称形式为

$$R(\tau) = \int_{-\infty}^{\infty} f(t+\tau/2)f^*(t-\tau/2)\text{d}t = \left\langle f(t+\tau/2), f(t-\tau/2) \right\rangle \tag{1.19}$$

可见，由于在整个支撑上的积分，式（1.19）是全局变换。为了得到局部信息，对式（1.19）进行加窗处理：

$$R(t,\tau) = \int_{-\infty}^{\infty} g(s-t,\tau) f(s+\tau/2) f^*(s-\tau/2) \, \mathrm{d}s \qquad (1.20)$$

式中，$g(s-t,\tau)$ 为窗函数；$R(t,\tau)$ 为局部相关函数，也称为信号的局部积分变换。

自相关函数 $R(\tau)$ 计算信号 $f(t)$ 不同时刻的乘积，共性部分得到加强而保留；相反，非共性部分相互抵消而削弱。局部自相关函数 $R(t,\tau)$ 则是在局部进行自相关运算，把信号局部的共性部分提取出来抑制局部非共性部分。

对式（1.20）进行 Fourier 变换，得到时变功率谱，即信号能量的时频分布

$$P(t,u) = \int_{-\infty}^{\infty} R(t,\tau) \mathrm{e}^{-ju\tau} \mathrm{d}\tau \qquad (1.21)$$

这表明，时频分布是局部自相关函数的 Fourier 变换，或自相关函数的局部 Fourier 变换。采用不同的局部相关函数形式，就可以得到不同的时频分布。由于自相关函数涉及计算信号的乘积，在数学上表现为二次型，因此基于自相关函数的时频分布通常称为双线性变换，是一种非线性变换，不满足线性叠加原理。

如果窗函数是冲激函数 $g(t,\tau) = \delta(t,\tau)$，则有

$$R(t,\tau) = \int_{-\infty}^{\infty} \delta(s-t,\tau) f(s+\tau/2) f^*(s-\tau/2) \, \mathrm{d}s = f(t+\tau/2) f^*(t-\tau/2) \qquad (1.22)$$

代入式（1.21），得到时频分布：

$$P(t,u) = \int_{-\infty}^{\infty} f(t+\tau/2) f^*(t-\tau/2) \mathrm{e}^{-ju\tau} \mathrm{d}\tau \qquad (1.23)$$

式（1.23）就是 Wigner-Ville 分布，它是最早的一种时频分析方法，也是最典型的一种双线性变换。后来，为了改进 Wigner-Ville 分布不能在整个时频平面上总是正值及有时交叉项比较严重等缺陷，人们又提出了各种各样的双线性变换方法，包括与 Wigner-Ville 分布同属于 Cohen 类的 Choi-Williams 分布、锥形分布及 Wigner-Ville 分布的几种变型：伪 Wigner-Ville 分布、平滑 Wigner-Ville 分布、B 分布等[1,2]，还包括后来出现的正时频分布[233,234]等多种时频分析方法。

理论分析表明[102]，双线性时频分布的交叉项总是存在的，因为基于双线性变换的时频分布的交叉项和时频聚集性是一对无法调和的矛盾，抑制交叉项会降低时频聚集性；反之，如果欲保留好的时频聚集性，就会留下较为严重的交叉项。

1.2.3 wavelet 变换

20 世纪 80 年代，法国工程师 Morlet 提出了 wavelet 的概念，并建立了 wavelet 的经验反演公式。1986 年，数学家 Mayer 偶然构造了一个小波基函数，并与 Mallat 一起建立了构造小波基函数的统一方法——多尺度分析方法及 Mallat 金字塔算法，小波从此才得以真正的发展。

"小波"本质上是"一小段信号波"，或者看作"一小段（被窄窗提取的）谐波"。通过伸缩因子 a 和平移因子 l 获得的小波集为 $\left\{ \dfrac{1}{\sqrt{a}} \phi\left(\dfrac{t-l}{a}\right) \right\}_{a \neq 0, b}$，控制参数 l 可以获取任

一时段信号的分析，而控制参数 a 可以获取不同尺度的局部分析。因此，wavelet 变换是将信号从时域转换到时间-尺度联合域的工具，利用时间-尺度函数来表示和分析信号。wavelet 变换可在不同分辨率下进行信号分析，除了时间平行移动外，还可改变时间和频率比例尺度，通过长宽不一但面积通常固定的矩形时频网格进行分析，对低频分量采用高分辨率，对高频分量采用低分辨率，这与人类的视觉特征相吻合，因此通常称 wavelet 变换为"数学显微镜"。但是由于采用固定面积的矩形时频网格（图 1.2），因此 wavelet 变换只能有效地分析带宽具有固定比例的信号。

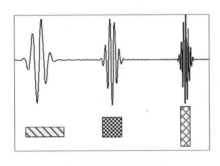 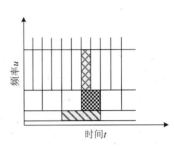

（a）小波基函数的时频网格　　　　　　　（b）时频面内时频网格的对应分布

图 1.2　wavelet 变换的时频网格

为了提高小波的计算速度、简化小波实现复杂度、克服常见小波基函数有损表示信息的缺陷，Sweldens 于 1995 年[235]提出了通过矩阵的提升格式来研究完全重构滤波器，从而建立了第二代 wavelet 变换的理论体系。为了解决固定矩形时频网格分析的缺陷，出现了线性调频函数 wavelet 变换（chirplet transform）[155,156]，简称线调频 wavelet 变换。除了时移、频移和尺度变化外，线调频 wavelet 变换的时频网格可以旋转及进行尺度拉伸，它可以有效分析带宽比例变化的信号。

为了解决二维或更高维信号的线状奇异性，Candès 和 Donoho[236-238]提出了类似线调频 wavelet 变换的脊波变换（ridgelet transform），它可有效分析和表征线性频散分布的信号。但是，对于二次或更高次的曲线状目标，wavelet 变换、线调频 wavelet 变换和脊波变换的表征和分析能力明显下降。曲波变换（包括 curvelet transform 和 contourlet transform）[181,196,211,236]等提高了上述三类变换描述高次曲线状目标的能力，可以对此类信号进行有效的稀疏表示和分析。本质上，曲波变换是多尺度的局部脊波变换，它先对信号进行 wavelet 变换，将其分解为一系列不同尺度的子带信号，然后对每个子带再做局部脊波变换。此外，复数 wavelet 变换[239]和带波[240,241]等克服了小波不具平移不变性和无方向性能等缺陷，如图 1.3 所示。

总之，经过 30 多年的发展，wavelet 变换已形成了以多尺度多分辨率分析、框架和滤波器组为核心的理论体系，将多尺度分析及多分辨

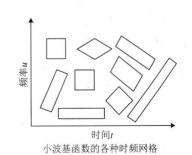

小波基函数的各种时频网格

图 1.3　线调频、脊波变换等新型 wavelet 变换的时频网格

率处理、压缩子带编码、基于非规则采样的非平稳信号分析和数学小波级数展开等纳入统一的 wavelet 变换理论框架。

1.2.4　分数阶 Fourier 变换

20 世纪初以来，对 Fourier 变换的理论和方法研究不断深入，人们提出了分数阶 Fourier 变换，通常称为广义 Fourier 变换。从特征值和特征函数的角度，Wiener 于 1929 年最早对分数阶 Fourier 变换进行相关的研究[25]。1937 年，Condon 独立提出分数阶 Fourier 变换的定义[242]。1939 年，Kober 通过类似于 Fourier 变换的分数幂形式给出分数阶 Fourier 变换的定义，不同于 Wiener 的分数阶 Fourier 变换定义，形成了分数阶 Fourier 变换定义形式的多样性[2,3,7]。另外，Guinand 等对分数阶 Fourier 变换的早期发展也起到了推动作用。直到 1980 年，Namias[15]从数学的角度重新提出分数阶 Fourier 变换的概念，并将其应用于微分方程求解，分数阶 Fourier 变换才引起广泛关注。之后，McBride、Kerry、Mustand、Mendlovic 和 Ozaktas、Lohaman 等相继对分数阶 Fourier 变换的理论方法进行了深入的探讨[10-26]，20 世纪 90 年代进入了研究高潮，分数阶 Fourier 变换现已广泛应用于微分方程求解、物理量子力学、光学传输和衍射理论、多路传输、时变滤波等领域。到目前为止，分数阶 Fourier 变换仍然是信号处理领域研究的热点之一[3,4,7]。

从内积（或者积分变换）的角度，分数阶 Fourier 变换定义如下[3,4]：

$$F^\alpha(u)=\langle f(t),K_\alpha^*(t,u)\rangle=\begin{cases}\int_{-\infty}^{\infty}f(t)K_\alpha(t,u)\mathrm{d}t,\alpha\neq 2n\pi\\f(t),\alpha=2n\pi\\f(-t),\alpha=(2n+1)\pi\end{cases}\quad(1.24)$$

式中，$K_\alpha(t,u)=\sqrt{\dfrac{1-\mathrm{j}\cot\alpha}{2\pi}}\exp\left(\mathrm{j}\dfrac{t^2+u^2}{2}\cot\alpha-\dfrac{\mathrm{j}ut}{\sin\alpha}\right)$。

当 $\alpha=2n+\pi/2$ 时，式（1.24）为传统 Fourier 变换。式（1.24）是线性正交变换，正交基为 $K_\alpha^*(t,u)$，它通过积分运算获取 $f(t)$ 包含的 $K_\alpha^*(t,u)$ 分量。

分数阶 Fourier 变换还有一些性质和物理解释，如参数的叠加特性等[3,4]。Fourier 变换将信号从时域映射到频域，在时频平面从时间轴旋转到频率轴，旋转了 90°；而分数阶 Fourier 变换通过控制参数可在时频平面进行任意角度的旋转，如图 1.4 所示。如果线性调频信号在时频平面上存在耦合，那么分数阶 Fourier 变换将通过选取合适的参数起到解耦作用，在时域或者频域难以解决的信号与噪声的分离、信号的多路传输等问题，在分数阶 Fourier 变换域内可以得到很好的解决。

分数阶 Fourier 变换的旋转特性与 Radon-Wigner 变换（又称为 Wigner-Hough 变换）的特性相吻合。Wigner 分布适合分析线性调频信号，因为线性调频信号的 Wigner 分布为直线冲激函数，有限支撑的线性调频信号的 Wigner 分布呈背鳍状。但是，多分量信号的 Wigner 分布存在严重的交叉项，抑制交叉项是线性调频信号分析的重点。Radon 定义了广义边缘积分，对给定轴进行投影积分，可以有效地抑制交叉项。分数阶 Fourier 变换分析结果与 Radon-Wigner 变换一致，使线性调频多分量信号在时频平面呈现为一系列的分离的尖峰。

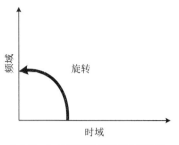

（a）Fourier变换在时频平面上的映射

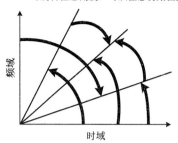

（b）分数阶Fourier变换在时频平面上的映射

图 1.4　Fourier 变换和分数阶 Fourier 变换在时频平面上的物理映射

不过，分数阶 Fourier 变换仍然是一种全局性的变换方法，不具有局部特性。其应用对于线性调频信号具有较好的适应性，但是对于更为复杂的非平稳信号，如二次调频或者更高次调频的时变信号，其性能和 Fourier 变换类似，起不到解耦作用。通过在分数阶 Fourier 变换的广义频率轴及其正交的广义时间轴构成的广义时间–频率平面表征复杂的非平稳信号，与加窗 Fourier 变换一样进行广义时频分析，大大改善了分数阶 Fourier 变换的分析性能。但是，这种广义时间-频率分析方法还有大量的相关工作需要深入研究，目前尚处于初始阶段。

分数阶 Fourier 变换是线性完整变换（linear canonical transform，LCT）的特例[3,14]，是一种四或六个参数的线性正交变换方法，称为广义分数阶 Fourier 变换。LCT 具有独特的特性，详细深入内容可参阅文献[3]、文献[14]。同样，LCT 是全局变换方法，不具有局部特性，这是 LCT、Fourier 变换和分数阶 Fourier 变换的共同缺陷。

针对标量（实数）和复数，分数阶 Fourier 变换和 LCT 的研究几近完善[3,4,7]；但是针对矢量信号和四元复数信号的研究尚属空白，如它们是否还具有以往那些变换的物理解释，它们的卷积、相关及乘积理论的定义及之间的关系如何，有没有快速算法等。因此，针对标量、复数、矢量和四元复数的统一分数阶 Fourier 变换和 LCT 很值得探讨。

1.2.5　Hilbert 变换

Hilbert 变换由 Gabor 于 1946 年[71]首次引入用以构造复数信号。Hilbert 变换后的信号并不是复数信号，而只是原实数信号相位平移后的一个实数信号，该相移信号作为虚部，原实数信号作为实部，共同构成一个复数信号。

实数信号 $f(t)$ 的 Hilbert 变换为

$$H\{f(t)\} = f(t) * h(t) = \frac{1}{\pi} \int_{-\infty}^{\infty} \frac{f(\tau)}{t - \tau} \mathrm{d}\tau \qquad (1.25)$$

式中，H 为 Hilbert 变换算子，其卷积函数为 $h(t) = \dfrac{1}{\pi t}$。

根据卷积和相关函数之间的关系，如果 $f(t)$ 是偶函数，则有

$$f(t) * h(t) = f(-t) * h(t) = \int_{-\infty}^{\infty} f(-t)h(\tau - t)\mathrm{d}t = \int_{-\infty}^{\infty} f(t)h(t + \tau)\mathrm{d}t = R_{fh} \qquad (1.26)$$

即 Hilbert 变换将信号 $f(t)$ 与 $h(t) = \dfrac{1}{\pi t}$ 进行相关运算。

如果 $f(t)$ 为奇函数,则有

$$f(t) * h(t) = -f(-t) * h(t) = -\int_{-\infty}^{\infty} f(-t)h(\tau - t)\mathrm{d}\tau = -\int_{-\infty}^{\infty} f(t)h(\tau + t)\mathrm{d}\tau = -R_{fh} \quad (1.27)$$

即 Hilbert 变换将信号 $f(t)$ 与 $h(t) = \dfrac{1}{\pi t}$ 进行相关和取反运算。

任意信号 $f(t)$ 可分解为一个偶函数和一个奇函数之和:

$$f(t) = \left[\frac{f(t) + f(-t)}{2}\right] + \left[\frac{f(t) - f(-t)}{2}\right] \quad (1.28)$$

所以,从某种意义上来说,Hilbert 变换是一种相关运算,具有"提取共性,剔除差异"的作用,多数信号既有偶函数部分又有奇函数部分,偶函数部分的共性又和奇函数部分的共性进行了一定量的抵消。

由于 $F\{f(t) * h(t)\} = F\{f(t)\} \cdot F\{h(t)\}$(这里 F 为 Fourier 变换算子),因此利用快速 Fourier 变换可以实现 Hilbert 变换的快速算法。从物理角度考虑,实数信号在频域内有关于频率坐标轴对称的双边谱,而复数信号在频域内只有单边谱。实数和复数信号之间的转换可以在频域内将双边谱变换成单边谱,抑制负频率成分而保留或者放大正频率部分则是最好的选择。实际上,目前所有基于 Hilbert 变换的实数到复数的转换都是基于这种思路完成的。Hilbert 变换是信号处理中非常基础的理论内容,其中一维 Hilbert 变换已经有完善的理论基础。

但是,对于多维信号,其谱分布要比一维实数信号复杂得多,同时多维信号相对于一维信号具有更多的空间自由度,因此也具有更多的特性,如空间方向特性、空间维数定义及空间的多对称性等。一维 Hilbert 变换通过直接卷积积分和频域内对称对折的两种定义是等价的,对于多维信号,这种等价的定义关系不再存在。因此,多维 Hilbert 变换具有多样性、复杂性及更大难度。所以,多维 Hilbert 变换目前仍有大量需要深入探讨的理论问题。

最近还出现了基于冗余字典的信号分解,如文献[240],由于其物理意义上等同于把多个类型的基集合共同使用来实现信号的最大稀疏分解,因此本书暂不涉及其相关内容。

1.2.6 信号瞬时物理量

在时频域,通常在整个支撑上进行全局性质的分析,采用全局统计量,其中主要是均值和方差。

设 $f(t)$ 是一个能量有限的零均值信号,不失一般性,设 $\|f(t)\|_{L^2(R)} = 1$,$f(t)$ 的平均时间和平均频率定义为

$$\bar{t} = \int_{-\infty}^{\infty} t |f(t)|^2 \mathrm{d}t \quad (1.29)$$

$$\bar{u} = \int_{-\infty}^{\infty} u |F(u)|^2 \mathrm{d}u \quad (1.30)$$

式中,$F(u)$ 为 $f(t)$ 的 Fourier 变换。

信号 $f(t)$ 的有效时间宽度（时间支撑）Δt 和有效频率宽度（频率支撑，有效带宽）Δu 定义为

$$\Delta t^2 = \int_{-\infty}^{\infty} t^2 \left| f(t) \right|^2 \mathrm{d}t \qquad (1.31)$$

$$\Delta u^2 = \int_{-\infty}^{\infty} u^2 \left| F(u) \right|^2 \mathrm{d}u \qquad (1.32)$$

除了这些全局统计量，为了表征信号局部特征，特别是非平稳信号的瞬时特征，需要定义并表征一些瞬时物理量。时频分析的主要瞬时物理量有瞬时相位、瞬时频率、瞬时幅度及群延迟等。

对于（实数信号需要通过 Hilbert 变换转化成复数信号）复数信号 $f(t) = a(t)\mathrm{e}^{\mathrm{j}\varphi(t)}$，其瞬时相位为 $\varphi(t)$，瞬时幅度为 $\left| a(t) \right|$，瞬时频率定义为瞬时相位 $\varphi(t)$ 的微分：

$$u(t) = \frac{\mathrm{d}}{\mathrm{d}t}\left\{ \varphi(t) \right\} \qquad (1.33)$$

瞬时频率是指信号在 t 时刻的频率。从物理学的角度来说，信号又可以分为单分量信号和多分量信号两大类，其中的重要指标就是瞬时频率。每个时刻只有一个瞬时频率的信号是单分量信号，否则是多分量信号。

设信号 $f(t) = a(t)\mathrm{e}^{\mathrm{j}\varphi(t)}$ 的 Fourier 变换为 $F(u) = A(u)\mathrm{e}^{\mathrm{j}\Phi(u)}$，其瞬时相位（严格来说为瞬频相位）为 $\Phi(u)$，瞬时幅度（严格来说为瞬频幅度）为 $\left| A(u) \right|$，群延迟定义为瞬时相位 $\Phi(u)$ 的微分：

$$\tau(u) = \frac{\mathrm{d}}{\mathrm{d}u}\left\{ \Phi(u) \right\} \qquad (1.34)$$

群延迟是针对频率变量进行讨论的，如果信号为线性相位，且相位初始值为零，如果信号做不失真延迟，则其延迟时间为该线性相位特性的负斜率。

1.3　无　基　变　换

上述讨论的信号变换的前提都是其基函数必须事先确定，且是一组固定的函数，这就是有基变换的本质特征。尽管很多基函数具有自适应的特点，但是这种自适应性存在局限性。自然界中不存在对于任何信号都具有完全自适应特性的基函数，解决该问题的最好方法就是不依靠事先给定的任何基函数，正如哲学中对水的解释，没有固定的形状，但可以塑造成任何形状，虽柔但可穿石，虽坚但可塑万形。因此，通过信号自身特性进行有效分解，以适应信号本身的特性，这就是无基变换的基本思想。

与有基变换不同，无基变换需要求解基函数及信号包含其基函数的分量，即级数展开，通常系数为 1。因此，求解基函数是无基变换的核心。不是所有没有基函数的变换都可以称为无基变换，其分解得到的分量通常需要具备线性独立性（或正交）和完备性。

考虑多分量与单分量的定义，单分量信号每个时刻只有一个瞬时频率，而多分量信号同一时刻可能有多个瞬时频率。因此，无基变换的一种指导原则就是通过控制瞬时频率个数获取分解的分量，将多分量分解成每个时刻只有一个瞬时频率的一系列单分量信号。加窗 Fourier 变换可以通过窗函数适应信号的局部平稳性，这种从信号自身的特点

提取特征的适应性通常称为自适应特性。如果加窗 Fourier 变换的加窗函数是自适应的，其与信号的局部平稳特性相适应，那么加窗 Fourier 变换获得的时频分布的时频聚集性就会提高。这种基于信号本身的自适应性的思想就是无基变换用来分解的指导思路，其原则就是控制瞬时频率个数。

1.3.1　Hilbert-Huang 变换

1998 年，美籍华人 Huang 等提出了一种不依靠基函数分析非线性非平稳信号的信号变换方法，称为 Hilbert-Huang 变换[106]。Hilbert-Huang 变换包括经验模式分解（empirical mode decomposition，EMD）和内蕴模式函数（intrinsic mode function，IMF）分量时频分布分析。对于一维信号，Hilbert 变换、瞬时物理量分析及时频分析等都是成熟方法，Hilbert-Huang 变换的创新在于 EMD，所以人们通常用 EMD 指代 Hilbert-Huang 变换。

在信号处理中，特别是对于具有调和振荡特性的波函数，极值点是信号频率和幅度的外在呈现，极值点的疏密与信号的频率相关，而极值大小与信号的能量相关（因为极值点的上下包络通常就是瞬时幅度）。EMD 采用极值点构建上下包络，上下包络的均值为低频分量，除去低频分量可获得高频分量，依此类推，直到满足给定的停止条件[106]。对于一个复杂信号 $f(t)$，EMD 对其分解的结果如下：

$$f(t) = \sum_{l=1}^{L} \mathrm{imf}_l(t) + r(t) \tag{1.35}$$

式中，$\mathrm{imf}_l(t)$ 为第 l 个 IMF 分量；$r(t)$ 为剩余量。

式（1.35）就是式（1.3）的级数展开，而基函数是分量 $\mathrm{imf}_l(t)$ 和 $r(t)$。

Huang 认为，$\mathrm{imf}_l(t)$（$l = 1, 2, \cdots, L$）、$r(t)$ 之间是彼此正交的，且它们能够完整地重构信号，因此 EMD 也是完备的。

Hilbert-Huang 变换不仅给出了具体的分解算法，还给出了一些与以往传统理论不同的概念。Huang 认为 IMF 每个时刻只有一个瞬时频率，且该瞬时频率是具有合理物理解释的。但是，Huang 并没有把 IMF 称为单分量信号，也没有给出 IMF 和单分量信号之间的关系，如有何相似性、有何区别等。同时，Huang 认为 IMF 之间是近似正交的，但并没有给出严格的理论证明；而对于基于极值点的分量分解思想的合理性也没有给出严格的理论分析。因此，Hilbert-Huang 变换受到了不少学者的质疑，尽管到目前其已经在多个工程领域中获得了大量成功的应用[107-154]。

相对于一维情况，多维 Hilbert-Huang 变换的研究还处于起步阶段。一维信号的极值点可以有效地表征信号的特征。对于多维信号，传统定义的极值点不能有效地表征信号的特征，其具有更多的空间自由度和特性，包括空间方向性、空间内部维数及空间关联性等，而其边缘（而不是图像的局部极值点）却可以有效地表征整个图像的特征。另外，二维图像可以分为标量图像和矢量图像，标量图像从纹理的角度又可以分为结构性图像、自然图像和随机性图像三大类，矢量图像又可以分为二值矢量图和多值矢量图等。而三维信号又可以分为三维图形和视频信号两大类。这些复杂特性决定了多维 Hilbert-Huang 变换的概念、定义、插值和筛选方法等的多样性、复杂性及难度。例如，缺乏极值点的多维信号很常见，如脊条状结构信号，但是却包含丰富的边缘信息。要解决这些问题，多维 Hilbert-Huang 变换面临着很多挑战。

总之，在信号处理中，Hilbert-Huang 变换要获得广大学者的认可，还需要解决大量的理论和实践问题。

1.3.2　Hilbert-Huang 变换与 Fourier 变换的关系

Hilbert-Huang 变换源于分析动力学、海洋气象、流体力学等一些复杂的非线性非平稳信号，而这些信号采用传统的 Fourier 变换等方法给出的结果并不理想。Huang 对这类信号进行了多年的研究，发现了非线性非平稳信号"高频波总是骑在低频波之上"的特点，所以提出了基于局部极值点插值包络的分解方法，Hilbert-Huang 变换在一定程度上解决了传统方法的缺陷。

但是，Hilbert-Huang 变换和 Fourier 变换是紧密相连的。Hilbert-Huang 变换采用 Hilbert 变换对信号进行瞬时物理量的求解及时频分布的表征，而 Hilbert 变换理论源于 Fourier 频谱[1,71]，求解 Hilbert 变换算法也都是通过 FFT（fast Fourier transform，快速 Fourier 变换）实现的[1,195]。因此，尽管 Hilbert-Huang 变换定义了一些新的理论和概念，但它并没有排斥 Fourier 变换。

Hilbert-Huang 变换与 Fourier 变换一样，它们都源于级数展开。下面以实例分析 Hilbert-Huang 变换与 Fourier 变换的关系。

对平稳信号 $f(t) = \cos(2t) + \cos(6t) + \cos(18t)$，采用余弦级数展开和 EMD 分解结果一致。

对于非平稳信号 $f(t) = 2\cos(2t^2) + 1.7\cos(6t^2) + 8\cos(18t^3)$，EMD 同样可得到理想结果。但是，无论是哪种三角级数展开，都无法获得 $2\cos(2t^2) + 1.7\cos(6t^2) + 8\cos(18t^3)$ 的展开结果。

假如三角级数展开中采用时变频率的基函数 $\cos(2t^2)$、$\cos(6t^2)$ 和 $\cos(18t^3)$，那么就可以得到三个级数展开系数，即 2、1.7 和 8，得到 $2\cos(2t^2) + 1.7\cos(6t^2) + 8\cos(18t^3)$ 的结果。所以，不妨把 EMD 分解看成一种特殊的三角级数展开方法，或是一种特殊的 Fourier 级数展开方法，称为广义三角级数展开。因此，Hilbert-Huang 变换与 Fourier 变换存在一种内在的承接关系，不过还需要更多的理论分析加以支撑。

1.4　书中主要内容及其关系

上述几个小节讨论是以相同物理含义为纽带将各种变换统一的物理框架，总体把握了信号变换的本质，对信号变换的发展能起到一定的启示或指导作用。

本书主要针对信号处理领域近年来一些以分量分解为主的新型信号变换方法进行理论及应用方面的介绍，主要包含以下内容。

1）Hilbert-Huang 变换理论及其应用，主要包括 Hilbert-Huang 变换的理论依据，应用 Hilbert-Huang 变换的理论与工程判据，Hilbert-Huang 变换对典型信号[FM（frequency modulation，频率调制）和 AM-FM（amplitude modulation and frequency modulation，幅度-频率调制）]的分析及改进，二维 Hilbert-Huang 变换的性能、理论及其在图像处理中的应用等。

2）基于 Hilbert 变换（及 Bedrosian 定理）的信号分量分解，主要包括基于一维 Hilbert 变换（及 Bedrosian 定理）的一维信号分量分解及基于二维 Hilbert 变换（及 Bedrosian 定理）的二维信号分量分解（图像分解），涵盖它们对应的理论方法、性能特征等的分析和讨论等。

3）其他一些新型分量分解方法，包括边缘保留的图像多尺度分解，即基于图像边缘和图像梯度的图像多尺度分解及其应用；四元复数信号的（广义）分数阶 Fourier 变换，主要包括四元分数阶 Fourier 变换、卷积及相关，四元广义分数阶 Fourier 变换、卷积及相关，以及快速算法。

本书的这些主要内容并不是孤立的，它们之间除了具有信号变换共同的物理解释外，还具有内在的相互联系及作用。因此，对 Hilbert-Huang 变换的研究包含对 Hilbert 变换的应用研究。

Hilbert-Huang 变换中的 EMD 是一种多尺度多分辨率分解方法，这种时间-尺度联合域内的分析和 wavelet 变换类似，只不过属于非变采样的多尺度多分辨率分解。EMD 分解涉及极值点的定义、插值函数的计算等一系列问题。只要能使 EMD 对分量的分解达到预期效果，任何方法都是可以探讨的。

总之，本书主要针对分量分解的新型变换进行分析，力争把近几年有关分量分解的新型变换成果清晰地呈献给读者，以供参考。

本 章 小 结

本章主要论述了信号和信号变换的基本概念、分类，并将多种信号变换方法统一到同一物理框架，进一步将 Fourier 变换、加窗 Fourier 变换、wavelet 变换、双线性变换及分数阶 Fourier 变换等统称为有基变换，将 Hilbert-Huang 变换等称为无基变换；讨论了有基变换、无基变换的各种信号变换：它们的起源、发展、物理解释及优缺点等；最后引出了本书的主要内容及这些内容之间的关系。

第2章 一维 Hilbert-Huang 变换及应用

传统的信号功率谱，任一条谱线代表一个频率的周期信号，它分布在整个时域内，称为全域波（global wave）；而非平稳信号是时变的，某一频率的信号只分布在某一时段内，称为局域波（local wave）。Fourier 变换及其谱分析为平稳信号提供了有效快捷的算法，但它处理非平稳信号存在很大的局限性。短时 Fourier 变换、小波分析、Wigner-Ville 分布等改进了 Fourier 变换，但总体上仍然属于全域波范畴。EMD 和 Hilbert 变换的时频谱图[106]基于数据时域局部特征，自适应地将复杂的数据分解成多个 IMF 分量，给瞬时频率赋予了物理意义。EMD 在分析非平稳数据方面取得了突破，其中一些学者称单分量信号为弱型 IMF[115]，也有学者把 EMD 看作类小波扩展[113]。

然而，尽管EMD在多个领域获得了成功的应用[116-127,136-150]，但EMD仍然缺乏必要的理论支撑。在高采样频率下，法国学者Rilling与Flandrin对两个正弦信号进行了实验验证和理论分析，发现了EMD的一些分解规律[110,112,114]，并将其归结为动态滤波器簇。但是，当采样频率接近Nyquist采样频率时，文献[110]给出的一些结论失效，其原因是采样频率对EMD分解影响很大[111,152]。另外，后续分量分解受到前续分量的误差影响，因此EMD误差存在积累效应[106]，而Rilling与Flandrin[110]忽略了这一点，其给出的性能指标只与第一个分量有关，而与其他分量无关。采用EMD对带有高斯噪声的信号进行分解，从中也可以得出EMD动态滤波特性[107-109,134]。EMD已有很多改进算法，如复EMD[129,130]、基于PDE的EMD[133]及基于遗传算法的EMD[128]，并且给出了其性能分析[131,132,135,151]，但是其理论上并没有实质性进展。

本章将对 EMD 从多分量/单分量和非均匀采样角度进行深入理论分析，给出一些指导性结论；针对时变 FM 信号和时变 AM-FM 信号给出 EMD 的改进算法；给出经典噪声的经验模式并用于噪声去除。

2.1 多分量 EMD

自然界的信号可分为单分量信号和多分量信号。单分量信号每个时刻只有一个瞬时频率，多分量信号由单分量信号组成，它在每个时刻可能有多个瞬时频率[1,72,73,84]。尽管该观点被普遍接受，但是多分量和单分量仍然没有严格统一的定义。Cohen 以在时频平面的能量集中程度作为定义单分量的标准，多分量由这样的单分量构成[80,81]。本章也将以此作为单分量的评判标准。

Huang 认为 IMF 在每个时刻只有一个瞬时频率[106]，但没有从单分量的角度来描述 IMF。实际上，Huang 的观点并不正确，在一定条件下，EMD 分解得到的具有物理意义的 IMF 是单分量信号，但是 IMF 不一定都是单分量信号。

2.1.1 EMD 概述

本节给出 EMD 的基本概念，包括 IMF 的基本条件和 EMD 的分解基本流程。

EMD 的基本模式分量称为 IMF，其满足如下条件[106]。

1）整个数据序列的极值点与过零点的数量相等，或至多相差一个。

2）任一时刻，由极大值和极小值定义的信号包络均值为零。

按过零点定义信号的周期，即一个周期只包含一次基本模式的振荡，不存在复杂的叠加波，因此 IMF 不限定于窄带信号，可以是幅度或频率调制信号，也可以是非平稳信号。

下面简要描述 Hilbert-Huang 变换的流程。

1）初始化：$r_0 = f(t)$, $\text{imf}_0 = f(t)$, $i=1$。

2）抽取第 i 个 IMF。

① 初始化：$\text{imf}_{i,0} = \text{imf}_{i-1}$, $j=1$。

② 提取 $\text{imf}_{i,j-1}$ 的所有极值，组成极大集 $E_{\max}[]$ 和极小集 $E_{\min}[]$。

③ 采用三次样条插值，由 $E_{\max}[]$ 和 $E_{\min}[]$ 求 $\text{imf}_{i,j-1}$ 上下包络 L_{up}、L_{down}。

④ 求包络均值 $L_j = (L_{\text{up}} + L_{\text{down}})/2$。

⑤ 求分量 $\text{imf}_{i,j} = \text{imf}_{i,j-1} - L_j$。

⑥ 如果筛选差值 $\text{SD} = \dfrac{\left| \text{imf}_{i,j} - \text{imf}_{i,j-1} \right|^2}{\left| \text{imf}_{i,j-1} \right|^2} < \text{Th}_1$ 成立，则 $\text{imf}_i = \text{imf}_{i,j}$，否则 $j = j+1$ 转到步骤②。

3）令 $r_i = r_{i-1} - \text{imf}_i$。

4）如果 r_i 的极值点个数不少于 Th_2，$i = i+1$，转到步骤 2）。

5）令 $r = r_i$, $f(t) = \displaystyle\sum_{i=1}^{l} \text{imf}_i(t) + r$，分解结束。

式中，Th_1 为 IMF 筛选停止门限；Th_2 为残差包含极值点数的门限，根据需要可对其进行调整[106]。

对各分量进行 Hilbert 变换[1,71-73]，获取时频分析，称为 Hilbert-Huang 时频谱，如图 2.1 所示。通过式（2.1）求瞬时频率[71,85,86]：

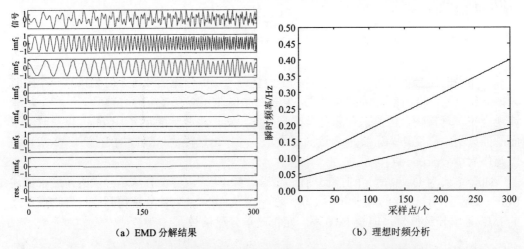

（a）EMD 分解结果　　　　　　　（b）理想时频分析

图 2.1　两个单分量信号的 EMD 分解及 Hilbert-Huang 时频分析

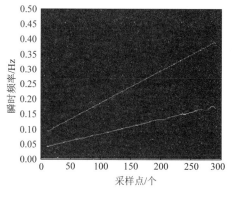
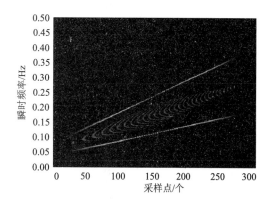

（c）Hilbert-Huang 时频分析结果　　　　　（d）Wigner-Ville 时频分析结果

图 2.1（续）

$$\omega_i(t) = \frac{\mathrm{d}}{\mathrm{d}t}\left[\arg z(t)\right] \tag{2.1}$$

式中，$z(t)$ 为实信号 $f(t) = a(t)\cos\left[\phi(t)\right]$ 的解析信号，$a(t)$ 为IMF的瞬时幅度。

由于微分法对噪声很敏感，因此可采用 trapezoidal 积分算法[88-90]估计 IMF 的瞬时频率（采用 MATLAB 的瞬时频率求解函数 instfreq.m[87]）。

由图 2.1 可见，Hilbert-Huang 时频谱具有很高的时频聚集性，没有交叉项，优于 Wigner-Ville 时频分析。

2.1.2　EMD 的局限性

对于某些多分量信号，EMD 获得的时频分布与实际时频分布不一致，可以是将两个单分量信号合为一个 IMF 或者是分解成不同的两个单分量。图 2.2（b）～（e）、（g）～（j）是不同分解方法对图 2.2（a）和（f）的分解结果。显然，图 2.2（b）和（g）的 EMD 分解给出了没有物理意义的结果；而传统的分析方法虽然存在交叉项、时频聚集性差等缺陷[图 2.2（c）～（e）（h）～（j）]，但大体可以区分是两个单分量信号。

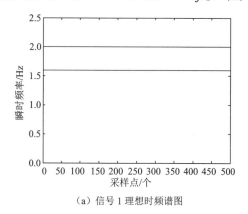
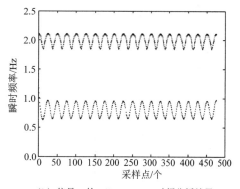

（a）信号 1 理想时频谱图　　　　　　　　　（b）信号 1 的 Hilbert-Huang 时频分析结果

图 2.2　不同时频分析方法信号时频分析比较

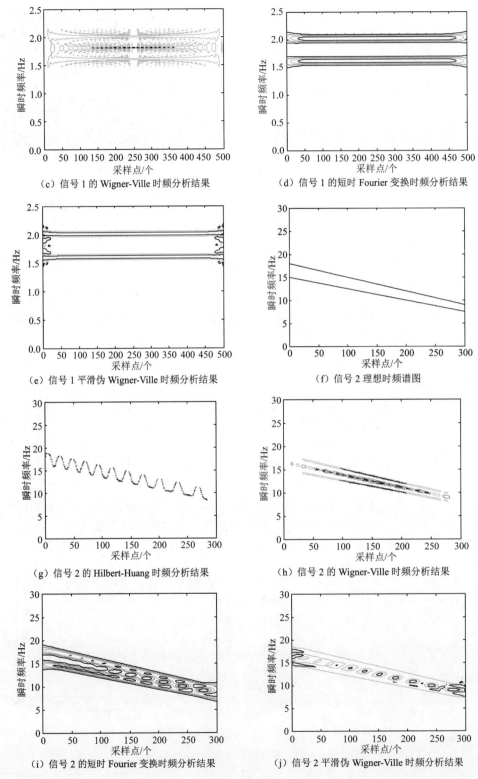

（c）信号 1 的 Wigner-Ville 时频分析结果

（d）信号 1 的短时 Fourier 变换时频分析结果

（e）信号 1 平滑伪 Wigner-Ville 时频分析结果

（f）信号 2 理想时频谱图

（g）信号 2 的 Hilbert-Huang 时频分析结果

（h）信号 2 的 Wigner-Ville 时频分析结果

（i）信号 2 的短时 Fourier 变换时频分析结果

（j）信号 2 平滑伪 Wigner-Ville 时频分析结果

图 2.2（续）

2.1.3　多分量 EMD 的条件及判据

IMF 不都是单分量信号，采用 EMD 分解多分量信号可能会得到不合理的结果。本节将给出 EMD 正确分解多分量信号的条件和判据。

1. EMD 将多分量信号分解为单分量信号的条件

设能量有限、带宽为 B、时宽为 T 的多分量信号 $f(t)=\sum_{i=1}^{n}f_i(t)$，其中，$f_i(t)$ 为第 i 个单分量信号。应用 EMD 分解 $f(t)$ 获取 n 个 IMF——$\mathrm{imf}_i(t)$，$f_i(t)$ 与 $\mathrm{imf}_i(t)$ 之间的偏差可采用标准均方误差 NMSE_i 和总均方误差（normalized mean square error，NMSE）描述，其定义为

$$\mathrm{NMSE}_i = \frac{\left\|f_i(t)-\mathrm{imf}_i(t)\right\|_{L^2(T)}}{\left\|f_i(t)\right\|_{L^2(T)}} \tag{2.2}$$

$$\mathrm{NMSE} = \max(\mathrm{NMSE}_i, i=1,2,\cdots,n) \tag{2.3}$$

EMD 是能量分解算法，可能会出现 $\mathrm{NMSE}_i>1$ 的情况，为便于描述，规定 NMSE 上限为 1，如大于 1 则置为 1。

从式（2.2）和式（2.3）可知，如果 NMSE_i 都为 0，则 NMSE 为 0，那么 EMD 能正确分解；否则，NMSE 越大，则 EMD 分解信号的误差也越大。

定义 2.1　对于能量有限、带宽为 B、时宽为 T 的多分量信号 $f(t)=\sum_{i=1}^{n}f_i(t)$，其中，$f_i(t)$ 为第 i 个单分量信号，当 NMSE 等于 0 时，称 $f(t)$ 可由 EMD 完全分解。

定义 2.2　对于能量有限、带宽为 B、时宽为 T 的多分量信号 $f(t)=\sum_{i=1}^{n}f_i(t)$，其中，$f_i(t)$ 为第 i 个单分量信号，当 NMSE 不大于某个小的阈值 thrd 时，称 $f(t)$ 可由 EMD 几乎完全分解。一般 thrd 可取值 1%~2%。

设单分量信号 $f_1(t)=a_1\mathrm{e}^{\mathrm{j}\int\omega_1\mathrm{d}t}$、$f_2(t)=a_2\mathrm{e}^{\mathrm{j}\int\omega_2\mathrm{d}t}$，其中，$a_1$ 和 a_2 分别为 $f_1(t)$ 和 $f_2(t)$ 的幅值且为常数，ω_1 和 ω_2 分别为 $f_1(t)$ 和 $f_2(t)$ 的瞬时频率。图 2.3 中，平面坐标分别为 ω_1/ω_2 和 a_1/a_2，纵坐标为 NMSE。下面以典型的平稳（恒定频率）、线性调频和二次多项式调频单分量信号为例进行介绍。

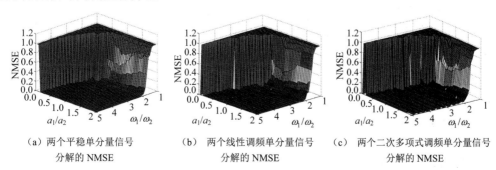

（a）两个平稳单分量信号　　　（b）两个线性调频单分量信号　　（c）两个二次多项式调频单分量信号
　　分解的 NMSE　　　　　　　　　分解的 NMSE　　　　　　　　　分解的 NMSE

图 2.3　几种典型信号下两个单分量信号 EMD 分解的 NMSE

　　图 2.3（a）是两个平稳单分量信号构成的多分量信号的分解结果，图 2.3（b）是两个线性调频单分量信号构成的多分量信号的分解结果，图 2.3（c）是两个二次多项式调频单分量信号构成的多分量信号的分解结果。

　　由图 2.3 可知，当高频信号的瞬时频率为低频信号的 2 倍或者以上时，NMSE 存在一条明显的分界线，且 NMSE 可以忽略不计，两个信号几乎完全分解。随着频率倍数的增加，高频信号的瞬时幅度可以不断减小，只要满足 $a_1\omega_1 \geqslant a_2\omega_2$，这两个信号就能几乎完全分解。因此，EMD 分解受多分量信号 ω_1/ω_2 和 a_1/a_2 的制约。

　　不失一般性，下面以幅度和频率均为常数的两个单分量组成的多分量信号为例进行讨论。设 $f(t) = \sum_{l=1}^{N} f_i(t) = \sum_{l=1}^{N} a_l \exp(\mathrm{j}\omega_l t)$（$t \in [0,T]$），其中，$f_i(t)$ 为第 i 个单分量信号，其幅度和频率为常数[110]；$\mathrm{imf}_1(t)$ 的极值点数等于多分量信号第一级极值点的个数，并且它的极值点时刻与多分量信号的第一级极值点时刻一致。

　　根据 EMD 算法，通过极大值点、极小值点进行插值可获取包络 $s_{\min}(t)$ 和 $s_{\max}(t)$，可求得低频分量 $m(t) = [s_{\min}(t) + s_{\max}(t)]/2$，$\mathrm{imf}_1(t) = f(t) - m(t) = \tilde{a}_1\exp(\mathrm{j}\tilde{\omega}_1 t)$。这里筛选次数为 1，并不影响验证 EMD 的原理。

　　若 $\mathrm{imf}_1(t)$ 有 z_0 个极值点，极大值点、极小值点各 $z_0/2$ 个（不失一般性，假定 z_0 为偶数），则 $\mathrm{imf}_1(t)$ 的角频率 $\tilde{\omega}_1 = \dfrac{2\pi z_0}{T}$。通过极大值点、极小值点获得上下包络，其角频率 $\tilde{\omega}_{\mathrm{up}} \leqslant \dfrac{\pi z_0}{T}$ 和 $\tilde{\omega}_{\mathrm{down}} \leqslant \dfrac{\pi z_0}{T}$，最大角频率为 $\tilde{\omega}_m = \max(\tilde{\omega}_{\mathrm{up}}, \tilde{\omega}_{\mathrm{down}}) \leqslant \dfrac{\pi z_0}{T}$。显然，$\mathrm{imf}_2(t)$ 的角频率 $\tilde{\omega}_2$ 不大于 $\mathrm{imf}_1(t)$ 的角频率，$\tilde{\omega}_2 \leqslant \tilde{\omega}_1$。当 $\mathrm{imf}_1(t)$ 和 $\mathrm{imf}_2(t)$ 的频率满足 $\tilde{\omega}_1 \geqslant 2\tilde{\omega}_2$ 时，EMD 可分解两个分量的频率比不小于 2 的多分量信号。

　　如果两个信号的幅度相差过大、采样频率不高及数据序列长度过短，并受到边界效应的影响，会导致 NMSE 的增大，而且它们的初始相位也会影响分解结果，因此 EMD 分解出现不稳定。当 $a_1 = \sqrt{50}a_2$ 和 $\mathrm{imf}_1(t)$ 的 NMSE_1 为 2% 时，其误差相当于叠加在信号 2 上的一个等量信号，按 NMSE 的阈值标准信号 2 就无法分解，导致分解失败。

　　因此，EMD 几乎完全分解为由两个单分量组成的信号的条件（almost fully decomposed by EMD，AFDE 条件）如下。

　　1）其中一个单分量信号的瞬时频率不小于另一个单分量信号瞬时频率的 2 倍，即 $\omega_{1,i} \geqslant 2\omega_{2,i}$，这里 i 表示瞬时；

　　2）两个单分量信号瞬时频率与瞬时幅度之积满足 $a_1\omega_{1,i} \geqslant a_2\omega_{2,i}$。

　　其中，条件 1）是必要条件，条件 1）和条件 2）一起构成充分条件，它们适用于连续信号和离散信号。

　　从工程的角度，高采样频率、幅度倍数相差不大，且满足 AFDE 条件的多个单分量信号构成的信号可得到很好的分解。

　　2. EMD 将多分量信号分解为多单分量信号的理想判据

　　设能量有限、带宽为 B、时宽为 T 的多分量信号 $f(t) = \sum_{i=1}^{n} f_i(t)$，其中 $f_i(t)$ 为第 i 个单

分量信号，$f(t)$ 极大值点集为

$$S_{\max} = \left\{ s_{\max,r} \right\} = \left\{ s_j \mid s_j = f(t_j) \bigcap f'(t_j) = 0 \bigcap f''(t_j) < 0 \right\}_{t_j \in T}$$

$f(t)$ 极小值点集为

$$S_{\min} = \left\{ s_{\min,l} \right\} = \left\{ s_p \mid s_p = f(t_p) \bigcap f'(t_p) = 0 \bigcap f''(t_p) > 0 \right\}_{t_p \in T}$$

则称 $S_{\max}$ 和 $S_{\min}$ 为一级极值点。

求取 $S_{\max}$ 的数据列的极值，将 $S_{\max}$ 的极大值点构成极大极大点集

$$S_{\max\max} = \left\{ s_{\max\max,q} \right\} = \left\{ s_{\max,r} \mid s_{\max,r} \in S_{\max} \bigcap s_{\max,r} > s_{\max,r-1} \bigcap s_{\max,r} > s_{\max,r+1} \right\}$$

将 $S_{\max}$ 的极小值点构成极大极小点集

$$S_{\max\min} = \left\{ s_{\max\min,u} \right\} = \left\{ s_{\max,r} \mid s_{\max,r} \in S_{\max} \bigcap s_{\max,r} < s_{\max,r-1} \bigcap s_{\max,r} < s_{\max,r+1} \right\}$$

同理，将 $S_{\min}$ 的极大值点构成极小极大点集

$$S_{\min\max} = \left\{ s_{\min\max,v} \right\} = \left\{ s_{\min,l} \mid s_{\min,l} \in S_{\min} \bigcap s_{\min,l} > s_{\min,l-1} \bigcap s_{\min,l} > s_{\min,l+1} \right\}$$

将 $S_{\min}$ 的极小值点构成极小极小点集

$$S_{\min\min} = \left\{ s_{\min\min,w} \right\} = \left\{ s_{\min,l} \mid s_{\min,l} \in S_{\min} \bigcap s_{\min,l} < s_{\min,l-1} \bigcap s_{\min,l} < s_{\min,l+1} \right\}$$

则称 $S_{\max\max}$、$S_{\max\min}$、$S_{\min\max}$ 和 $S_{\min\min}$ 为二级极值点。

图 2.4 所示为 $y = \sin(t) + \sin(6t + \pi/6)$ 的极值点分布。

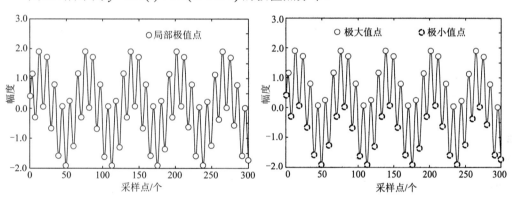

（a）极值点　　　　　　　　　　　（b）一级极值点

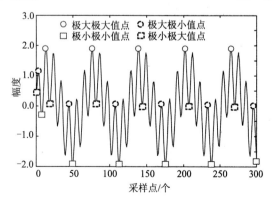

（c）二级极值点

图 2.4　信号 $y = \sin(t) + \sin(6t + \pi/6)$ 二叉树结构的多级极值点分布

依此类推，可建立多分量信号极值点的二叉树结构，如图 2.5 所示。

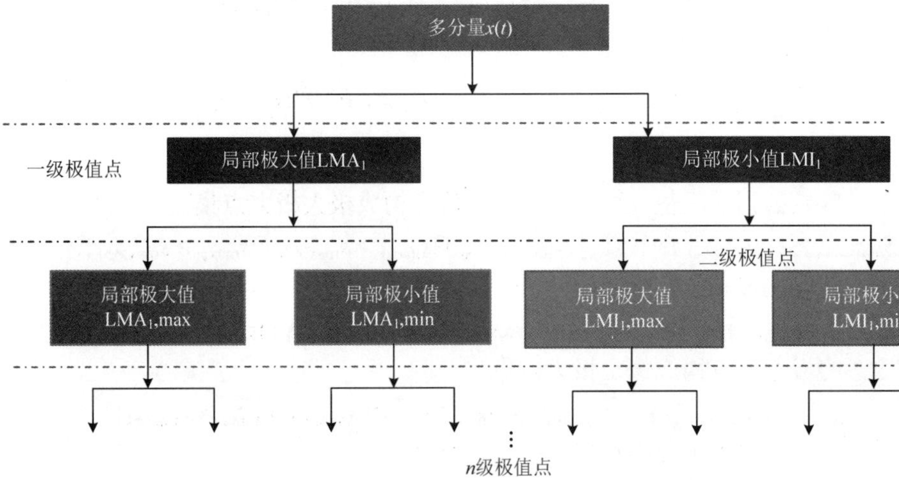

图 2.5　多分量信号极值点的二叉树结构

实验证明，二叉树结构对于理想的 FM 多分量（满足 AFDE 分解条件）具有较好的对应关系。

1）最大级数即为 FM 多分量的个数。

2）第 l 个分量可以通过第 l 层的极值点信息获取先验估计，即第 l 层的极值点个数及极值点间平均距离和第 l 个分量的极值点个数及极值点间平均距离是完全相同的。

上述讨论的 AFDE 条件在实际工程中应用是比较困难的，下面将给出工程应用的判断准则，称为极值点准则。

EMD 的几乎完全分解的极值点准则如下：

条件一：对于二级极值点，$\forall s_{\max\max,q} \in S_{\max\max}$ 总 $\exists s_{\min\max,v} \in S_{\min\max}$ 与其对应，其中，$s_{\max\max,q}$ 和 $s_{\min\max,v}$ 称为一个极值点对（extrema couple，EC），且这两点之间没有一级极值点 $s_{\max,r} \in S_{\max}$ 和 $s_{\min,l} \in S_{\min}$ 存在；对于二级极值点，$\forall s_{\max\min,u} \in S_{\max\min}$ 总 $\exists s_{\min\min,w} \in S_{\min\min}$ 与其对应（同样，$s_{\max\min,u}$ 和 $s_{\min\min,w}$ 也构成一个 EC），且这两点之间没有一级极值点 $s_{\max,r} \in S_{\max}$ 和 $s_{\min,l} \in S_{\min}$ 存在。

条件二：对于二级极值点，$\forall s_{\max\max,q} \in S_{\max\max}$ 总 $\exists s_{\min\min,w} \in S_{\min\min}$ 与其对应（$s_{\max\max,q}$ 和 $s_{\min\min,w}$ 构成一个 EC），且这两点之间没有一级极值点 $s_{\max,r} \in S_{\max}$ 和 $s_{\min,l} \in S_{\min}$ 存在；对于二级极值点，$\forall s_{\max\min,u} \in S_{\max\min}$ 总 $\exists s_{\min\max,v} \in S_{\min\max}$ 与其对应（$s_{\max\min,u}$ 和 $s_{\min\max,v}$ 也构成一个 EC），且这两点之间没有一级极值点 $s_{\max,r} \in S_{\max}$ 和 $s_{\min,l} \in S_{\min}$ 存在。

若只满足条件一的两个单分量，则其可采用 EMD 几乎完全分解；若同时满足条件一和条件二，且满足条件一的极值点对的数目（the number of EC，NEC）在任何区间上不小于满足条件二的 NEC，则其可采用 EMD 几乎完全分解；若只满足条件二的两个单分量，则不能采用 EMD 几乎完全分解。

特别地，若满足条件一的 NEC 等于满足条件二的 NEC（由于有限时间支撑，或者说最多相差一对），且交叉分布，就是高频信号瞬时频率为低频信号的 2 倍的情况。一般来说，当满足条件一的 NEC 越少，则越倾向于不能分解；反之，倾向于能分解。

当瞬时频率之比变化时，会造成极值点分布的变化，极值点的分布直接影响 EMD 分解。下面以三种典型信号为例，说明变化规律和上述判据的有效性。表 2.1～表 2.3 分别给出了两个平稳单分量信号、两个线性调频单分量信号和两个二次调频单分量信号构成多分量信号的情况，为了便于讨论，设任意两个单分量信号在时频平面内没有交叉。其中，表 2.1～表 2.3 中列出了部分点的采样数据，ω_1/ω_2 为两个单分量信号的瞬时频率之比，NUM_1 为满足条件一的 NEC，NUM_2 为满足条件二的 NEC，NMSE 为总标准均方误差。

表 2.1 两个平稳单分量信号极值点对与瞬时频率之比和 NMSE 的关系

ω_1/ω_2	NUM_1	NUM_2	NMSE
1.0256	0	9	0.9999
1.0526	0	20	0.9995
1.1111	0	39	0.9968
1.1429	0	50	0.9939
1.2121	0	69	0.9794
1.3333	0	99	0.9081
1.3793	0	109	0.8763
1.4286	0	118	0.7083
1.4815	0	129	0.4353
1.5385	18	138	0.2338
1.6000	48	147	0.1078
1.6667	79	159	0.0696
1.8182	137	178	0.0206
1.9048	169	189	0.0217
2.0000	197	198	0.0034
2.1053	188	167	0.0024
2.2222	179	139	0.0007
2.5000	157	78	0.0005
2.6667	149	49	0.0007
2.8571	137	18	0.0002
3.0769	128	0	0.0003
3.3333	119	0	0.0000
3.6364	108	0	0.0003
4.4444	89	0	0.0002
5.0000	79	0	0.0001
6.6667	59	0	0.0000
10.0000	40	0	0.0000

表 2.2 两个线性调频单分量信号极值点对与瞬时频率之比和 NMSE 的关系

ω_1/ω_2	NUM_1	NUM_2	NMSE
1.0256	0	7	1.0000
1.0526	0	15	1.0000
1.1111	0	30	0.9968
1.1429	0	37	0.9925
1.2121	0	51	0.9802

ω_1/ω_2	NUM_1	NUM_2	NMSE
1.3333	0	74	0.9249
1.3793	0	82	0.8761
1.4286	1	89	0.6926
1.4815	1	95	0.4546
1.5385	15	101	0.2610
1.6000	36	110	0.1409
1.6667	58	118	0.0778
1.8182	102	132	0.0182
1.9048	124	141	0.0188
2.0000	148	148	0.0108
2.1053	141	125	0.0087
2.2222	133	103	0.0026
2.5000	117	60	0.0011
2.6667	111	37	0.0010
2.8571	103	13	0.0003
3.0769	97	0	0.0001
3.3333	89	0	0.0001

表 2.3　两个二次调频单分量信号极值点对与瞬时频率之比和 NMSE 的关系

ω_1/ω_2	NUM_1	NUM_2	NMSE
1.0256	0	6	1.0000
1.0526	0	13	0.9999
1.1111	0	26	0.9971
1.1429	0	33	0.9931
1.2121	0	46	0.9801
1.3333	0	66	0.9269
1.3793	0	72	0.8761
1.4286	0	79	0.7441
1.4815	0	86	0.4676
1.5385	13	92	0.2219
1.6000	32	99	0.1306
1.6667	52	105	0.0775
1.8182	92	119	0.0181
1.9048	112	125	0.0074
2.0000	87	88	0.0019
2.1053	125	112	0.0018
2.2222	119	92	0.0010
2.5000	105	52	0.0006
2.6667	99	32	0.0011
2.8571	92	13	0.0003
3.0769	86	0	0.0003
3.3333	79	0	0.0008

ω_1/ω_2	NUM$_1$	NUM$_2$	NMSE
3.6364	72	0	0.0003
4.4444	59	0	0.0003
5.0000	53	0	0.0003
6.6667	39	0	0.0001
10.0000	26	0	0.0060

从表 2.1～表 2.3（部分数据）可以看出，满足极值点准则条件一的 NEC 随着瞬时频率之比的增加而相对增加，满足极值点准则条件二的 NEC 随着瞬时频率之比的减少而相对减少（混叠度则逐渐减小），且在瞬时频率之比为 2 时两者相等（或最多相差一个，原因在于信号的有限时间支撑），此时两个单分量信号也处于几乎完全分解的临界状态。对于满足极值点准则条件一的 NEC 不小于满足极值点准则条件二的 NEC 的所有情况，两个单分量信号均可以用 EMD 几乎完全分解，这一点通过 NMSE 数值可以看出；当只存在条件一的极值点情况时，可以用 EMD 几乎完全分解；当只存在条件二中的极值点情况时，不能用 EMD 几乎完全分解。同时还可看出，NMSE 受边界效应的影响会产生一定的波动。

2.1.4　基于多尺度极值点的一维信号分解

虽然很多学者从不同角度对 EMD 方法进行了改进，如 NLEMD（neighborhood limited EMD，限邻域经验模式分解）、EEMD（ensemble EMD，集合经验模式分解）、ASEMD（asisted EMD，辅助经验模式分解）、OEMD 等 EMD 方法，但其主要方法步骤仍然是通过筛选和迭代过程将复杂信号由高频分量到低频分量逐层分解成 IMFs，因此分解速度难以提高。另外，由于迭代分解的停止准则是根据余量信号的极值点数确定的，因此传统 EMD 和已有的改进 EMD 方法都存在分解层数过多问题，以至于高级分量没有实际意义。

针对上述现有 EMD 方法的不足，本节在基于多尺度极值的一维信号趋势项快速提取方法的基础上，介绍一种新的多分量信号快速分解方法，通过同时考虑信号的多尺度趋势及频率信息，自动确定复杂信号中有效分量的数目，再通过信号的多尺度趋势进行内蕴模式的快速获取[273,275]。通过与传统 EMD 和基于优化方法的 EMDOS（EMD of searching，搜索优化经验模式分解）方法的实验结果比较，本节提出的方法能有效提高信号分解速度，自动确定复杂信号中有效分量的数目，端点效应也得到了一定程度的抑制。

EMD 方法的实质是 $f=h+m$; $h=f-m$; $m=f-h$。传统 EMD 利用筛选得到满足 imf 条件的 h 分量（尽可能正确的 h 分量），再利用迭代对 m 逐层进行分解。如果能得到尽可能正确的 m 分量，那么通过 $f-m=h$ 可以得到比较准确的 h 分量；同样，如果各尺度的 m 都比较准确，则对应相减得到的各尺度的 h 分量也比较准确。

大尺度的均值分量因在求解过程中通过多个极值点子集包络平均将小尺度的高频分量滤除了；因此大尺度的 m 分量更准确，而小尺度的均值分量因用到的极值点子集平均次数少，滤除高频分量的能力弱，因此得到的最高频（最小尺度）分量要更不准确（包络不对称）。这可通过一次逆滤波解决，得到各级都比较准确的分量。

为了保证各级尺度的局部均值是正确的，需要有判断准则。

1. 分解方法

设一维信号 $f(t)$，其基于多尺度极值的快速分解方法步骤如下。

（1）求多尺度局部均值

利用 2.6 节的方法求出各级尺度的趋势项信号，作为信号 $f(t)$ 中各级尺度的局部均值信号 $m_1, m_2, \cdots, m_n$。

（2）判断是否有均值近似相等的情况

判断 $m_1, m_2, \cdots, m_n$ 中各相邻的两个信号是否频率近似相等，幅值相差很小。如果有

$$\left| m_i(t) - m_{i+1}(t) \right| \leqslant \left| m_i(t) \right| \alpha, 0 < \alpha < 1$$

则将 m_{i+1} 舍去，不参加分量计算。

（3）初步计算各级分量

$$\begin{cases} \mathrm{imf}_1 = f(t) - m_1 \\ \mathrm{imf}_i = m_i - m_{i-1} \end{cases}$$

式中，$i=2,3,\cdots,n$。

（4）判断各级趋势信号是否正确反映出该尺度上的高频信息

1）分别计算 $f(t)$ 和 $m_1, m_2, \cdots, m_n$ 的极值点数目 N_f，$N_{m1}, N_{m2}, \cdots, N_{mn}$。

2）分别计算 $f(t)$ 和 $m_1, m_2, \cdots, m_n$ 的二阶导数的极值点数目 $N_{\mathrm{d}f}$，$N_{\mathrm{d}m1}, N_{\mathrm{d}m2}, \cdots, N_{\mathrm{d}mn}$。

3）比较 1）和 2）中求出的极值点数目是否分别相等，即是否有 $N_f = N_{\mathrm{d}f}$，$N_{m1} = N_{\mathrm{d}m1}, N_{\mathrm{d}m2}, \cdots$，$N_{mn} = N_{\mathrm{d}mn}$，如果某一级存在 $N_{mi} \neq N_{\mathrm{d}mi}$，则从该尺度开始的信号 $\mathrm{imf}(k)$（$k \geqslant i$）不是正确的分量。

2. 实验结果

实验条件：用于和本节基于多尺度极值点的一维信号分解方法比较的方法是传统 EMD 分解方法。EMD 方法所用的程序是由 Rilling 编写的 MATLAB 程序（2007 年 3 月版本）。

硬件配置：Intel Core Duo CPU，主频 2.13GHz，内存 4GB。

（1）仿真信号

仿真信号1：多个谐波叠加合成信号。

$$f(t) = \sin(2\pi \times 170 k T_s) + \sin(2\pi \times 50 k T_s) + \sin(2\pi \times 20 k T_s) + 2 \times \sin(2\pi \times k T_s)$$

式中，$k=1,2,\cdots,4096$；采样时间间隔 T_s 为 0.001s。

仿真信号 2：调频信号与随机信号叠加合成信号。

$$f(t) = 0.2 \times \mathrm{randn}(t) + \mathrm{chirp}(t, 30, 5, 50) + \mathrm{chirp}(t, 0, 5, 10)$$

式中，$t = k \times T_s$，$k=1,2,\cdots,8192$；采样时间间隔 T_s 为 0.001s。

（2）实测信号

对 Windows 操作系统中自带语音信号文件 Trek.wav，选择其中一段长度为 8192 点的数据。

实验结果与分析：

图 2.6 是仿真信号 1 的真实分量与分解结果比较，由此可以看出，本章提供的方法可以获得与传统 EMD 方法效果相当的有意义分量，但没有生成多余的无意义分量，并且分解速度有较大提高（表 2.4）。

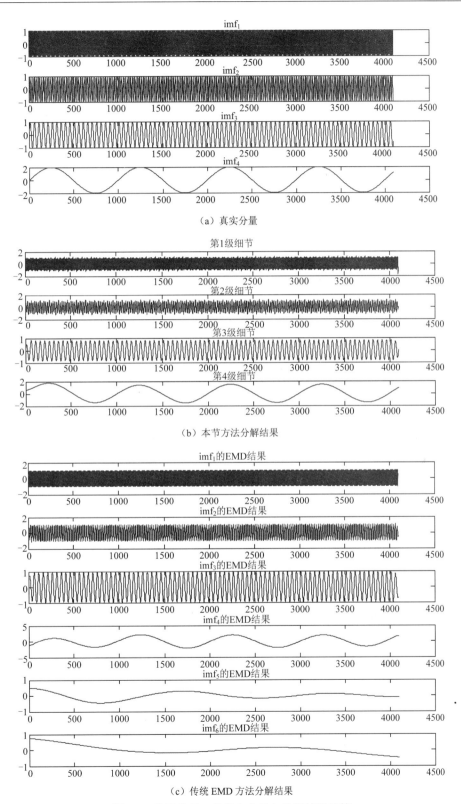

（a）真实分量

（b）本节方法分解结果

（c）传统 EMD 方法分解结果

图 2.6　仿真信号 1 的真实分量与分解结果比较

表2.4　两种方法分解速度比较

方法	仿真信号1	仿真信号2	语音信号
本章方法	**0.21**	**0.39**	**0.69**
传统EMD方法	0.35	4.32	4.15

图2.7是仿真信号2的真实分量与分解结果比较，其中本章方法分解结果共有5个分量，传统EMD方法分解结果共有12个分量。由此可以看出，本章方法可以获得与传统EMD方法效果相当的有意义分量，但生成无意义的多余分量更少，并且分解速度有明显提高（表2.4）。

图2.8是仿真信号2中的两个调频信号分量和分解结果的时频谱比较，由此可见本章方法分解的第2、3分量和EMD方法分解的第3、4分量分别对应仿真信号中的两个调频信号，本章方法分解生成的无意义多余分量更少。

图2.9所示为语音信号与分解结果。EMD分解出13个分量，这里只显示了5个分量。

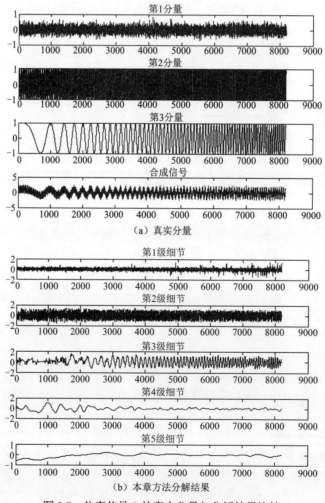

图2.7　仿真信号2的真实分量与分解结果比较

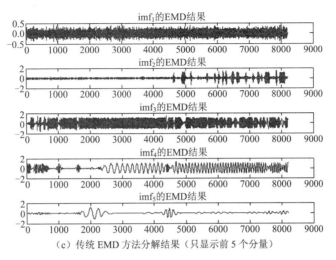

（c）传统 EMD 方法分解结果（只显示前 5 个分量）

图 2.7（续）

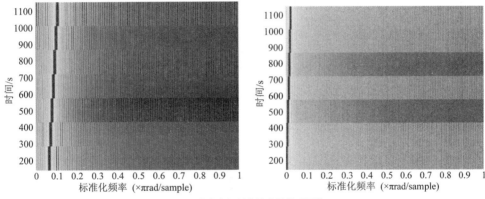

（a）两个真实调频信号分量的时频谱

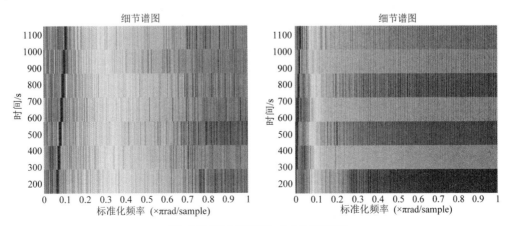

（b）本章方法分解的第 2、3 分量的时频谱

图 2.8   仿真信号 2 中两个调频信号分量和分解结果的时频谱比较

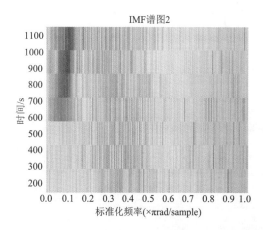

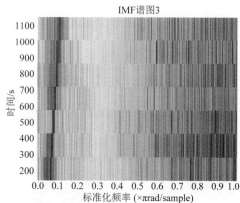

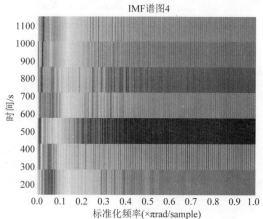

（c）传统 EMD 方法分解的第 2、3、4 分量的时频谱

图 2.8（续）

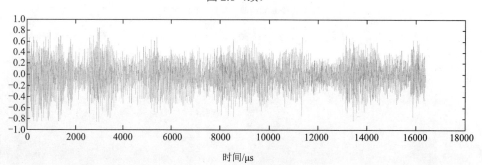

（a）原始语音信号

图 2.9　语音信号与分解结果

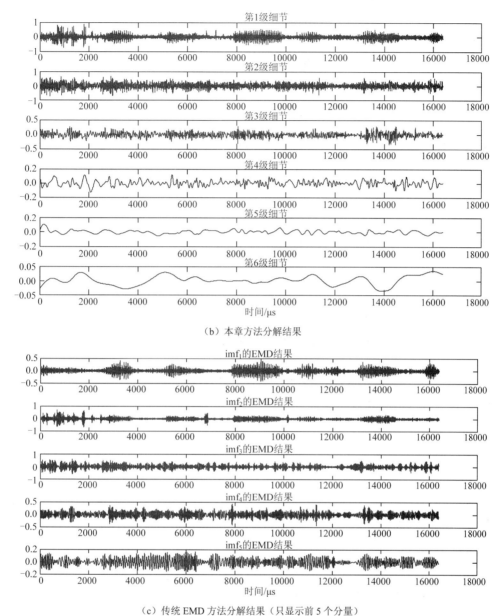

（b）本章方法分解结果

（c）传统 EMD 方法分解结果（只显示前 5 个分量）

图 2.9（续）

2.2　最小二乘优化的 EMD 及时变 FM 信号的分析

FM 信号广泛地应用于广播、通信及无线电导航等领域[1,2]，其主要特点是幅度为固定常数，频率多为时变函数。本节对这类信号进行分析。

2.2.1　时变 FM 信号 EMD 分解

由上述讨论可知，二倍频内的 FM 分量无法采用 EMD 有效分解，这一点从不同的角度也得到了证实[107,108]。对于电力信号，文献[119]～文献[121]给出了分解二倍频以内的 FM 信号的 EMD 算法，该算法应用模信号（masking signal）作为辅助信号，并采用 Fourier 频谱估计各分量信号的频率成分，但它只适用于平稳或接近平稳的信号。本节将给出 EMD 的新算法[270]，以克服传统 EMD 算法的上述缺陷。

对于多 FM 分量信号 $f(t) = \sum_{l=1}^{L} f_l(t)$，$\text{imf}_l(t)$ 与分量 $f_l(t)$ 存在差别，一段采用 NMSE_l 衡量 $\text{imf}_l(t)$ 与分量 $f_l(t)$ 的差别，采用 $c'(t)$ 衡量 $\text{imf}_l(t)$ 与 $f(t)$ 的差别。

$$\text{NMSE}_l = \min\left[1, \max_{l=1,2}\left(\frac{\|f_l(t) - \text{imf}_l(t)\|_{L^2(T)}}{\|f_l(t)\|_{L^2(T)}}\right)\right] \tag{2.4}$$

$$c'(t) = \min\left[1, \max_{l=1,2}\left(\frac{\|f(t) - \text{imf}_1(t)\|_{L^2(T)}}{\|f(t)\|_{L^2(T)}}\right)\right] \tag{2.5}$$

不失一般性，以两个 FM 分量信号 $f(t) = \sum_{l=1}^{2} f_l(t) = \sum_{l=1}^{2} a_l \cos \varphi_l(t)$ 为例，其频率 $\omega_l(t) = \mathrm{d}\varphi_l(t)/\mathrm{d}t$，幅度为常数，且 $\omega_1(t) > \omega_2(t)$。

命题 2.1　对于两个 FM 分量组成的多分量信号，采用传统 EMD 分解存在以下三种情况：

情况 I：若 $a_1\omega_1(t) \geqslant a_2\omega_2(t)$ 且 $3\omega_2(t) \geqslant \omega_1(t) \geqslant 2\omega_2(t)$，或 $a_1\omega_1(t) \geqslant a_2\omega_2(t)$ 且 $\omega_1(t) \geqslant 3\omega_2(t)$，则两个 FM 分量被 EMD 有效分解。

情况 II：若 $a_1\omega_1(t) \geqslant a_2\omega_2(t)$ 且 $1.5\omega_2(t) \geqslant \omega_1(t) \geqslant \omega_2(t)$，则 IMF 包含两个 FM 分量。

情况 III：若 $a_1\omega_1(t) \geqslant a_2\omega_2(t)$ 且 $2\omega_2(t) \geqslant \omega_1(t) \geqslant 1.5\omega_2(t)$，则为其他情况。

若 $a_1\omega_1(t) \geqslant a_2\omega_2(t)$，则两个 FM 分量合成的多分量的一级极值点个数与 $f_1(t)$ 的极值点个数相等。

2.2.2　最小二乘优化的 FM 信号 EMD 分解

1. FM 信号幅度估计

如果 $1.5\omega_2(t) \geqslant \omega_1(t) \geqslant \omega_2(t)$，则两个 FM 分量信号作为一个 IMF 分量处理。下面考虑一个 AM-FM 信号：

$$f(t) = a_1 \cos[\omega_1(t)t] + a_2 \cos[\omega_2(t)t] = a(t)\cos\{\varphi[t, \omega_1(t), \omega_2(t)]\} \tag{2.6}$$

式中，$1.5\omega_2(t) \geqslant \omega_1(t) \geqslant \omega_2(t)$，$a_1\omega_1(t) \geqslant a_2\omega_2(t)$；$a_1$、$a_2$ 为 FM 信号的常数幅度。

$f(t)$ 的瞬时幅度：

$$a(t) = \sqrt{a_1^2 + a_2^2 + 2a_1a_2 \cos\{[\omega_1(t) - \omega_2(t)]t\}} \tag{2.7}$$

应用插值函数对 $f(t)$ 的极值点进行插值，分别获取上包络 $E_{\max}(t)$ 和下包络 $E_{\min}(t)$。在理想情况下，$f(t)$ 的幅度调制为

$$a(t) = |E_{\max}(t)| = |E_{\min}(t)| \tag{2.8}$$

由于 a_1 和 a_2 为常数，因此

$$\min[a(t)] = \min\left\{\left|E_{\max}(t)\right|, \left|E_{\min}(t)\right|\right\} = \left|a_1 - a_2\right| \tag{2.9}$$

$$\max[a(t)] = \max\left\{\left|E_{\max}(t)\right|, \left|E_{\min}(t)\right|\right\} = \left|a_1 + a_2\right| \tag{2.10}$$

若包络 $\left|E_{\max}(t)\right|$ 和 $\left|E_{\min}(t)\right|$ 已知，则 a_1 和 a_2 可由式（2.9）和式（2.10）求取。

当 $1.5\omega_2(t) \geqslant \omega_1(t) \geqslant \omega_2(t)$ 时，两个 FM 分量组成的 AM-FM 分量和 IMF 是有区别的。

对于 AM-FM 分量 $f(t) = f_1(t) + f_2(t)$，其中，$f_1(t) = \cos[\omega_1(t)t]$，$f_2(t) = \cos[\omega_2(t)t]$，$\omega_1(t)/2\pi = 0.001\text{Hz}$，$\text{thd}_1 = 2000$，$\text{thd}_2 = 0.01$，$0 \leqslant t \leqslant 10000s$。采用传统 EMD 对 $f(t)$ 进行分解，获取 $\text{imf}_1(t)$，指标 $c'(t)$ 衡量 $f(t)$ 与 $\text{imf}_1(t)$ 的差别。随着 $f_1(t)/f_2(t)$ 变化，$c'(t)$ 的详细变化情况如图 2.10 所示。由于 IMF 与两个 FM 之和存在差别，因此由式（2.9）和式（2.10）计算 a_1 和 a_2 将会带来较大的误差,需要采用优化估计方法对它们进行估计。

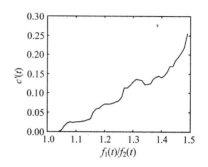

图 2.10　IMF 和两个 FM 之和间的差别

对于多 FM 分量信号 $f(t) = \sum_{l=1}^{N} f_l(t)$，假定 $f_l(t) = a_l \cos\varphi_l(t)\,(1 \leqslant l \leqslant N)$ 的初始近似幅度 $a_{l,0}$ 已知，且 $\phi_l(t)$ 已知，那么最优的 a_l 可由下式优化得到

$$a_{l,\text{opt}} = \underset{a \in [a_{l,0} \cdot \delta_1, a_{l,0} \cdot \delta_2]}{\arg\min} \left|\sum_t \left\{[f(t) - a\cos\varphi_l(t)] \cdot [a\cos\varphi_l(t)]\right\}\right| \tag{2.11}$$

式中，$0 < \delta_1 < 1, 1 < \delta_2 < +\infty$。

不妨给定经验数据 $\delta_1 = 0.5$，$\delta_2 = 1.5$，由于不同的 FM 分量具有不同的频率，它们之间正交，因此有

$$\left|\sum_t \left\{[f(t) - a\cos\varphi_l(t)] \cdot [a\cos\varphi_l(t)]\right\}\right|$$
$$= \left|\sum_t \left\{[a_l\cos\varphi_l(t) - a\cos\varphi_l(t)] \cdot [a\cos\varphi_l(t)]\right\}\right| \tag{2.12}$$

所以式（2.11）成立。

2. FM 信号类型的判断

对于多分量信号 $f(t) = f_1(t) + f_2(t)$（$t \in [0,T]$），其极值点及其集合的定义为

$$\text{LMA}_1 = \left\{f(t) : \frac{\mathrm{d}f(t)}{\mathrm{d}t} = 0 \ \& \ \frac{\mathrm{d}^2 f(t)}{\mathrm{d}t^2} < 0 \,, t \in [0,T]\right\} \tag{2.13}$$

$$\text{LMI}_1 = \left\{f(t) : \frac{\mathrm{d}f(t)}{\mathrm{d}t} = 0 \ \& \ \frac{\mathrm{d}^2 f(t)}{\mathrm{d}t^2} > 0 \,, t \in [0,T]\right\} \tag{2.14}$$

定义 2.3　下面集合的元素称为二级极值：

$$\text{LMA}_{1,\max} = \left\{u(t_i) : u(t_i) > u(t_{i-1}) \ \& \ u(t_i) > u(t_{i+1}), u(t_i) \in \text{LMA}_1\right\} \tag{2.15}$$

$$\text{LMA}_{1,\min} = \left\{ u(t_i) : u(t_i) < u(t_{i-1}) \& u(t_i) < u(t_{i+1}), u(t_i) \in \text{LMA}_1 \right\} \tag{2.16}$$

$$\text{LMI}_{1,\max} = \left\{ v(t_i) : v(t_i) > v(t_{i-1}) \& v(t_i) > v(t_{i+1}), v(t_i) \in \text{LMI}_1 \right\} \tag{2.17}$$

$$\text{LMI}_{1,\min} = \left\{ v(t_i) : v(t_i) < v(t_{i-1}) \& v(t_i) < v(t_{i+1}), v(t_i) \in \text{LMI}_1 \right\} \tag{2.18}$$

同理，把 LMA_1 和 LMI_1 的极值称为一级极值。

命题 2.2 在 $f(t)[f_1(t) + f_2(t)]$ 的多级极值中，若 $\text{LMA}_{1,\max}$ 中任何一个极值总在 $\text{LMI}_{1,\max}$ 中存在一个极值与之相邻，它们之间不存在一级极值点；同理，$\text{LMA}_{1,\min}$ 中任何一个极值总在 $\text{LMI}_{1,\min}$ 中存在一个极值与之相邻，它们之间不存在一级极值点，则 $f(t)$ 可在 $\text{NMSE} < \{0.01 - 0.02\}$ 条件下分解。其理论条件为 $\omega_1(t) \geqslant 3\omega_2(t)$ 和 $a_1(t)\omega_1(t) \geqslant a_2(t)\omega_2(t)$，其中后者为必要条件。

命题 2.3 在 $f(t)[f_1(t) + f_2(t)]$ 的多级极值中，若 $\text{LMA}_{1,\max}$ 中任何一个极值总在 $\text{LMI}_{1,\min}$ 中存在一个极值与之相邻，它们之间不存在一级极值点；同理，$\text{LMA}_{1,\min}$ 中任何一个极值总在 $\text{LMI}_{1,\max}$ 中存在一个极值与之相邻，它们之间不存在一级极值点，则 $f(t)$ 可在 $c'(t) < \{0.01 - 0.02\}$ 条件下作为一个 IMF 处理。其理论条件为 $1 < \omega_1(t)/\omega_2(t) < 3/2$。

对于 AM-FM 信号，将频率邻近的两个信号作为一个 AM-FM 信号处理较为合理，而 EMD 就将其作为一个 IMF 处理。

命题 2.2′ 在 $f(t)[f_1(t) + f_2(t)]$ 的多级极值中，如果 NUM_1 不为零，而 NUM_2 为零，则 $f(t)$ 可在 $\text{NMSE} < \{0.01 - 0.02\}$ 条件下分解。

命题 2.3′ 在 $f(t)[f_1(t) + f_2(t)]$ 的多级极值中，如果 NUM_1 为零，而 NUM_2 不为零，则 $f(t)$ 可在 $c'(t) < \{0.01 - 0.02\}$ 条件下作为一个 IMF 处理。

命题 2.3-1 在 $f(t)[f_1(t) + f_2(t)]$ 的多级极值中，在任意时间段 $[T_{l_1}, T_{l_2}] \subseteq [0, T]$，$\text{NUM}_1 > \text{NUM}_2$，则 $f(t)$ 可在 $\text{NMSE} < \{0.01 - 0.02\}$ 条件下分解。

命题 2.3-2 在 $f(t)[f_1(t) + f_2(t)]$ 的多级极值中，在任意时间段 $[T_{l_1}, T_{l_2}] \subseteq [0, T]$，$\text{NUM}_1 < \text{NUM}_2$，则 $f(t)$ 在 $\text{NMSE} < \{0.01 - 0.02\}$ 条件下不能分解。

对于命题 2.3，其理论条件是 $2 \leqslant \omega_1(t)/\omega_2(t) < 3$ 且 $a_1(t)\omega_1(t) \geqslant a_2(t)\omega_2(t)$。而不能分解的理论条件是 $1.5 \leqslant \omega_1(t)/\omega_2(t) < 2$。表 2.1~表 2.3 中的数据验证了这些理论条件。

从表 2.1~表 2.3 中可得出结论：频率比为 1.5、2 和 3 是 EMD 算法的三个特殊临界值。具体地，当 ω_1/ω_2（$\omega_1 > \omega_2$）增加时，NUM_1 增加而 NUM_2 减小，NMSE 则从 1 逐渐减小到 0，即 $\dfrac{a_1(t)\omega_1(t)}{a_2(t)\omega_2(t)}$（因为 $a_1(t) = a_2(t) = 1$）越大，EMD 分解得越好。

1）当 $\omega_1/\omega_2 \approx 1.5$ 时，则频率之比 1.5 是一条分界线。

2）当 $\omega_1/\omega_2 = 2$ 时，$\text{NUM}_1 = \text{NUM}_2$（或最多相差一个），则频率之比 2 是一个分水岭。

3）当 $\omega_1/\omega_2 \approx 3$ 时，NUM_2 减小到 0，则频率之比 3 是一个分水岭。

但是，如果 EMD 不能"看见"和第一个单分量相关的极值点，或者多分量的极值只能反映第二个单分量信号的极值点，那么上述三个命题不成立。如何解决该问题呢？

3. EMD 分解 FM 信号

下面给出本章的改进 EMD 算法。

S1. 提取 $f(t)$ 的一级极值点和二级极值点。

S2. 根据上述判据和极值点情况，判断信号的类型。

S3. 若为情况 I，则应用传统 EMD 获取 $\text{imf}_1(t)$，转到步骤 S6。

S4. 若为情况 II，则有：

1）用传统 EMD 算法分解获取 $\text{imf}_{1,0}(t)$。

2）以 $\text{imf}_{1,0}(t)$ 极值点的位置点 t_{ex} 为元素组成集合 $L_{\text{ex}} = \{t_{\text{ex}}\}$。

3）用最小二乘法估计相位多项式 $\phi(t)$。

4）用式（2.9）和式（2.10）估计 FM 分量 $f_1(t)$ 的幅度 $a_{1,0}$。

5）用式（2.11）获取 $a_{1,0}$ 的最优估计 $a_{1,\text{opt}}$。

6）$\text{imf}_1(t) = a_{1,\text{opt}} \cos\phi(t)$。

7）转到步骤 S6。

S5. 若为情况 III，则有：

1）用传统 EMD 算法分解获取 $\text{imf}_{1,0}(t)$。

2）求取 $\text{imf}_{1,0}(t)$ 上下包络 $\text{EV}_{\text{up}}(t)$ 和 $\text{EV}_{\text{down}}(t)$，估计其初始幅度：

$$a_{1,0} = \frac{1}{T} \sum_t \left\{ \left[\left| \text{EV}_{\text{up}}(t) \right| + \left| \text{EV}_{\text{down}}(t) \right| \right] \Big/ 2 \right\}, \quad t \in [0, T]$$

3）以 $\text{imf}_{1,0}(t)$ 极值点的位置点 t_{ex} 为元素组成集合 $L_{\text{ex}} = \{t_{\text{ex}}\}$。

4）用最小二乘法估计相位多项式 $\phi(t)$。

5）用式（2.11）获取 $a_{1,0}$ 的最优估计 $a_{1,\text{opt}}$。

6）$\text{imf}_1(t) = a_{1,\text{opt}} \cos\phi(t)$。

7）转到步骤 S6。

S6. $r(t) = f(t) - \text{imf}_1(t)$，用 $r(t)$ 代替 $f(t)$ 并不断地重复步骤 S1～S6，直到剩余量 $r(t)$ 小于给定的阈值 thd_2。

其中，情况 I、情况 II 和情况 III 满足条件 $a_1(t)\omega_1(t) >\approx a_2(t)\omega_2(t)$，$f(t)$ 的一级极值点和 $\text{imf}_1(t)$ 的极值点个数相同[110]。如果 $f(t)$ 一级极值点个数与 $\text{imf}_2(t)$ 的极值点个数相同，则命题 2.1～2.3 及改进算法失效，如图 2.11 所示的特例，一个 IMF 包含了两个 FM 分量，但视觉上很难分辨两个 FM 分量的合成。

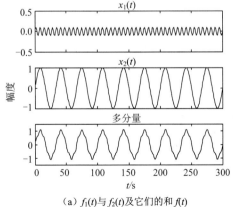

（a）$f_1(t)$ 与 $f_2(t)$ 及它们的和 $f(t)$　　　（b）$f(t)$、传统 EMD 的 $\text{imf}_1(t)$ 及剩余量 $r(t)$

图 2.11　传统 EMD 分解结果特例

在这种情况下，下面对上述的 EMD 改进算法做如下补充。

C1. 用前面改进算法获得所有的 IMF：$\text{imf}_l(t)$ $(l = 1, 2, \cdots, N)$。

C2. 提取 $\mathrm{imf}_1(t)$ 的 t_{ex} 构建集合 $L_{\mathrm{ex}} = \{t_{\mathrm{ex}}\}$。

C3. 求取 $\mathrm{imf}_1(t)$ 上下包络 $\mathrm{EV}_{\mathrm{up}}(t)$ 和 $\mathrm{EV}_{\mathrm{down}}(t)$，估计初始幅度。

$$a_{1,0} = \frac{1}{T}\sum_t \left\{\left[\left|\mathrm{EV}_{\mathrm{up}}(t)\right| + \left|\mathrm{EV}_{\mathrm{down}}(t)\right|\right]\big/2\right\}, \quad t \in [0,T]$$

C4. 用最小二乘法估计相位多项式 $\phi(t)$。

C5. 用式（2.11）获取 $a_{1,0}$ 的最优估计 $a_{1,\mathrm{opt}}$。

C6. 获得新的 IMF：$\mathrm{imf}_{l,\mathrm{new}}(t) = \mathrm{imf}_l(t) - a_{l,\mathrm{opt}}\cos\phi(t)$。

C7. 若 $\left\|\mathrm{imf}_{l,\mathrm{new}}(t)\right\|_{L^2(R)}\big/\left\|\mathrm{imf}_l(t)\right\|_{L^2(R)} < \mathrm{threshold}$，则没有 FM 隐藏在其他 FM 分量中；否则，在 $\mathrm{imf}_{l,\mathrm{new}}(t)$ 上重复步骤 C1～C6，直到 $\left\|\mathrm{imf}_{l,\mathrm{new}}(t)\right\|_{L^2(R)}\big/\left\|\mathrm{imf}_l(t)\right\|_{L^2(R)} < \mathrm{threshold}$ 满足。其中，令 $\mathrm{threshold} = 0.01$。

C8. 按照频率大小重新排序所有的 IMF。

给定的经验阈值 $\mathrm{threshold} = 0.01$，若 $\mathrm{imf}_{l,\mathrm{new}}(t)$ 的能量小于 $\mathrm{imf}_l(t)$ 能量的 1%，则搜索过程停止，认为没有 FM 隐藏在其他 FM 分量中。

其中，S4 中的步骤 3）和 S5 中的步骤 4）采用的最小二乘法估计 $\phi(t)$ 算法如下。

极值点位置点集合为

$$t_{\mathrm{ex}} = \{t_{\mathrm{ex},1}, t_{\mathrm{ex},2}, \cdots, t_{\mathrm{ex},m}\} \tag{2.19}$$

令 $f(t) = \cos\phi(t)$，$\phi(t) = \sum_{l=0}^n b_l t^l$。对于 $t_{\mathrm{ex}} = \{t_{\mathrm{ex},1}, t_{\mathrm{ex},2}, \cdots, t_{\mathrm{ex},m}\}$，令 $x(t_{\mathrm{ex},n}) = 1$，$x(t_{\mathrm{ex},n+1}) = -1$，其中，$s(t_{\mathrm{ex},n})$ 是极大值，$s(t_{\mathrm{ex},n+1})$ 是极小值。由此可得

$$\phi(t_{\mathrm{ex},n}) = (n+1)\pi \tag{2.20}$$

最小化 $\|Ab - \Phi\|_2^2$，获取最优系数：

$$b = (A^{\mathrm{T}}A)^{-1}A^{\mathrm{T}}\cdot\Phi \tag{2.21}$$

式中，$b = \begin{bmatrix} b_l \\ b_{l-1} \\ \vdots \\ b_1 \\ b_0 \end{bmatrix}$；$A = \begin{bmatrix} t_{\mathrm{ex},1}^l & t_{\mathrm{ex},1}^{l-1} & \cdots & t_{\mathrm{ex},1} & 1 \\ t_{\mathrm{ex},2}^l & t_{\mathrm{ex},2}^{l-1} & \cdots & t_{\mathrm{ex},2} & 1 \\ \vdots & \vdots & & \vdots & \vdots \\ t_{\mathrm{ex},m}^l & t_{\mathrm{ex},m}^{l-1} & \cdots & t_{\mathrm{ex},m} & 1 \end{bmatrix}$；$\Phi = \begin{bmatrix} 2\pi \\ 3\pi \\ \vdots \\ m\pi \\ (m+1)\pi \end{bmatrix}$。

这样，对 $f(t) = \cos\phi(t)$ 进行估计获得最优的相位函数。若信号时间支撑范围很长，不妨进行分段估计。

本章的改进算法包括 S1～S6 和 C1～C8，只有当 FM 没有隐藏在其他 FM 分量中时，才需要执行步骤 C1～C8。

2.2.3 FM 信号分解实验分析

本节给出实验以验证本章的改进算法的有效性。实验包括三个二次调频的FM分量信号，采样频率1Hz，给定相位的最大自由度4，$\mathrm{threshold} = 0.01$，$\mathrm{thd}_1 = 2000$，$\mathrm{thd}_2 = 0.01$。

实验由三个二次调频信号合成 $f(t) = a\cos\varphi(t) = \sum_{l=1}^3 a_l\cos\varphi_l(t)$，其中时间支撑为

2000s，二次调频信号的幅度分别是 8、6 和 5，$\varphi_i'(t) = \omega_i(t)$（$l = 1,2,3$），$\omega_1(t)/2\pi \in [0.04,$ 0.10]，$\omega_2(t)/2\pi \in [0.026, 0.065]$，$\omega_3(t)/2\pi \in [0.01, 0.03]$，$a_1\omega_1(t) > a_2\omega_2(t)$，$1.5\omega_2(t) > \omega_1(t) >$ $\omega_2(t)$，$a_2\omega_2(t) > a_3\omega_3(t)$，$\omega_2(t) > 2\omega_3(t)$，如图 2.12（a）和（b）所示。

　　三个二次调频信号的 Fourier 频谱重叠且没有突出的谱峰，在 Fourier 变换频域无法分离这三个二次调频信号。基于模信号的 EMD[119-121]无法有效分解这三个二次调频信号。传统 EMD 的分解结果如图 2.12（c）所示，其中一个分量被隐含在其他分量中。

　　本章算法可将三个二次调频信号有效地分解，如图 2.12（d）所示，其中第一个分量的最优幅度 $a_{1,\text{opt}}$ 为 7.9940；如图 2.12（e）所示，与真值 8 吻合；图 2.12（f）和（g）分别是本章算法和传统 EMD 的时频分布；图 2.12（h）是频谱，表明在频域内无法分解。

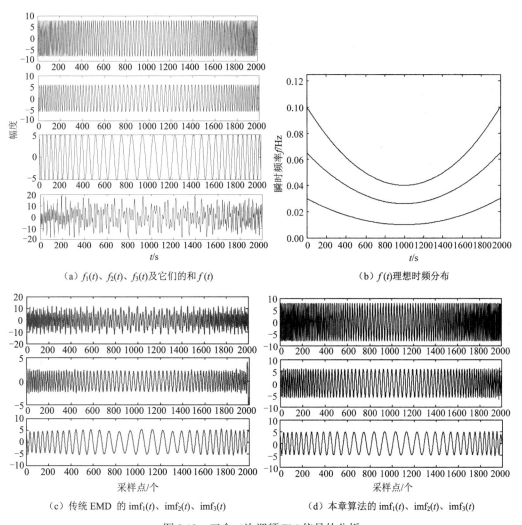

（a）$f_1(t)$、$f_2(t)$、$f_3(t)$ 及它们的和 $f(t)$ 　　　　　　　（b）$f(t)$ 理想时频分布

（c）传统 EMD 的 $\text{imf}_1(t)$、$\text{imf}_2(t)$、$\text{imf}_3(t)$ 　　　　（d）本章算法的 $\text{imf}_1(t)$、$\text{imf}_2(t)$、$\text{imf}_3(t)$

图 2.12　三个二次调频 FM 信号的分析

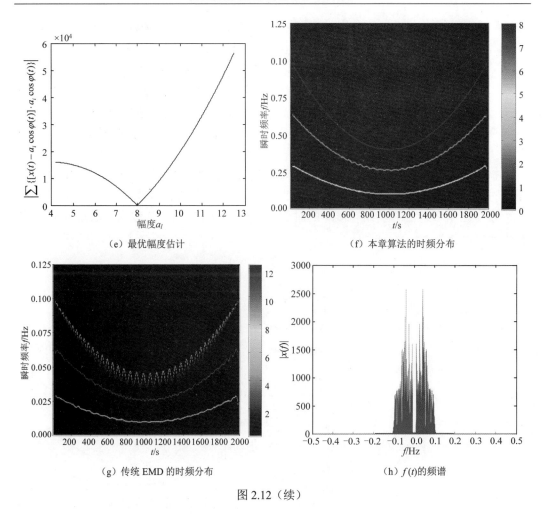

（e）最优幅度估计　　　　　　　　　　　（f）本章算法的时频分布

（g）传统 EMD 的时频分布　　　　　　　　（h）$f(t)$的频谱

图 2.12（续）

2.3　时变信号辅助的 EDM 及时变 AM-FM 信号的分析

AM-FM 信号是一种常见、复杂的信号模式，如机械振动中的信号。其中，FM 是 AM-FM 信号的特例。不过，对 FM 信号的判据对 AM-FM 信号是无效的。本节主要讨论的 AM-FM 信号限定为如下信号类型 $f(t) = a(t)\cos\varphi(t) : H\{a(t)\cos\varphi(t)\} = a(t)\sin\varphi(t)$，其中，$H$ 为 Hilbert 变换算子。

2.3.1　时变 AM-FM 信号 EMD 分解

对于二倍频内的信号，目前最常用的分解方法是信号辅助的分解算法（主要是基于模信号的方法[119-121]）。Deering 和 Kaiser[119]首先利用模信号分解二倍频内无法分解的信号，然而，如何选择模信号并没有在文献[119]中详细论述。目前也还没有文献讨论模信号产生的 IMF 是否合乎要求。Senroy 等[120-121]改进了基于模信号的 EMD 方法，因为它应用 FFT 获取各个分量的频率分量，这种方法仅适合平稳信号或者接近平稳的信号，对于时变信号不适合。

另外，EMD 在同一个 IMF 中含有过多的不连续尺度[106]，称为存在模式混叠[106]，在时频平面内会造成频率的跳变，产生没有物理意义的结果。Huang 等[106]介绍了间歇测试法，在一定程度上缓解了模式混叠。然而，间歇测试需要事先选择好尺度，使 EMD 失去自适应性，而且事先确定的尺度只适合这一尺度要求的情况。

噪声辅助的EMD方法也是一种典型的信号辅助分解算法。Gledhill[123]应用噪声测试了EMD算法的鲁棒性。文献[12]应用噪声解决了极度缺乏极值点的EMD分解问题。另外，噪声辅助的EMD方法利用高斯白噪声的统计特性[107]及EMD的动态滤波特性，待信号分解后再通过求解均值消除噪声[112,114]，从而解决模式混叠问题[109]。但是，这种方法也无法分解二倍频内的信号，而且只适合处理平稳信号。文献[126]~文献[128]也涉及处理AM-FM信号，但没有进行理论分析，仿真也都选用恒定频率的信号。

为了便于后面比对，这里列出基于模信号的EMD算法MSEMD（model signal based EMD）和噪声辅助的EMD算法EEMD。

1. MSEMD 算法

1）采用FFT估计信号各个频率分量 ω_k（$k = 1, 2, \cdots, n$）。

2）构建模信号：$\text{mask}_k(t) = 5.5 A_m \sin(\omega_k - \omega_{k-1})$，其中，$A_m$ 为幅度，ω_k 为Fourier频谱的频率分量。

3）获取 $f(t) + \text{mask}_k(t)$ 和 $f(t) - \text{mask}_k(t)$，并对其EMD分解获取各自第一个IMF分量：imf_+ 和 imf_-，$c_k(t) = (\text{imf}_+ + \text{imf}_-)/2$。

4）剩余量：$r_k(t) = f(t) - \sum_{i=k}^n c_i(t)$。

5）用估计得到的模信号重复执行步骤1）~5），直到剩余量中只包含频率 ω_1。

$$f(t) = \sum_{i=1}^n c_i(t) + r(t) \qquad (2.22)$$

对于二倍频内的信号，MSEMD给出了分量近似值，IMF和实际分量间的误差比较大。

2. EEMD[109]算法

1）将一随机零均值方差为 σ 的高斯白噪声 $n_l(t)$ 叠加到 $x(t)$：$s_l(t) = f(t) + n_l(t)$。

2）用EMD分解 $s_l(t)$ 得到IMF和剩余量。

3）重复步骤1）和2）事先给定的次数。

4）求取 IMF 和剩余量的均值消除噪声，即得到最后的 IMF 和剩余量。

2.3.2 AM-FM 信号 EMD 分解

1. 时变辅助信号的构建

对于AM-FM信号，若单位时间长度的极值点个数越多，则其频率越高，反之亦然。对于多分量信号 $s(t) \left(s(t) = \sum_{l=1}^2 s_l(t) = \sum_{l=1}^2 a_l \cos[\phi_l(t)] \right)$，如果 $s(t)$ 的极值点密度正好等于 $s_1(t)$ 的极值点密度，则通过前面讨论的最小二乘法估计 $\phi(t)$ 算法估计 $s(t)$ 的局部极值点

可得到 $s_1(t)$ 的相位近似值[247]。

2. 幅度估计

对于 AM-FM 信号 $s(t) = \sum\limits_{l=1}^{N} s_l(t) = \sum\limits_{l=1}^{N} a_l(t)\cos\varphi_l(t)$ $\big[a_l(t)\in R, 1\leqslant l\leqslant N, \omega_l(t) = \mathrm{d}\varphi_l(t)/$

$\mathrm{d}t > \mathrm{d}\varphi_{l+1}(t)/\mathrm{d}t = \omega_{l+1}(t)\big]$，$s_l(t) = a_l(t)\cos\varphi_l(t)\,(1\leqslant l\leqslant N)$ 的相位 $\varphi_l(t)$ 已知，$H\{s(t)\} =$

$s_{\mathrm{cpt}}(t) = \sum\limits_{l=1}^{N} s_{\mathrm{cpx},l}(t) = \sum\limits_{l=1}^{N} a_l(t)\mathrm{e}^{\mathrm{j}\varphi_l(t)}\,(1\leqslant l\leqslant N)$，其中，cpx 表示复数信号。用 $x_{\mathrm{cpx},k}(t) =$

$\mathrm{e}^{-\mathrm{j}\varphi_k(t)}\,(1\leqslant k\leqslant N)$ 乘以 $s_{\mathrm{cpx}}(t)$ 得

$$s_{\mathrm{cpx}}(t)x_{\mathrm{cpx},l}(t) = \sum_{l=1}^{k-1} a_l(t)\mathrm{e}^{\mathrm{j}[\varphi_l(t)-\varphi_k(t)]} + a_k(t) + \sum_{l=k+1}^{N} a_l(t)\mathrm{e}^{\mathrm{j}[\varphi_l(t)-\varphi_k(t)]} \qquad (2.23)$$

$$\mathrm{sp}(\omega) = \mathrm{FT}\left\{s_{\mathrm{cpx}}(t)x_{\mathrm{cpx},l}(t)\right\} = \mathrm{FT}\left\{\sum_{l=1}^{k-1} a_l(t)\mathrm{e}^{\mathrm{j}[\varphi_l(t)-\varphi_k(t)]}\right\} + \mathrm{FT}\left\{a_k(t)\right\}$$

$$+\mathrm{FT}\left\{\sum_{l=k+1}^{N} a_l(t)\mathrm{e}^{\mathrm{j}[\varphi_l(t)-\varphi_k(t)]}\right\} = \mathrm{sp}_{+}(\omega) + \mathrm{sp}_0(\omega) + \mathrm{sp}_{-}(\omega) \qquad (2.24)$$

式中，FT 为 Fourier 变换算子；$\mathrm{sp}_{+}(\omega) = \mathrm{FT}\left\{\sum\limits_{l=1}^{k-1} a_l(t)\mathrm{e}^{\mathrm{j}[\varphi_l(t)-\varphi_k(t)]}\right\}$，$\mathrm{sp}_0(\omega) = \mathrm{FT}\left\{a_k(t)\right\}$；

$\mathrm{sp}_{-}(\omega) = \mathrm{FT}\left\{\sum\limits_{l=k+1}^{N} a_l(t)\mathrm{e}^{\mathrm{j}[\varphi_l(t)-\varphi_k(t)]}\right\}$。

通常在这三部分中间存在两个明显的谱谷值，在 Fourier 谱 $|\mathrm{sp}(f)|$ 可有效分离得到

$\mathrm{sp}_0(f) = \mathrm{FT}\left\{a_k(t)\right\}$ 及 $s_k(t) = a_k(t)x_{\mathrm{cpx},k}^{*}(t) = a_k(t)\mathrm{e}^{\mathrm{j}\varphi_k(t)}$。

例如，AM-FM 信号 $x(t) = \sum\limits_{l=1}^{3} x_l(t) = \sum\limits_{l=1}^{3} a_l(t)\mathrm{e}^{\mathrm{j}\phi_l(t)}$ 的理想时频如图 2.13（a）所示，分

量合成如图 2.13（b）所示，该信号存在 Fourier 谱叠加无法分离现象[图 2.13（c）]。如

果其中一个分量相位已知，通过 Fourier 频谱可以估计得到其幅度 $a_1(t) = \mathrm{IFT}\left\{\mathrm{sp}_0(\omega)\right\}$ [图

2.13（d）]，其中，$-12\mathrm{Hz} \leqslant \omega/2\pi \leqslant 500\mathrm{Hz}$。

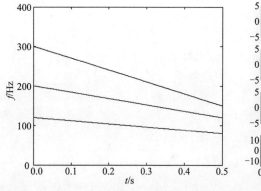
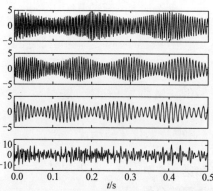

（a）三个分量 $x_l(t) = a_l(t)\mathrm{e}^{\mathrm{j}\phi_l(t)}(l=1,2,3)$ 的理想时频分布　　（b）三个分量 $x_l(t) = a_l(t)\mathrm{e}^{\mathrm{j}\phi_l(t)}(l=1,2,3)$ 及其之和

图 2.13　三分量分解示意图

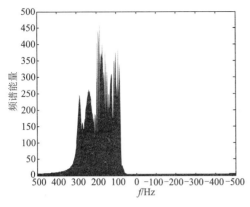

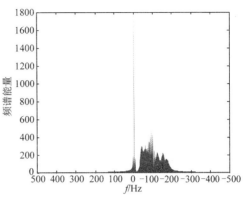

（c）和信号的 Fourier 频谱　　　　　　　（d）FT$\{x(t)\cdot \mathrm{e}^{-\mathrm{j}\varphi(t)}\}$ Fourier 频谱

图 2.13（续）

如果 AM-FM 分量正交且瞬时频率不同，即

$$\sum_t \{[x(t)-a(t)\cos\varphi_l(t)]\cdot[a(t)\cos\varphi_l(t)]\}$$

$$\sum_t \{[a_l(t)\cos\varphi_l(t)-a(t)\cos\varphi_l(t)]\cdot[a(t)\cos\varphi_l(t)]\}=0 \tag{2.25}$$

理论上，通过如式（2.26）最小化可以得到幅度的最优估计。

$$\sum_t \{[s(t)-\widehat{a}(t)\cos\varphi_l(t)]\cdot[\widehat{a}(t)\cos\varphi_l(t)]\} \tag{2.26}$$

式中，

$$\widehat{a}_l(t)=\mathrm{IFT}\{\mathrm{sp}_0(\omega)\},\ \omega_{0,\min}\leqslant\omega\leqslant\omega_{0,\max} \tag{2.27}$$

通过频率域内搜索频率 $\omega_{0,\min}$、$\omega_{0,\max}$，可获得式（2.27）的最小值，从而得到幅度最优估计 $\widehat{a}_l(t)$。

通过 $\max\{\mathrm{FRQ}[\mathrm{sp}(\omega)]\}$ 获取 $\omega_{0,\max}$。同样，通过式（2.26）最小化可得到频率 $f_{0,\min}$（$\min\{\mathrm{FRQ}[\mathrm{sp}(\omega)]\}\leqslant\varsigma_{0,\min}\leqslant 0$）。其中，FRQ 为带宽估计算子。

在 Fourier 变换域，通过式（2.26）估计最小频率 $\omega_{0,\min}$：

$$\omega_{0,\min}=\underset{\omega\in[0,\omega_{\min}]\bigcap\mathrm{FRQ}[\mathrm{sp}_0(\omega)]}{\arg\min}\left[\sum_t \left(\{s(t)-\mathrm{IFT}[\mathrm{sp}_0(\omega)]\cdot\cos\varphi_l(t)\}\cdot\{\mathrm{IFT}[\mathrm{sp}_0(\omega)]\cdot\cos\varphi_l(t)\}\right)\right]$$
$$\tag{2.28}$$

式中，$\omega_{\min}=\min\{\mathrm{FRQ}[\mathrm{sp}(\omega)]\}$。

确定 $\omega_{0,\min}$，然后通过式（2.27）确定最优幅度估计。

3. 时变辅助信号下的分解算法

对于 AM-FM 多分量信号，$s(t)$ 包含分量越多（分量数 ≥3），$s(t)$ 一级极值点的位置信息和第一个分量 $s_1(t)$ 的极值点位置信息差别就越大，可利用传统的 EMD 分解减少当前待处理的分量个数。

例如，可用信号辅助的 EMD 算法（signal asisted EMD，SAEMD）。

1）提取 $s(t)$ 的极值点。

2）应用传统EMD获取 $\mathrm{imf}_1(t)$ 。

3）用最小二乘法估计 $\mathrm{imf}_1(t)$ 的相位多项式 $\phi(t)$ ，构建辅助信号函数 $\cos\varphi(t)$ 。

4）估计幅度 $\widehat{a}(t)$ ：

$$\omega_{0,\min} = \underset{\omega\in[0,\omega_{\min}]\cap\mathrm{FRQ}[\mathrm{sp}_0(\omega)]}{\arg\min}\left[\sum_t\big(\{\mathrm{imf}_1(t)-\mathrm{IFT}[\mathrm{sp}_0(\omega)]\cdot\cos\varphi(t)\}\cdot\{\mathrm{IFT}[\mathrm{sp}_0(\omega)]\cdot\cos\varphi(t)\}\big)\right]$$

式中， $\omega_{\min}=\min\{\mathrm{FRQ}[\mathrm{sp}(\omega)]\}$ ， $\widehat{a}_l(t)=\mathrm{IFT}\{\mathrm{sp}_0(f)\}$ （$f_{0,\min}\leqslant f\leqslant f_{0,\max}$）。

5）第一个分量： $c_1(t)=\widehat{a}(t)\cos\varphi(t)$ 。

6） $s(t)=s(t)-c_1(t)$ 。

7）重复步骤1）～6），直到剩余量 $r(t)$ 的能量低于给定的门限值。

SAEMD从IMF中提取分量，若IMF是单一分量，那么SAEMD只是一次空操作，结果不受影响。

4. 时变模式混叠的抑制

为了抑制时变的模式混叠，构建的辅助信号也应是时变的。由于邻近极值点决定了模式的尺度，因此邻近极值点的距离自然成为模式混叠抑制的重要待选参数。对此，给出如下规定。

1）任意两个邻近极值点间距离不能发生跳变。

2）最小极值点间距离的模式应该具有最大的瞬时频率，即邻近极值点的距离需要满足：

$$\max\{|(t_{\mathrm{ex},l}-t_{\mathrm{ex},l+1})/(t_{\mathrm{ex},l-1}-t_{\mathrm{ex},l})|,|(t_{\mathrm{ex},l-1}-t_{\mathrm{ex},l})/(t_{\mathrm{ex},l}-t_{\mathrm{ex},l+1})|\}\leqslant N \qquad (2.29)$$

其中，N 为给定的参考值。

若式（2.29）不满足，那么文献[247]中的一维处理情况将用以降低邻近极值点的距离差异性。

由于采取了时变的距离限定[247]，因此本章的算法是自适应的。在多数情况下，N 取经验值2～5可以满足需要。这里给定 $N=3$ 。

一旦 $t_{\mathrm{ex}}=\{t_{\mathrm{ex},1},t_{\mathrm{ex},2},\cdots,t_{\mathrm{ex},m}\}$ 确定，即可构建辅助信号，高频模式的分离便可以获得。

2.3.3 AM-FM 信号分解实验分析

本节给出三个仿真实验，验证算法的有效性，并与传统的 EMD[106] 及 EEMD[109] 进行对比。为了简化对比，给定三个分量的信号，采样频率 1000Hz，时间支撑为 1s。传统 EMD 的筛选次数为 20，EEMD 应用方差为 1 的噪声 30 次。

实验一：AM-FM 信号包含频率线性的三个分量（图 2.14），其中前两个分量频率在二倍频内。传统 EMD 分解误差分别为 error1=0.8731，error2 =0.9784，error3=0.1454，无法给出正确结果。EEMD 的分解误差分别为 error01=0.8610，error02=0.9689，error03=0.2995，本章算法的分解误差为 error1=0.0481，error2=0.0727，error3=0.0526。其直观结果如图 2.14（c）～（h）。

实验二：AM-FM 信号包含频率线性的三个分量，其中包含一个间歇模式，如图 2.15 所示。传统 EMD 分解误差分别为 error1 = 0.3607，error2 = 0.1716，error3 = 0.1268。

EEMD 的分解误差分别为 error01=0.5343，error02=0.9410，error03=1.2735。本章的方法 [图 2.15（c）] 可以有效避免模式混叠 [图 2.15（e）]，其分解误差分别为 error1=0.0377，error2 =0.0221，error3=0.0209，对应的结果也可以通过时频分布 [图 2.15（d）和（f）] 看到。

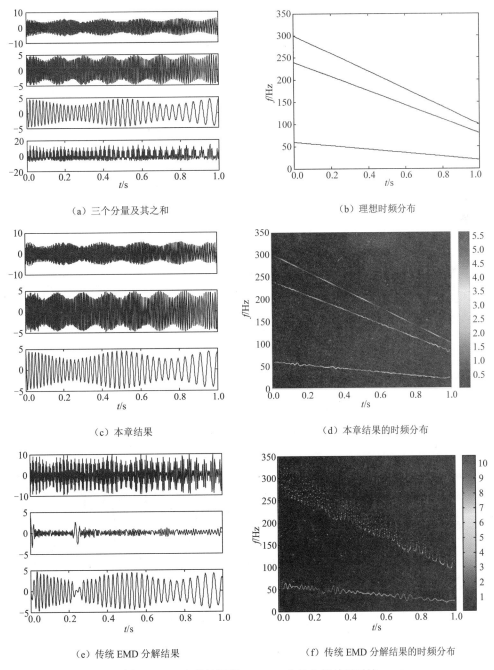

（a）三个分量及其之和　　　　　　　　　　（b）理想时频分布

（c）本章结果　　　　　　　　　　　　（d）本章结果的时频分布

（e）传统 EMD 分解结果　　　　　　　　（f）传统 EMD 分解结果的时频分布

图 2.14　三个线性调频 AM-FM 分量分解结果对比

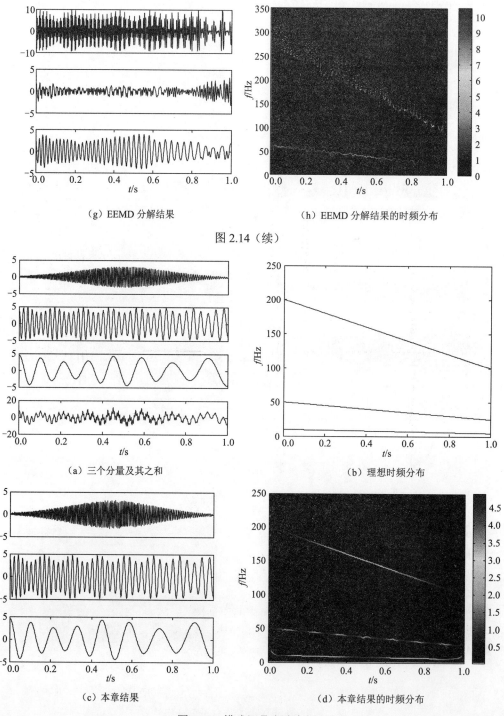

（g）EEMD 分解结果　　　　　　　　　　（h）EEMD 分解结果的时频分布

图 2.14（续）

（a）三个分量及其之和　　　　　　　　　　（b）理想时频分布

（c）本章结果　　　　　　　　　　（d）本章结果的时频分布

图 2.15　模式混叠去除实例

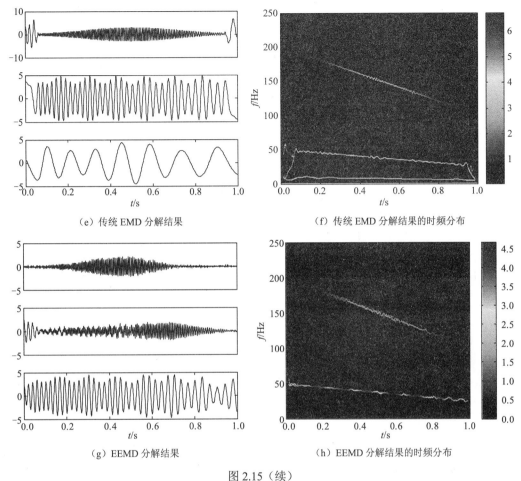

（e）传统 EMD 分解结果　　　　　　　　　（f）传统 EMD 分解结果的时频分布

（g）EEMD 分解结果　　　　　　　　　　（h）EEMD 分解结果的时频分布

图 2.15（续）

2.4　噪声的经验模型与去噪

高斯噪声的 EMD 特性[107,108,112]是 EMD 研究的重要方面，本节以典型的零均值高斯白噪声为例，从极值的角度对噪声的模式特性进行深入分析，获得噪声统计模型并应用于噪声去除，取得了良好的效果。

2.4.1　高斯噪声 IMF 的经验模式及统计特性

设零均值高斯白噪声信号 $s(t)$（$t \in [0,T]$）的标准方差为 σ，$\mathrm{extr}_l(m)$ 表示 $s(t)$ 的 EMD 分解后第 l 个分量 $\mathrm{imf}_l(n)$ 的极值点序列，满足 $\{\mathrm{extr}_l(m)\} \subset \{\mathrm{imf}_l(n)\}$。

令

$$\mathrm{Mean}[\,|\,\mathrm{extr}_l(m)\,|\,] = a_l \sigma \tag{2.30}$$

$$\mathrm{Var}[\,|\,\mathrm{extr}_l(m)\,|\,] = b_l \sigma \tag{2.31}$$

式中，Mean 和 Var 分别表示均值算子和标准方差算子。

定义位置求取算子 Pos：

$$\text{Pos}\{f(t)\} = t \tag{2.32}$$

令

$$\text{Mean}\left(\left|\text{diff}\{\text{pos}[\text{extr}_l(m)]\}\right|\right) = c_l \tag{2.33}$$

$$\text{Var}\left(\left|\text{diff}\{\text{pos}[\text{extr}_l(m)]\}\right|\right) = d_l \tag{2.34}$$

式中，diff 为微分算子。

通过实验仿真，估计 a_l、b_l、c_l、d_l 及其可信度区间。为了减少篇幅，这里只列出两组实验结果，其结论是通过大量实验得到的。

实验一条件：随机给出零均值标准方差由 1 逐渐增加到 100 的（每次加 1）高斯白噪声序列各 100 组，即共 10000 组零均值高斯白噪声，每组数据采样点为 10000 个。对这 10000 组零均值高斯白噪声逐个进行 EMD 分解，EMD 的筛选次数为 10 次，插值函数为三次样条插值函数，并只对每组噪声信号的前 6 个 IMF 分量进行分析。

实验仿真表明：统计量 a_l 和 b_l 与分量的层次 l 相关，即 $a_l = \text{Mean}[|\text{extr}_l(m)|]$，$b_l = \text{Var}[|\text{extr}_l(m)|]$ 都为噪声方差的固定倍数。同样，可得到统计量 c_l 和 d_l 的模式，如表 2.5 所示。

表 2.5　IMF 分量的模式规律（最小二乘优化结果）

分量及参数	IMF$_1$	IMF$_2$	IMF$_3$	IMF$_4$	IMF$_5$	IMF$_6$
a_l	0.79	0.52	0.38	0.28	0.20	0.14
b_l	0.38	0.29	0.21	0.16	0.11	0.08
c_l	1.43	2.97	6.02	12.11	24.37	49.20
Var$\{c_l\}$	0.0085	0.0278	0.0836	0.2413	0.7129	2.1011
d_l	0.67	1.16	2.21	4.39	8.80	17.59
Var$\{d_l\}$	0.0090	0.0273	0.0850	0.2402	0.6933	1.9661

由此可以得到如下结论。

1）IMF$_l$ 极值点绝对值的均值是高斯白噪声方差 σ 的固定倍数，并与 l 相关，且与 IMF$_{l-1}$ 极值绝对值的均值之比约为 0.7。

2）IMF$_l$ 极值点绝对值的方差是高斯白噪声方差 σ 的固定倍数，并与 l 相关，且与 IMF$_{l-1}$ 极值绝对值的方差之比约为 0.7。

3）IMF$_l$ 极值点间距的均值是固定常数，并与 l 相关，且与 IMF$_{l-1}$ 极值点间距的均值之比约为 2。

4）IMF$_l$ 极值点间距的方差是固定常数，并与 l 相关，且与 IMF$_{l-1}$ 极值点间距的方差之比约为 2。

5）IMF$_l$ 极值点间距均值的方差是固定常数，并与 l 相关，且与 IMF$_{l-1}$ 极值点间距均值的方差之比约为 3。

6）IMF$_l$ 极值点间距方差的方差是固定常数，并与 l 相关，且与 IMF$_{l-1}$ 对应极值点间距方差的方差之比约为 3。

7）IMF$_l$ 极值点间距的均值服从高斯分布，其均值、方差分别由 3）、5）确定。

8）IMF$_l$ 对应极值点间距的方差服从高斯分布，其均值、方差分别由 4）、6）确定。

文献[107]给出了与 3）类似的结论，其余的结论均是本章首次给出的，图 2.16

和表 2.6 给出了直观描述。

结论 2.1 对于零均值方差为 σ 的高斯白噪声，其 IMF_l 极值绝对量大小、极值点最近两个过零点之间的距离均满足特定的分布，且只与 l 和 σ 有关。

结论 2.2 对于零均值方差为 σ 的高斯白噪声，IMF_1 的方差 $\sigma_1 \approx 0.8\sigma$。

多数情况下，IMF_1 是单纯的噪声分量，结论 2.2 对于估计信号的噪声方差简单有效。表 2.6 就是基于 IMF_1 进行的噪声方差的估计实验结果，可展示结论 2.2 的有效性。

表 2.6 基于 EMD 分解的噪声统计特性方差的估计（筛选次数为 1）

原信号	所加噪声信号	基于 EMD 分解的估计方差	估计方差的估计误差/%
1	0 均值高斯白噪声，理论方差为 100，实际方差为 107.7885	85.1873	20.97
$\sin(0.1x)$	0 均值高斯白噪声，理论方差为 100，实际方差为 99.6406	75.3070	24.42
$\cos(0.1x) + \sin(0.5x)$	0 均值高斯白噪声，理论方差为 100，实际方差为 100.9534	72.0664	28.61
1	0 均值高斯白噪声，理论方差为 10000，实际方差为 1.0305×10^4	7.4981×10^3	27.24
$20\sin(0.1x)$	0 均值高斯白噪声，理论方差为 10000，实际方差为 9.7781×10^3	6.8781×10^3	29.66
$100\cos(0.1x) + \sin(0.5x)$	0 均值高斯白噪声，理论方差为 10000，实际方差为 1.1535×10^4	$9.1618e\times10^3$	20.57
1	0 均值均匀白噪声，理论方差为 8.333，实际方差为 8.8193	6.9208	21.53
$\sin(0.1x)$	0 均值均匀白噪声，理论方差为 8.333，实际方差为 8.0636	5.3558	33.58
$\cos(0.1x) + \sin(0.5x)$	0 均值均匀白噪声，理论方差为 8.333，实际方差为 8.8041	5.9292	32.95

2.4.2 高斯噪声 IMF 模型在去噪中的应用

通过上面的分析可知，给定分量 IMF_l，通过分析极值点的大小及极值点两边过零点间距就可以从某种程度上判断信号是否属于噪声，这一点对于噪声去除非常有利。

设含噪信号 $s(t) = f(t) + n(t)$ ［噪声 $n(t)$ 的方差为 σ，均值为 0］的分量 IMF_l 为 $imf_l(t)$［鉴定 $imf_1(t)$ 完全为噪声］，那么噪声去除的阈值选择如下式所示：

$$\overline{imf_l}(t_\Omega) = \begin{cases} imf_l(t_\Omega), & D_{l,\Omega} > D_{l,1} 或 E_{l,\Omega} > E_{l,1} \\ imf_l(t_\Omega) \cdot S_{l,1}^2 \cdot S_{l,2}^2, & 其他 \\ 0, & D_{l,\Omega} < D_{l,0} 且 E_{l,\Omega} < E_{l,0} \end{cases} \quad (2.35)$$

式中，t_Ω 为两个相邻过零点之间的区间；$D_{l,\Omega}$ 为 t_Ω 区间上两个相邻过零点之间的间距，$D_{l,0} < D_{l,1}$；$E_{l,\Omega}$ 为 t_Ω 区间上极值点的绝对量，$E_{l,0} < E_{l,1}$；$S_{l,1} = \exp\left[-\left(\dfrac{D_{l,\Omega} - c_l}{d_l}\right)^2\right]$；

$S_{l,2} = \exp\left[-\left(\dfrac{E_{l,\Omega} - a_l\sigma}{b_l\sigma}\right)^2\right]$。

一般情况下，取下列参数的滤波结果相对理想：

$$D_{l,0} = c_l - d_l, D_{l,1} = c_l + d_l, E_{l,0} = (a_l - b_l)\sigma, E_{l,1} = (a_l + b_l)\sigma$$

滤波算法过程如下。

1）对 $s(t)$ 进行 EMD 分解，获取分量 $\mathrm{imf}_l(t)$（$l = 1, 2, \cdots, L$）。

2）估计 $\mathrm{imf}_1(t)$ 的方差 σ_1，噪声方差为 $\sigma \approx 1.25\sigma_1$。

3）通过 σ，可以得到 a_l、b_l、c_l 及 d_l 的相关估计。

4）对 $\mathrm{imf}_2(t) \sim \mathrm{imf}_6(t)$ 进行式（2.35）中的阈值操作。

5）重构信号 $\overline{f}(t) = \sum\limits_{l=2}^{6} \overline{\overline{\mathrm{imf}_l}}(t) + \sum\limits_{l=7}^{L} \mathrm{imf}_l(t)$。

滤波算法假定第一个 IMF 分量全为噪声，所以第一次分解时就去除。

2.4.3　仿真实验

本节以一个典型的 FM 信号为例进行仿真实验分析，对比的算法是基于 EMD 的一种滤波算法[117]。信号的长度为 1000s，采样周期为 1s，信号的频率为 0.00003(t+1)Hz。对比指标为信噪比 $\mathrm{SNR}_j = \sum |f(t)|^2 \big/ \sum [f(t) - s_j(t)]^2$（$j = 1, 2$）。$\mathrm{SNR}_1$ 为文献[117]的结果，SNR_2 为本章算法的结果。

考虑到同类方法具有可比性，因此选择文献[117]方法作为对比，其中 $\mathrm{SNR}_1 = 8.1669$，$\mathrm{SNR}_2 = 38.1683$。如图 2.16 所示，本章算法明显优于文献[117]方法。

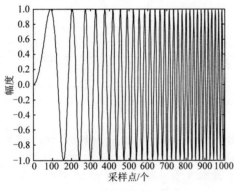

（a）原信号 $f(t)$

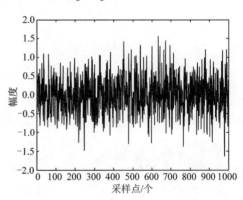

（b）高斯白噪声 $n(t)$，方差为 0.5

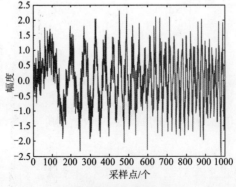

（c）含噪声的信号 $f(t) + n(t)$

图 2.16　去噪效果对比

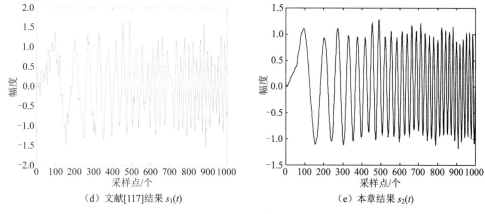

(d) 文献[117]结果 $s_1(t)$　　　　　　　(e) 本章结果 $s_2(t)$

图 2.16（续）

2.5　EMD 的非均匀采样解释

从非均匀采样[249-255]的角度，本节对经验模式分解进行理论上的解释，为经验模式分解的一些特性找到合理的理论支撑。关于非均匀采样的基本理论和概念可以参考文献[249]～文献[255]等。

2.5.1　非均匀采样

与均匀采样不同，非均匀采样的采样时间间隔不是等距离的，而是不同的。传统的采样定理（Shannon 定理）和 Fourier 分析等均是基于均匀采样的。目前，非均匀采样的重构方法多种多样[249-255]，性能也不尽相同。但是，如果信号能够重建，必须满足一条准则，即非均匀采样的最大采样间隔 $T_{s,\max}$ 必须不大于信号的最小周期 $T_{\min}$ 的一半：

$$T_{s,\max} \leqslant T_{\min}/2 \tag{2.36}$$

如果式（2.36）不能满足，则在理论上，信号无法从其非均匀采样中恢复重建。

同时，如果最大采样间隔 $T_{s,\max}$ 远远小于信号的最小周期 $T_{\min}$ 的一半，信号重建的容易程度就会大大提高，反之就会降低。但是只要满足式（2.36），信号都能从其非均匀采样中恢复重建。

下面给出一个信号从其非均匀采样中重建的引理。

引理 2.1[249]　对于信号 $f(t)$，设 A 为 Banach 空间$(B, \| \ \|_B)$上的有界算子，且对于某个给定的正常数 $\gamma < 1$ 如果满足

$$\left\| f(t) - Af(t) \right\|_B \leqslant \gamma \left\| f(t) \right\|_B , \forall f(t) \in B \tag{2.37}$$

那么 A 为 Banach 空间$(B, \| \ \|_B)$上的可逆算子，且信号 $f(t)$ 可以根据下面的迭代算法通过 $Af(t)$ 得到重建：

$$f_{n+1}(t) = f_n(t) + A\big\{ f(t) - f_n(t) \big\} \tag{2.38}$$

设 $f_0(t) = Af(t)$，且对于所有的 $n \geqslant 0$ 有

$$\lim_{n \to \infty} f_n(t) = f(t) \tag{2.39}$$

信号 $f(t)$ 的重建误差：

$$\left\| f(t) - f_n(t) \right\|_B \leqslant \gamma^{n+1} \left\| f(t) \right\|_B \tag{2.40}$$

引理 2.1 表明，只要能够找到合适的算子 A，就可以通过迭代算法重建信号 $f(t)$。

2.5.2　EMD 理论的非均匀采样解释

假定一个平稳的调和信号 $f(t)$ 其频率为 ω，而其任意邻近两个极值点间的距离均是 π/ω。取其极大值点构成极大值集合 $S_{\max}=\{s_{\max,l}\}$，取其极小值点构成极小值集合 $S_{\min}=\{s_{\min,l}\}$，可见极大值集合任意邻近两个元素之间的时间间隔为 $2\pi/\omega$，极小值集合任意邻近两个元素之间的时间间隔也为 $2\pi/\omega$。对极大值集合 $S_{\max}=\{s_{\max,l}\}$ 和极小值集合 $S_{\min}=\{s_{\min,l}\}$，根据引理 2.1 分别进行非均匀采样（注意：均匀采样为非均匀采样的一个特例）信号的重建，得到上包络信号 EV_{up} 和下包络信号 EV_{dw}，从而可以知道上包络信号 EV_{up} 和下包络信号 EV_{dw} 的频率分别满足 $\omega_{up} \geqslant 2\omega$ 和 $\omega_{dw} \geqslant 2\omega$。所以，信号 $(EV_{up}+EV_{dw})/2$ 的频率必然也满足大于等于 2ω 的条件。

上述分析假定信号是平稳信号且任意邻近两个极值点间的距离均是 π/ω，即极值点间距和周期是严格对等的。实际中，信号很少能具备这样严格的条件，且信号不一定就是平稳的。

对于非平稳信号，可以从局部角度考虑，假定其任意邻近两个极值点间的距离均是 $\pi/\omega_{local}+\delta$（$\delta$ 为一个任意小的数值），即满足任意邻近两个极值点间的距离近似地为局部周期的一半，那么该局部信号邻近两个极值点间的距离则是 $\pi/\omega_{local}-\delta$，所有的极值点间距的平均值则是所有局部周期平均值的一半。因此，从统计的意义上来说，任意邻近两个极值点间的距离均是局部周期的一半。

由此可以得到下面的结论。

结论 2.3　EMD 分解上下包络插值本质上是一种非均匀采样信号的重建，这种重建并不满足条件 $T_{s,\max} \leqslant T_{\min}/2$，但是从统计意义上来说，非均匀采样间隔正好等于信号周期的一半。插值得到的上包络和下包络的带宽相同，它们的局部频率从统计意义上正好是原信号局部最高频率的一半。

2.6　应用：基于多尺度极值的一维信号趋势项快速提取

人们在判断信号的趋势时，首先会找到该信号各处最大值的最大值和最小值的最小值这些点，然后分别连接这些点，形成信号的最外层的上下包络线，这两条包络线的走向就指示出了信号粗略的趋势，这就是基于多尺度极值趋势项提取方法的基本思路。通过建立多尺度极值的二叉树结构，只要求出倒数第二级或倒数第三级极值点集的各极值点子集插值信号的均值，就可得到信号的趋势项。该方法的关键是多级极值点查找、端点效应抑制、趋势提取，以及正确性评估。信号的多尺度极值点集按照 2.2.2 节方法建立。下面介绍其余三个关键步骤。

2.6.1　端点效应抑制

利用三次样条插值求包络，由于信号的始末端点以外的数据未知，无法确定始末端点处的插值结果，导致求得的包络曲线在信号始末端点处出现很大的摆动，并且该现象随着极值点所在级数的增加会变得更加严重，以致于所求的整个包络出现错误，这种现象称为端点效应。

抑制端点效应的常用方法是对信号两端的数据进行延拓[15,16]。为了保证延拓数据的趋势与原信号在始末端点处的趋势尽量一致，并且延拓效果对数据具有自适应性，采用如下延拓原则[273,275]。

1）根据原信号数据长度 N，按一定比例确定延拓数据长度 y_{tn}。例如，在原信号始末端分别延拓原信号长度的 1/4 或 1/8。

2）原信号初始端延拓：将原信号初始端 y_{tn} 长度的数据，进行关于某个点 $O_{left}(1, y_{oleft})$ 的原点对称作为延拓数据，其中纵坐标 y_{oleft} 由 3）确定。

3）原信号第一个数据可能靠近零点，也可能靠近极大值点或是极小值点，为了减小延拓数据纵向错位的影响，y_{oleft} 采用前 k 对一级极大值点和一级极小值点数据的平均值作为对初始端对称点纵坐标的估计。极值点对数 k 的大小根据原信号数据长度 N 的大小确定，N 小，k 就小，N 大，k 就大，但 k 不应超过 6 或 8（相当于最小尺度振荡的 5.5 个或 7.5 个波长）。

4）同样，以初始端的延拓原则延拓原信号末端的数据。

2.6.2　趋势提取和正确性评估

找出延拓后信号数据的多尺度极值点集 S_m，多尺度极值的最高级数设为 n。由于多尺度极值的最高级极值点子集元素太少，甚至为空集，无法获得包络及其均值，因此趋势项提取从次高级（二叉树的倒数第二级，即 $i=n-1$ 级）极值点集开始。其具体步骤如下。

1）令 $i=n-1$。

2）若 $i=1$，则第一级极大值和极小值包络曲线的均值就是信号趋势，转到 6）。

3）若 $i>1$，则从 S_m 的第 i 级先选出 p 对极值点子集 $(S_{<i,1>}, S_{<i,2^i>})$，$(S_{<i,2>}, S_{<i,2^i-1>})$，$\cdots$，$(S_{<i,p>}, S_{<i,2^i-p+1>})$，求出它们的插值曲线均值的平均曲线 m_1；再选出 p 对极值点子集 $(S_{<i,2^{i-1}>}, S_{<i,2^{i-1}+1>})$，$(S_{<i,2^{i-1}-1>}, S_{<i,2^{i-1}+2>})$，$\cdots$，$(S_{<i,2^{i-1}-p+1>}, S_{<i,2^{i-1}+p>})$，求出它们的插值曲线均值的平均曲线 m_2，最后求出 m_1 和 m_2 的均值曲线 m_m，这三个均值曲线作为三个待选趋势。转到 4）。使用 $2p$ 对极值点子集插值曲线的平均是为了减小端点效应的影响，并使得到的趋势更加平滑。p 值依据 i 值而选取，当 $i \leqslant 5$ 时，$p=2^{i-2}$；当 $i>5$ 时，$p=8$ 或 16 即可（更大的 p 对结果没有明显改善）。

4）由 $n-1$ 级极值点获得的包络均值可能出现端点效应，导致超出误差接受范围的趋势结果，因此还需要对其正确性进行判断。判断方法是：以 $n-2$ 级极值点集中的一对极值点子集 $(S_{<i-1,2^{i-2}>}, S_{<i-1,2^{i-2}+1>})$ 的插值曲线均值作为标准曲线 s，以这两条插值曲线之间的平均幅度的某一倍数作为指标 a（指定的精度），判断 m_m、m_1 和 m_2 在原信号始末两个端点处的值与标准曲线 s 在原信号始末两端点处的偏差是否在指标 a 范围内。若经过判断 m_m 是正确的，则将 m_m 作为信号趋势，转到 6）；否则，若判断 m_1 和 m_2 其中之一是正确的，则将该曲线 m_1 或 m_2 作为信号趋势，转到 6）；若三个待选趋势都不正确，表明 m_m、m_1 和 m_2 都存在较大的端点效应，则转到 5）（a 太大，则对出现比较严重端点效应的结果也接受了；a 太小，则总是得到次高级趋势）。

5）$i=n-2$，由第 i 级极值点集按照 2）、3）求包络均值的平均，得到趋势项。

6）在提取趋势后，再截取实际数据段以内的结果作为最终结果。

　　与传统基于 EMD 提取趋势的方法相比，本章方法的本质是用求信号多尺度极值的过程代替了 EMD 逐层叠代求取各 IMF 分量的过程，由对某一级极值点集中不同子集的一次插值取平均代替了 EMD 筛选 IMF 分量的耗时过程，因此能够以很高的效率提取出信号的趋势。

2.6.3　实验结果及分析

　　实验条件：用于比较的方法是传统 EMD 分解提取趋势方法和文献[117]的基于 EMD 滤波的方法。EMD 方法所用的程序是由 Rilling 编写的 MATLAB 程序（2007 年 3 月版本），文献[117]方法所用程序可从 http://perso.ens-lyon.fr/patrick.flandrin 下载。

　　硬件配置：Intel Core Duo CPU，主频 2.13GHz，内存 4GB。

1. 仿真数据

　　利用式（2.7）～式（2.11）构造含有不同趋势项的随机离散时域信号：
$$y(k) = x(k) + t(k), \ k = 1, 2, \cdots, N \tag{2.41}$$
式中，$x(k)$ 为零均值的随机噪声时间序列。$t(k)$ 为如下四种趋势项。

线性趋势：
$$t(k) = 1 + 0.02kT_s \tag{2.42}$$

三次多项式趋势项：
$$t(k) = 2 + 0.02kT_s + 5 \times 10^{-4}(kT_s)^2 + 2 \times 10^{-6}(kT_s)^3 \tag{2.43}$$

指数趋势：
$$t(k) = 0.3e^{0.02kT_s} \tag{2.44}$$

周期趋势：
$$t(k) = 3\sin(0.2kT_s) \tag{2.45}$$
其中，信号记录时间为 80s，采样时间间隔 T_s 为 0.01s。

　　另外，为说明本章方法的灵活性，构造如下信号：
$$z(k) = \sin(2\pi \times 30kT_s) + \sin(2\pi \times 60kT_s) + \lg(k+1), k = 1, 2, \cdots, N \tag{2.46}$$
其中，信号记录时间为 5s，采样时间间隔 T_s 为 0.001s。

2. 实测数据

　　实际数据一：美国 NOAA（National Oceanic Atmospheric Adminstration，国家海洋大气管理局）发布的 1958 年 3 月～2012 年 5 月的夏威夷某处月平均 CO_2 含量数据（可在 ftp://ftp.cmdl.noaa.gov/ccg/co2/trends/co2_mm_mlo.txt 下载）。

　　实际数据二：美国 FRB（Federal Reserve Board，美国联邦储备委员会）发布的 1972 年 1 月～2005 年 10 月的美国工业用电量数据（从 FRB 网站 http://www.federalreserve.gov 下载 kwh_nsa.txt 文件）。

　　实验结果与分析：

　　如图2.17所示，本章方法对线性趋势、多项式趋势、指数趋势和周期趋势这几种常见趋势类型都可获得比较准确的结果。

　　对于随机数据序列，由于这几种方法每次分解结果都存在一定的端点效应影响，结果不稳定，因此本章方法趋势提取精度与其他方法的比较采用 10 次趋势提取误差的平均结果给出，如表 2.7 所示，其中计算方法如下：

$$\text{MSE} = \sum_{i=1}^{10} \sigma_i \Big/ 10 , \quad \sigma_i = \sqrt{\sum_{j=1}^{N} \left[\tilde{t}(k) - t(k) \right]^2} , \quad i = 1, 2, \cdots, 10 \qquad (2.47)$$

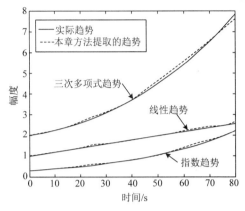
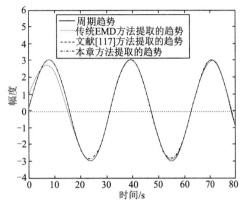

（a）提取的趋势与仿真信号实际趋势的比较   （b）各种方法提取的周期趋势与实际趋势的比较

图 2.17   本章方法提取的趋势与仿真信号实际趋势的比较

表 2.7   本章方法趋势提取精度与其他方法的比较（均方差）

方法	趋势类型				
	线性趋势	三次多项式趋势	指数趋势	周期趋势	对数趋势
传统 EMD 方法	3.485	**4.996**	3.638	131.689	20.006
文献[117]方法	**3.474**	5.071	**3.501**	**10.83**	50.119
本章方法	5.143	7.299	5.377	25.866	**15.977**

由表 2.7 可见，本章方法对实例中的线性趋势、多项式趋势和指数趋势的提取精度与传统 EMD 方法和文献[117]方法的结果相当，具有同一数量级。对周期趋势和对数趋势的提取精度接近或达到了这三种方法的最佳结果。

图 2.18 是三种方法对模拟的指数趋势信号提取（不失一般性）所需时间随信号长度

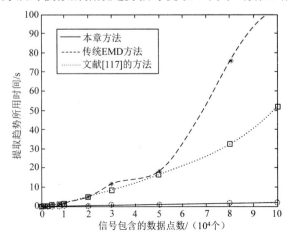

图 2.18   本章方法与其他方法计算速度比较

增加的变化曲线，可以看到，本章方法在计算效率方面有明显的优势，并且随着信号长度的增加，这种优势更加显著。表 2.8 列出了图 2.18 的部分数据。

表 2.8　　本章方法与其他方法提取趋势所需时间的比较　　　　　　　　单位：s

方法	信号长度（点数）									
	500	3000	5000	8000	10000	20000	30000	50000	80000	100000
传统 EMD 方法	0.160	0.418	1.255	1.246	1.826	4.986	11.412	18.742	76.689	103.702
文献[117]方法	0.152	0.437	1.044	1.256	1.739	5.191	8.561	16.731	33.070	51.868
本章方法	**0.081**	**0.053**	**0.173**	**0.153**	**0.261**	**0.309**	**0.441**	**0.765**	**1.425**	**1.776**

表 2.9 列出了指数趋势信号的长度与相应的多尺度极值点最高级数的数据，表 2.10 列出了长度为 100000 个采样点的指数趋势信号极值点总数及各子集中包含的平均极值点数目。对于非平稳信号，随着数据长度的增加，极值点级数增加很慢，并且下一级极值点数比上一级的极值点数快速减少，而且最多只需几十次样条插值求包络取平均操作。

表 2.9　　指数趋势信号的长度与相应的多尺度极值点最高级数

信号长度（点数）	500	3000	5000	8000	10000	20000	30000	50000	80000	100000
多尺度极值点最高级数	5	6	7	7	7	8	8	9	9	9

表 2.10　　长度为 100000 个采样点的指数趋势信号极值点总数及各子集中包含的平均极值点数目

信号极值点级数 i	1	2	3	4	5	6	7	8	9
第 i 级极值点集包含的极值点数目	66467	43872	28785	18969	12473	8124	5236	3189	1671
第 i 级局部极值点子集包含的平均极值点数目	33234	10968	3598	1186	390	127	41	12	3

图 2.19 和图 2.20 是三种方法对实际数据趋势提取的结果，可以看出，本章方法对实际数据的趋势提取也有很好的效果。

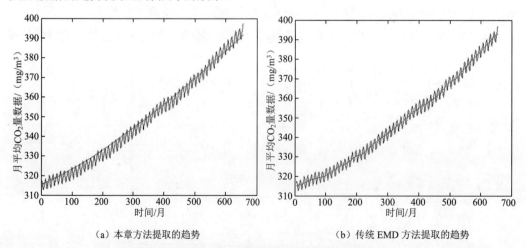

（a）本章方法提取的趋势　　　　　　　　（b）传统 EMD 方法提取的趋势

图 2.19　三种方法提取实际数据二趋势的比较（从 1958 年 3 月开始）

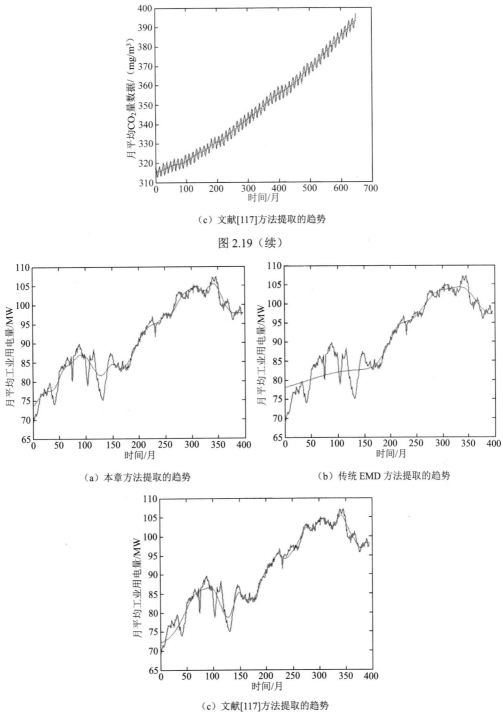

（c）文献[117]方法提取的趋势

图 2.19（续）

（a）本章方法提取的趋势

（b）传统 EMD 方法提取的趋势

（c）文献[117]方法提取的趋势

图 2.20 三种方法提取实际数据一趋势的比较（从 1972 年 1 月开始）

图 2.21 给出了三种方法对信号 $z(k)$ 趋势提取的灵活性的比较。图 2.21（a）是传统 EMD 方法经过逐级分解得到的信号 $z(k)$ 的最终趋势。传统 EMD 方法只有在得到最大尺度的趋势后才可能求得某一指定尺度的趋势[106]；由图 2.21（b）可以看出，文献[117]

的方法通过各层 IMF 分量之间的统计规律自动得到的趋势只能是固定的某一尺度的趋势，并且有可能不是最大尺度的趋势；本章方法可以自动得到最大尺度的趋势，如图 2.21（c）所示，并且在得到信号的多尺度极值点集后，可以直接求取指定尺度（对应多级极值点的某一级）的趋势，如图 2.21（d）所示，而不必逐层分解或必须先得到最大尺度的趋势。

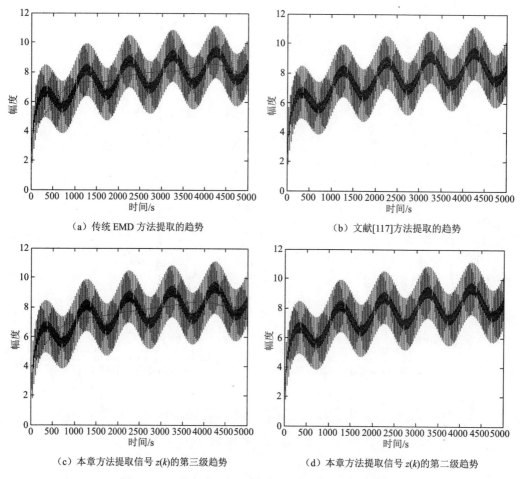

（a）传统 EMD 方法提取的趋势　　　　　　　　（b）文献[117]方法提取的趋势

（c）本章方法提取信号 $z(k)$ 的第三级趋势　　　　（d）本章方法提取信号 $z(k)$ 的第二级趋势

图 2.21　三种方法对信号 $z(k)$ 趋势提取的灵活性的比较

本 章 小 结

本章首先对 EMD 进行了深入理论分析，揭示了 IMF 不是单分量信号，而单分量信号满足 IMF 条件。另外，给出并证明了 EMD 将多分量信号分解为多单分量信号的必要条件和充分条件。

进一步，通过建立信号极值点二叉树结构给出了 FM 信号分解充要条件的实用极值点准则（实用判据）。本章通过对一维经验模式分解方法的介绍分析，介绍了一维信号的多尺度极值点二叉树结构的概念，给出了一维信号多尺度极值点集的建立方法和性质；介绍了基于多尺度极值点的一维信号趋势项快速提取方法和一维信号分解方法，并给出了实验结果。

一维信号的多尺度极值点二叉树结构的概念可以方便地反映出原始信号中包含的由小到大的多尺度信息及包含尺度的大致层数。通过建立多尺度极值的二叉树结构，求出倒数第二级或倒数第三级极值点集的各极值点子集插值信号的均值，经过趋势正确性判断，就可以快速得到信号的趋势项。利用给出的一维信号快速趋势提取方法，还可以方便地求出不同尺度的趋势信号。通过同时考虑信号的多尺度趋势及频率信息，自动确定复杂信号中有效分量的数目，再通过信号的多尺度趋势进行内蕴模式的快速获取。实验结果表明，本章介绍的基于多尺度极值点的一维信号趋势项快速提取方法和一维信号分解方法有效地提高了信号处理速度和自适应性。

其次，本章从极值的角度对噪声的模式特性进行了深入分析，特别对于零均值方差为 σ 的高斯白噪声，其 IMF_l 极值绝对量大小、极值点最近两个过零点之间的距离均满足特定的分布，并只与 l 和 σ 有关，建立了典型高斯白噪声的经验模式。在此基础上，把噪声模式应用于信号噪声的去除，介绍了基于高斯噪声 IMF 模型滤波算法。实验证明，该算法优于当前同类的其他算法。

最后，讨论了经验模式分解的非均匀采样特性，它不满足 $T_{s,\max} \leqslant T_{\min}/2$。但从统计意义上，非均匀采样间隔正好等于信号周期的一半，插值得到的上包络和下包络的带宽相同，它们的局部频率是原信号局部最高频率的一半。因此，EMD 的包络插值是一种非均匀采样信号的重建。

另外，本章以时变 FM 和 AM-FM 信号为研究对象，介绍了时变 FM 信号的最小二乘优化的经验模式分解算法，以及时变 AM-FM 信号的信号辅助经验模式分解算法，而且对时变 FM 和 AM-FM 信号进行了时频分析。通过大量实例实验验证，这两种算法有效地解决了模式混叠、二倍频内信号 EMD 失效、误差积累效应等问题，避免了传统 EMD 算法的一些缺陷。

第 3 章 二维 Hilbert-Huang 变换及应用

本章将对二维 Hilbert-Huang 变换及其应用进行分析论述，讨论各种算法及其应用情况[62-65,160,205,246,269,271,272,274]。

3.1 二维经验模式分解概述

随着 EMD 理论和应用研究的发展，二维 EMD（bidimensional EMD，BEMD）受到了越来越多的关注。BEMD 的典型算法主要有如下几种。单向二维经验模式分解（single directional EMD，SDEMD）将二维图像以行或列的形式展开为一维信号[136-138]，用一维算法对二维图像进行处理，它在雷达信号粒子噪声消除中得到了应用，忽视了二维图像的相邻像素的关联性，它不是严格意义上的 BEMD。文献[139]~[142]、[145]、[146]等给出的经验模式同属这一类（IFEMD），它采用径向基函数提取包络的 BEMD，其计算量及存储量开销很大。Liu 等介绍的方向 EMD（directional EMD，DEMD）先确定分解方向 β，将图像旋转 β，然后进行先行后列的分解，最后将图像逆向旋转 β[143,144,147]，减少了径向基函数经验模式分解计算量和存储量，但由于 β 不准确会造成较大的分解误差，因此可采用多方向的分解算法，但势必会增加时间开销。

上述算法存在一个共性问题，即图像灰度值的剧烈变化会造成内蕴模式函数分量包含过亮和过暗的区域，称为灰度斑，其原因是分解过程中没有对频率、最大时宽、最大空间宽度进行限制，而且包络插值由于过冲和欠冲对剧烈变化的部分会产生过大振荡，表现为灰度斑。本章将介绍限邻域经验模式分解（neighborhood limited EMD，NLEMD），可以精细分解图像的各种层次信息，消除灰度斑现象，并通过在高动态（high dynamic range，HDR）图像压缩、图像融合、图像增强等方面的应用，证明该算法的有效性。

另外，针对结构性极强的图像，传统定义的极值点无法描述图像的结构特征，导致图像包络不能体现局部均值，分解后的分量特征遭到破坏。针对这一缺陷，通过对图像的结构特征进行分析，本章介绍结构经验模式分解（structure based BEMD，SBEMD），它可以有效地提取分量的结构特征，并结合四元谱分析进行纹理分析。

另外，当图像缺乏必要的极值点或者没有极值点时，所有的经验模式（包括 NLEMD 和 SBEMD）几乎全部失效。而且，上述 BEMD 都存在二维模式混叠、边界效应、不同插值函数产生不同结果等问题。本章将介绍第三种 BEMD 算法，即信号辅助的经验模式分解（assisted signal based BEMD，ASBEMD），以克服上述不足，并将其应用于图像处理。

下面先给出传统 BEMD 算法[139-142,145,146]。

对于图像 $f(x, y)$，传统 BEMD 算法如下。

1）初始化：$r(x, y) = f(x, y)$。

2）确定 $r(x, y)$ 的极值点，包括极大值和极小值。

3）采用二维插值函数求取上下包络：$E_{dw}(x,y)$ 和 $E_{up}(x,y)$。

4）计算上下包络的均值：$M_{en}(x,y)=[E_{dw}(x,y)+E_{up}(x,y)]/2$。

5）将 $r(x,y)$ 减去 $M_{en}(x,y)$：$\mathrm{Mod}(x,y)=r(x,y)-M_{en}(x,y)$。

6）若 $\mathrm{Mod}(x,y)$ 不满足 IMF，则 $r(x,y)=\mathrm{Mod}(x,y)$，转到步骤 1）。

7）得到 IMF：$\mathrm{imf}(x,y)=\mathrm{Mod}(x,y)$。

8）$r(x,y)=r(x,y)-\mathrm{imf}(x,y)$。

9）重复步骤 1）～8），直到剩余量 $r(x,y)$ 满足停止条件，如分解层数等。

通过步骤 1）～9）的筛选过程，可得

$$f(x,y)=\sum_{l=1}^{L}\mathrm{imf}_l(x,y)+r(x,y) \tag{3.1}$$

本章将讨论改进的 BEMD，其中插值函数采用三角几何插值函数[195]。

3.2　限邻域经验模式分解及应用

考虑时频特性的 Heisenberg 测不准原理：时宽×带宽=$T_sB_s=\Delta t_s\Delta\omega_s\leqslant1/2$，其中，$T_s$、$B_s$、$\Delta t_s$ 和 $\Delta\omega_s$ 分别为时间分辨率、频率分辨率和相应的时宽、带宽。根据测不准原理，可通过限定最小空间分辨率获得频率最高分辨率，因此可控制每次分解的频率最高分辨率以满足不同的需要。NLEMD 的思想就来源于 Heisenberg 测不准原理。

3.2.1　限邻域经验模式分解概述

对于二维信号，目前均采用上下包络求均值法[139-142,145,146]，由于没有带宽限制，因此出现了边界振荡，而且每次分解的结果包含多种频率分量，表现为图像灰度斑。

对于图像 $f(x,y)$，其经验模式分解可描述为

$$f(x,y)=\sum_{l=1}^{L}\mathrm{imf}_l(x,y)+r(x,y) \tag{3.2}$$

式中，$\mathrm{imf}_l(x,y)$ 为第 l 次分解得到的内蕴模式函数分量；$r(x,y)$ 为 l 次分解后的剩余量。

本章介绍自适应求取局部均值算法。

1）设定最大邻域 $N\times N$，初始邻域 $M\times M$，步长 step，窗口 $K=M$。

2）寻找窗口 K 内的极值点个数，如果极值点个数不小于某个阈值 thrd，并且以当前像素为中心呈现近似对称分布，则求取窗口 K 内像素均值 avg，转到步骤 4）。

3）$K=K+$step，如果 $K<N$，转到步骤 2），否则求取窗口 K 内像素均值 avg。

4）以 avg 作为当前像素点的局部均值，转到下一像素点，$K=M$，转到步骤 2），直至遍历所有像素点。

步骤 2）中对称性分布是指图 3.1 所示几种情况（以 5×5 像素为例）。

在图 3.1 中，同一数字代表一个区域。1 和 2 代表对称的两个区域，3 和 4 代表对称的两个区域。它的理论基础是：正弦或者余弦波信号一个周期内近似是零均值的，那么只要把两个同种类型极值点对称的区域进行均值求解即为该局部的近似均值。理论上来说，这只是一种近似值求解，但是对于图像的处理却非常有效。

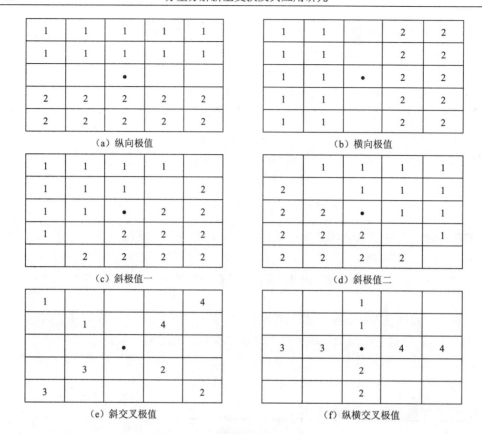

图 3.1　几种图像极值点的对称模式

采用局部自适应均值的限邻域图像分解算法如下。

1）初始化：$r_1 = I$，$\mathrm{imf}_1 = I$。

2）确定 l 层分解的最大邻域 $N \times N$（N 以像素为单位）。

3）确定 r_{l-1} 的所有局部极值点，各自组成极大值点集和极小值点集。

4）将极大值点集和极小值点集按先行后列（反之亦可）顺序分别依次计算每一行或列的相邻极值点间的距离，如果大于 N，则在这两个极值点间每隔 N 补充一个点，其数据值为该点的 $f(x,y)$ 值，直到两个极值点间的距离不大于 N。

5）查找最大邻域内的极值点，直至找到邻域边界，采用局部自适应均值算法求得当前点的均值。

6）用所有均值点重构图像 h_{l-1}，计算 $\mathrm{imf}_{l-1} = r_{l-1} - h_{l-1}$，$r_l = h_{l-1}$。

7）重复步骤 2）～6），直到满足设定的条件。

8）将 h_{l-1} 赋给 $r(x,y)$。

本章算法的结果如图 3.2（g）～（j）所示，与传统 BEMD 算法的结果[图 3.2（b）～（e）]相比，本章算法不仅消除了灰度斑现象，细节信息更加清晰可辨，而且每次分解得到的分量只包含一个最小频率，且分解可控。

（a）图像 Lena

（b）非限邻域传统 BEMD 上下
包络求均值法获得的 imf_1

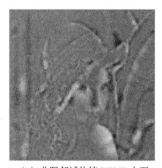

（c）非限邻域传统 BEMD 上下
包络求均值法获得的 imf_2

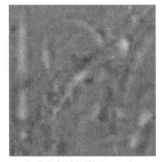

（d）非限邻域传统 BEMD 上下
包络求均值法获得的 imf_3

（e）非限邻域传统 BEMD 上下
包络求均值法获得的 imf_4

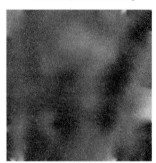

（f）非限邻域传统 BEMD 上下
包络求均值法获得的剩余量

（g）限邻域自适应局部均值经验
模式分解获得的 imf_1

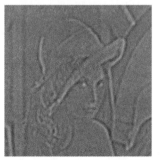

（h）限邻域自适应局部均值经验
模式分解获得的 imf_2

（i）限邻域自适应局部均值经验
模式分解获得的 imf_3

（j）限邻域自适应局部均值经验
模式分解获得的 imf_4

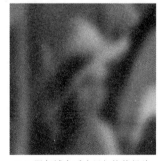

（k）限邻域自适应局部均值经验
模式分解获得的剩余量

图 3.2 不同分解算法结果比较

3.2.2　图像融合

图像融合是将不同传感器得到的多幅图像通过综合处理得到满足一定需求的新图像，包括像素级、特征级和决策级的图像融合[285]。像素级融合可分为频域融合[286]、时域融合[287]和时频域融合[288-293]。时频域融合的主流算法采用小波分析方法，通过选取小波系数[292,293]达到融合目的。还有基于小波分解的改进算法，如 Paul Hill [292]介绍了复杂小波的融合算法。本章讨论像素级图像融合，下面将给出基于 NLEMD 的多聚焦/多波段图像融合算法，并与经典的小波融合算法进行对比。

其中，图 3.2 中出现了明显的灰度斑。

多波段图像的特点是信息互补性，特别在遥感、医学等领域已经得到了广泛应用。本节介绍一种基于 NLEMD 的多波段图像融合新算法，充分挖掘多波段图像的信息。其算法流程如下[294]。

1）采用 NLEMD 分解给定的图像，获取每幅图像的内蕴模式函数分量imf_{ji}及剩余量r_{jL}，其中$j=1,2,\cdots,m$（m 为待融合图像的数量，为了便于讨论，设 m=2），$i=1,2,\cdots,L$（L 为待融合图像分解层数）。

2）对比两幅图像所对应的imf_{ji}的逐个像素点，以能量最大的原则选取像素点数据作为 i 层imf_i的像素点数据。

3）将剩余量r_{jL}求和取平均值作为融合后图像的剩余量。

4）根据imf_i和剩余量$r(x,y)$反向重构获得融合图像：

$$f(x,y)=\sum_{l=1}^{L}\mathrm{imf}_l(x,y)+r(x,y)$$

与多聚焦图像融合类似，在内蕴模式函数分量中选择最佳像素点的算法如下：

设高斯模板为 **MD**，当前像素值为$f_{ji}(x,y)$，则局部能量 $\mathrm{PW}_{ji}(x,y)$为

$$\mathrm{PW}_{ji}(x,y)=\sum_{k=-1}^{k=1}\sum_{n=-1}^{n=1}\left|f_{ji}(x+k,y+n)\right|^2 *\mathbf{MD} \tag{3.3}$$

式中，∗为卷积符号。

则选择的最佳像素$f_i(x,y)$为

$$f_i(x,y)=\arg_{j=1,2,\cdots,m}^{\max}[\mathrm{PW}_{ji}(x,y)] \tag{3.4}$$

高斯模板一般取$\mathbf{MD}=\dfrac{1}{16}\begin{pmatrix}1&2&1\\2&4&2\\1&2&1\end{pmatrix}$，如果$\mathbf{MD}=\begin{pmatrix}0&0&0\\0&1&0\\0&0&0\end{pmatrix}$，则变为单像素点能量

选取原则。同时，高斯模板也可以选取其他的模板。针对不同图像，其效果会有所不同，但是难以获得最优的通用模板。

在不同波段图像中，获取的信息随波段不同而改变，常见有可见光图像、红外图像、雷达微波图像及 X 光图像等。下面主要针对红外/可见光图像融合进行实验及分析，也给出了其他波段图像融合结果及分析。图 3.3 所示为实验测试图像和融合结果。采用 Daubechies 的 db2 小波，小波分解函数是 wavedec2，重构函数为 waverec2。图 3.4 所示为医学 CT 图像与 MR 图像融合结果。

（a）可见光图像　　　　　　　　　　　　（b）红外图像

（c）使用小波算法的融合结果　　　　　　　（d）使用本章算法的融合结果

图 3.3　实验测试图像和融合结果

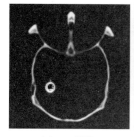
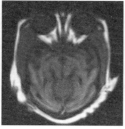
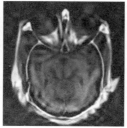
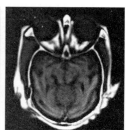

（a）CT 图像　　　　（b）MR 图像　　　（c）小波算法的融合结果　　（d）本章算法的融合结果

图 3.4　医学 CT 图像和 MR 图像融合结果

从图 3.3 可以看出，本章算法在细节信息获取能力上优于小波算法，给出的红外可见光图像融合效果更好。图 3.4（a）、（b）是 CT 图像和 MR 图像，图 3.4（c）是小波算法的融合结果，图 3.4（d）是本章算法的融合结果，效果明显好于图 3.4（c）。

3.2.3　图像高动态压缩

HDR 图像是一组基于不同曝光时间获取的同一场景的系列图像[162]，它在计算机视觉领域有许多重要应用。最初，只有通过基于物理光照的计算机仿真才能获取 HDR 图像，目前只需要一架可调曝光时间的照相机即可获取 HDR 图像，它相对于低动态图像有许多优点[162]，并且已经获得了应用[163,164]。然而，由于目前显示设备的低动态特性，显示 HDR 图像成为一个难题。HDR 图像低动态显示并且尽可能少丢失视觉信息就是 HDR 图像压缩问题。目前 HDR 图像压缩主要分为全局压缩和局部操作，称为色调再生曲线（tone reproduction curves，TRCs）和色调再生算子（tone reproduction operators，TROs）[165]。其中，TRCs 又分为线性和非线性的，代表性的有采用直方图均衡、亮度线性与非线性拉伸等算法[166-168]。TRCs 运算简单速度快,但降低了局部对比度,容易产生局部对比度的翻转。相比 TRCs,TROs 具有更大的灵活性,它对每个像素点进行独立的操作,其前提是图像 $f(x,y)$ 可描述为 $f(x,y)=I(x,y)R(x,y)$,其中, $I(x,y)$ 是入射分量, $R(x,y)$ 是反射分量。TROs 认定图像的最大亮度由入射分量 $I(x,y)$ 决定,自然景象的对比度不超过 100:1,原则上可以分离 $I(x,y)$ 和 $R(x,y)$ 分量,通过调整 $I(x,y)$ 获取压缩图像[169,170]。然而,现实场景事先无法获取这些分量,因而在处理过程中会出现较大的偏差,如产生明显的"圆晕"现象[171,172]。根据亮度的梯度获取自适应的亮度调整函数,Raanan 等介绍了一种基于亮度梯度的压缩算法[173],它运算简单、鲁棒性好,压缩效果明显优于 TROs 和 TRCs 等算法。但是,该算法需要根据不同的图像对参数进行反复尝试性调整,无法给出统一的参数。

本章采用基于自适应局部均值的 NLEMO 算法对 HDR 图像进行压缩,它只需对 HSV 的 V 分量进行处理,具体算法如下。

1)将 HDR 图像 $f_1(x,y),f_2(x,y),\cdots,f_m(x,y)$ 加权求和,得到一幅平均图像 $f_{av}(x,y)$。

2)将 RGB 空间的 $f_{av}(x,y)$ 转换到 HSV 空间,获取色调 H_{av}、饱和度 S_{av}、亮度 V_{av} 分量。

3)将 RGB 图像 $f_1(x,y),f_2(x,y),\cdots,f_m(x,y)$ 转换到灰度图像。

4)对 $f_1(x,y),f_2(x,y),\cdots,f_m(x,y)$ 灰度图像进行 K 层 NLEMD 分解,获取各幅图像的内蕴模式函数分量 imf_{ij} 和剩余量 $R_{iK}(i=1,2,\cdots,m;\ j=1,2,\cdots,K)$。

5)对内蕴模式函数分量 imf_{ij} 求取最大系数,并将求取最大系数的结果融合到一个内蕴模式函数分量 $\mathrm{imf}_j\ (j=1,2,\cdots,K)$。

6)求取剩余量 R_{iK}($i=1,2,\cdots,m$)的均值 R_K。

7)求 $\mathrm{img}=\sum\mathrm{imf}_j+R_K\ (j=1,2,\cdots,K)$,令亮度 $V_{av}=\mathrm{img}$。

8)通过色调 H_{av}、饱和度 S_{av} 和亮度 V_{av} 分量,将 HSV 空间转换回 RGB 空间。

图 3.5 给出了本章算法的 HDR 图像压缩效果,并与多种代表性的算法进行了比较,给出了相应的结果分析。结果表明,本章算法结果较 Ward Larson 等的算法[167,169]结果具有更好的视觉效果和更多的细节。

(a)不同曝光时间的图像序列 1　　　　　(b)不同曝光时间的图像序列 2

图 3.5　不同算法实现的 HDR 图像压缩效果比较

（c）Raanan Fattal[173]基于梯度的处理结果　　　（d）Ward Larson[167]的处理结果　　　（e）本章算法的处理结果

图 3.5（续）

3.2.4　图像增强

图像增强是图像处理的重要方面，常见的有直方图均衡算法[174,175]、模糊增强[176]算法等。有的图像局部对比度较低，无法识别其特征，而且由于显示设备低对比度特性，显示的图像不适合人眼的观察，需要改变图像的局部对比度，即图像增强。图像增强分为全局增强和局部增强。全局增强通过改变图像整体亮度来增强图像的对比度，如过暗的增加亮度、过亮的降低亮度等[174,175]。局部增强可灵活地进行局部操作[176]，性能优于全局增强。但是选择合理的局部增强算子很困难，而且对于不同的图像，其局部算子不尽相同，因而其复杂度要远高于全局增强。近年来，一些算法着重增强边缘（或高频细节），人眼敏感的是高频信息，而且这种边缘增强针对性更强，如 SSR（single scale retines，单尺度调度）[177]算法、MSR（multiscale retines，多尺度调度）[178,179]算法、小波增强算法[180]、CECT（contrast enhancement by the curvelet transform，曲波对比增强）[181]等，其中 Starch 等证明了 CECT 优于 SSR、MSR 算法及小波增强算法。本章介绍一种基于 NLEMD 的图像增强新算法，并与 CECT 等代表性算法进行对比。

先将 RGB 空间的图像 $f_{org}(x,y)$ 转换到 HSV 空间，采用 NLEMD 分解亮度 V 分量，H、S 分量保持不变，然后转换回 RGB 空间。其具体算法如下。

1）将 RGB 空间的图像 $f_{org}(x,y)$ 转换到 HSV 空间，获取色调 H_{org}、饱和度 S_{org}、亮度 V_{org} 分量。

2）将亮度 V_{org} 分别乘以一系列权系数 $\omega_1,\omega_2,\cdots,\omega_m$，获取灰度图像 $f_1(x,y),f_2(x,y),\cdots,f_m(x,y)$，其中，$m$ 为获取的图像幅数。

3）采用 NLEMD 分别对 $f_1(x,y),f_2(x,y),\cdots,f_m(x,y)$ 进行 K 层分解，获取各幅图像的内蕴模式函数分量 imf_{ij} 和剩余量 $R_{iK}(i=1,2,\cdots,m;\ j=1,2,\cdots,K)$。

4）逐点比对 m 幅图像所对应的 imf_{ji} 的像素点，以能量最大原则选取像素点数据作为 imf_i 的像素点数据。

5）对 $f_1(x,y),f_2(x,y),\cdots,f_m(x,y)$ 所对应的内蕴模式函数分量 imf_{ij} 进行加权求和，并将结果融合为一个内蕴模式函数分量 $imf_j(j=1,2,\cdots,K)$。

6）根据亮度 V_{org} 的剩余量 R_v 的整体亮度和局部对比度进行调整，得到剩余量的调

整值 $\overline{R}_v$ 。

7）求 $\mathrm{img} = \sum \mathrm{imf}_j + \overline{R}_v\,(j=1,2,\cdots,K)$ ，且令亮度 $V_{\mathrm{org}} = \max[0,\min(1,\mathrm{img})]$ （本章中的灰度级进行了单位化，其值为[0,1]）。

8）通过色调 H_{org}、饱和度 S_{org} 和亮度 V_{org} 转换回 RGB 空间，并对图像进行重构。

按照局部能量大小的原则选取最佳像素点的算法，采用了高斯模板作为邻域内像素能量的权系数进行局部能量的求解，不仅考虑当前像素，同时考虑到邻近像素之间的相关性。

设高斯模板为 **MD**，当前像素值为 $f_{ji}(x,y)$ ，则局部能量 $\mathrm{PW}_{ji}(x,y)$ 为

$$\mathrm{PW}_{ji}(x,y) = \sum_{k=-1}^{k=1}\sum_{n=-1}^{n=1}\left|f_{ji}(x+k,y+n)\right|^2 * \mathbf{MD} \tag{3.5}$$

式中，$*$ 为卷积符号。

则选择的最佳像素 $f_i(x,y)$ 为

$$f_i(x,y) = \arg^{\max}_{j=1,2,\cdots m}[\mathrm{PW}_{ji}(x,y)] \tag{3.6}$$

亮度 V_{org} 的剩余量 R_v 对于图像最后的整体亮度起到决定性的作用，图像既不能太亮，也不能太暗。总体亮度的调整应考虑整体亮度平均值 $\overline{f}$ 和整体亮度对比度 ctr。

整体亮度平均值 $\overline{f}$ ：

$$\overline{f} = \sum_{x=1}^{W}\sum_{y=1}^{G} f(x,y)$$

式中，W 为图像宽度；G 为图像高度。

整体亮度对比度 ctr：

$$\mathrm{ctr} = \frac{\displaystyle\sum_{x=1}^{W}\sum_{y=1}^{G}\left|f(x,y)-\overline{f}\right|}{\displaystyle\sum_{x=1}^{W}\sum_{y=1}^{G}\left|f(x,y)\right|}$$

式中，ctr 的取值范围为 0～1。

根据 $\overline{f}$、ctr 和 R_v，求剩余量的调整值 $\overline{R}_v$ ：

$$\overline{R}_v = R_v + (T - \mathrm{ctr}\times\overline{f}) \tag{3.7}$$

式中，T 为常数，一般在 0.65～0.85 之间取值，比较适合人眼。

本章算法主要与传统算法等进行对比，图 3.6 和 3.7 给出了彩色图像增强结果对比，本章算法更适合人眼的观察，细节上也不逊色。

　　（a）原图　　　　　　（b）Starch 等[181]算法增强结果　　　（c）本章算法增强结果

图 3.6　彩色图像增强结果对比 1

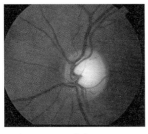
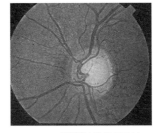
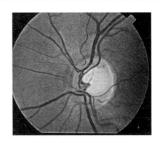

|（a）原图|（b）Starch 等[181]算法增强结果|（c）本章算法增强结果|

图 3.7　彩色图像增强结果对比 2

3.3　结构经验模式分解及应用

人类视觉敏感频率信息，也称敏感方向信息，如频率相同而方向不同的图像很容易加以区分，因此二维信号的方向和内部维数[77]也是图像的重要特征。以往传统 BEMD 忽视了信号的方向特征，尽管 DEMD 选择方向是基于全局而不是局部，而二维信号的方向特征是局部、时变的。例如，图 3.8（a）和（c）是一维结构的图像，而图 3.8（g）、（h）、（i）是二维结构的图像。不同方向和不同维数的局部时变分量构成了图像的结构属性，无论是规则的、自然的，还是统计的[182-184]。通常，将图像结构称为图像模式，BEMD 算法的图像模式由极值类型（称为结构极值）决定。依据严格的数学定义，只有比其八个邻域的像素大（小），该点才是局部极大（小）值点，但已不能精确描述二维包络信号，如对于图 3.8（a）～（e）和（f）、（j）的图像，BEMD 失效，甚至会得出错误的结果。

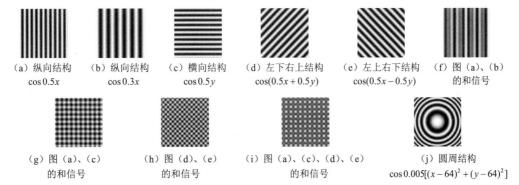

|（a）纵向结构
$\cos 0.5x$|（b）纵向结构
$\cos 0.3x$|（c）横向结构
$\cos 0.5y$|（d）左下右上结构
$\cos(0.5x + 0.5y)$|（e）左上右下结构
$\cos(0.5x - 0.5y)$|（f）图（a）、（b）
的和信号|

|（g）图（a）、（c）
的和信号|（h）图（d）、（e）
的和信号|（i）图（a）、（c）、（d）、（e）
的和信号|（j）圆周结构
$\cos 0.005[(x - 64)^2 + (y - 64)^2]$|

图 3.8　图像的几种典型结构模式

3.3.1　结构经验模式分解概述

1. 二维单分量和多分量信号

自然界中的信号可分为单分量和多分量信号，前者任一时刻只有单一的瞬时频率；后者由单分量信号构成[1,72,73,80,81]，任一时刻可有多个瞬时频率。Cohen 以信号能量集中度为指标给出了单分量信号的粗略标准[80,81]。Boashash 根据信号频率调制和幅度调制的 Hilbert 变换不同响应对多分量和单分量信号进行了讨论[72,73]。但是，目前还没有专门文献讨论单分量和多分量信号的严格定义和准确的判断准则。

定义 3.1 设 AM-FM 信号 $g(t) = a(t)\mathrm{e}^{\mathrm{j}\phi(t)} \in L_2(R)$，其能量 $|a(t)| < +\infty$，时间支撑为 $(0,T)$，频率支撑为 (ω_0, ω_e)（$\omega_e > \omega_0 > 0$），若 $a(t)$ 在时间支撑 $(0,\infty)$ 上是单调函数［不失一般性，设 $a(t) > 0$］，则 $g(t)$ 称为单分量信号。

根据定义，$a(t)$ 的周期为 ∞，其频率和带宽均为零，则 $a(t)\cos\phi(t) + \mathrm{j}H[a(t)\cos\phi(t)] = a(t)\mathrm{e}^{\mathrm{j}\phi(t)}$，否则 $g(t)$ 为多分量信号，如信号 $f(t) = \cos(2t)\mathrm{e}^{\mathrm{j}4t}$，其实部由 $\cos(6t)$ 和 $\cos(2t)$ 两个单分量信号线性组合而成。

由于单调函数 $a(t)$ 满足 $\lim\limits_{t\to\infty}\dfrac{|a'(t)|}{|a(t)|} = 0$，因此定义 3.1 是 Cohen 定义的拓展。

对于实际信号，时间支撑 T 有限，如果 $a(t)$ 在时间支撑 $(0,T)$ 上是单调函数，则可近似为单分量信号。

定义 3.2 设 AM-FM 信号 $g(t) = a(t)\mathrm{e}^{\mathrm{j}\phi(t)} \in L_2(R)$，其能量有限（$|a(t)| < \infty$），时间支撑为 $(0,T)$，频率支撑为 (ω_0, ω_e)，若在 $(0,T)$ 上 $a(t)$［不失一般性，设 $a(t) > 0$］是单调函数，则 $g(t)$ 称为单分量信号。

如果 $a(t)$ 的周期 $\geqslant 2T$，其频率 $\leqslant 1/2T$，在有限时间支撑 $(0,T)$ 上其带宽可近似为零，则两个信号 $a(t)$ 和 $\mathrm{Real}[\mathrm{e}^{\mathrm{j}\phi(t)}] = \cos[\phi(t)]$ 没有频率交叉，满足 $a(t)\cos\phi(t) + \mathrm{j}H[a(t)\cos\phi(t)] = a(t)\mathrm{e}^{\mathrm{j}\phi(t)}$。

这样，单分量定义就和文献[72]、文献[73]、文献[80]、文献[81]相统一。可见，定义 3.1 是在 Cohen 和 Boashash 定义基础上的改进。

定义 3.3 设 AM-FM 信号 $g(x,y) = a(x,y)\mathrm{e}^{\mathrm{j}\phi(x,y)} \in L_2(R,R)$，其能量有限［$a^2(x,y) < \infty$］，空间支撑为（$0 \leqslant x \leqslant T_M$，$0 \leqslant y \leqslant T_N$），频率支撑为（$\omega_{x0} \leqslant \omega_x \leqslant \omega_{xe}$，$\omega_{y0} \leqslant \omega_y \leqslant \omega_{ye}$），且在空间域上 $a(x,y)$［不失一般性，设 $a(x,y) > 0$］是单调函数：

$$\alpha(x,y) = \begin{cases} \arctan\dfrac{\omega_y}{\omega_x}, & \omega_x \neq 0, \omega_y \neq 0, \omega_x\omega_y > 0 \\[2mm] \pi + \arctan\dfrac{\omega_y}{\omega_x}, & \omega_x \neq 0, \omega_y \neq 0, \omega_x\omega_y < 0 \\[2mm] 0, & \omega_x \neq 0, \omega_y = 0 \\[2mm] \dfrac{\pi}{2}, & \omega_x = 0, \omega_y \neq 0 \\[2mm] \pi, & \omega_x = 0, \omega_y = 0 \end{cases}$$

其频率为 $\overline{\omega} = \begin{Bmatrix} \omega_x \\ \omega_y \end{Bmatrix} = \begin{Bmatrix} \partial\phi/\partial x \\ \partial\phi/\partial y \end{Bmatrix}$（$0 \leqslant \alpha(x,y) \leqslant \pi$），则称 $\alpha(x,y)$ 为 $g(x,y)$ 的方向，称 $\int_R \omega_x \mathrm{d}x$ 为横向相位，称 $\int_R \omega_y \mathrm{d}y$ 为纵向相位。

如图 3.8（128×128 像素）所示，图（a）～（e）和（j）的方向分别是 0、0、$\pi/2$、$\pi/4$、$3\pi/4$、$[0,\pi]$，其中图（a）～（e）的方向不变，图（j）的方向随空间位置变化。

定义 3.4 对于 $f(x,y) = \sum\limits_{l=1}^{n} g_l(x,y) = \sum\limits_{l=1}^{n} a_l(x,y)\mathrm{e}^{\mathrm{j}\phi_l(x,y)}$（$n \geqslant 1, n \in N$）信号，其中，任一 $g_l(x,y)$ 能量有限［不失一般性，设 $a_l(x,y) > 0$］，空间支撑为［$0 \leqslant x \leqslant T_{l,M}$，$0 \leqslant y \leqslant T_{l,N}$］，

频率支撑为（$\omega_{l,x0} \leqslant \omega_{l,x} \leqslant \omega_{l,xe}$，$\omega_{l,y0} \leqslant \omega_{l,y} \leqslant \omega_{l,ye}$），在整个空间域上 $a_l(x,y)$ 是单调函数，其频率为 $\overline{\omega}_l = \begin{Bmatrix} \omega_{l,x} \\ \omega_{l,y} \end{Bmatrix} = \begin{Bmatrix} \partial\phi_l / \partial x \\ \partial\phi_l / \partial y \end{Bmatrix}$，其方向为 $\alpha_l(x,y)$。

对于 $\forall\, l_1$ 和 l_2（$l_1 \neq l_2$；$l_1, l_2 = 1, 2, \cdots, n$），若有 $\alpha_{l_1}(x,y) \neq \alpha_{l_2}(x,y)$，则 $f(x,y)$ 称为二维单分量信号，否则 $f(x,y)$ 就称为二维多分量信号。

若 $f(x,y)$ 为二维单分量信号，且 $n=1$，则称 $f(x,y)$ 为二维单模单分量信号。

若 $f(x,y)$ 为二维单分量信号，且 $n>1$，则称 $f(x,y)$ 为二维多模单分量信号。

若 $f(x,y)$ 为二维多分量信号，且对于 $\forall\, l_1$ 和 l_2（$l_1 \neq l_2$；$l_1, l_2 = 1, 2, \cdots, n$），有 $\alpha_{l_1}(x,y) = \alpha_{l_2}(x,y)$，则称 $f(x,y)$ 为同向多分量。

若 $f(x,y)$ 为二维多分量信号，且 $\exists\, l_1$ 和 l_2（$l_1 \neq l_2$；$l_1, l_2 = 1, 2, \cdots, n$），使得 $\alpha_{l_1}(x,y) \neq \alpha_{l_2}(x,y)$，则称 $f(x,y)$ 为异向多分量。

若 $f(x,y)$ 为二维多分量信号，且 $\forall\, \alpha_l(x,y) \in [\Phi_1, \Phi_2]$（$l=1, 2, \cdots, n$），则称 $f(x,y)$ 为 $[\Phi_1, \Phi_2]$ 方向上的同向多分量。

二维单模单分量局部每个空间点上只有一个方向，与文献[77]定义的二维信号内部一维结构对应；二维多模单分量局部每个空间点上有多个方向，与文献[77]定义的二维信号内部二维结构对应。如图 3.8 所示，图（a）～（e）和（j）是单模单分量信号，图（g）～（i）是多模单分量信号，图（f）是由两个方向完全相同的单模单分量信号构成的同向多分量信号。

2. 结构极值点

设在空间域 $T_M \times T_N$（$x \in [0, T_M], y \in [0, T_N]$）上连续且二阶可微分函数 $f(x,y)$，其梯度为 $\mathrm{Grad}[f(x,y)] = \dfrac{\partial f(x,y)}{\partial x} + \mathrm{j}\dfrac{\partial f(x,y)}{\partial y}$，梯度方向 $L:\{\varphi\}$ 的信号变化最大，且其导数取最大值，$L:\{\varphi\}$ 与 x 轴的夹角 φ 由 $\tan\varphi = \dfrac{\partial f(x,y)/\partial x}{\partial f(x,y)/\partial y}$ 确定。

定义 3.5　设在空间域 $T_M \times T_N$（$x \in [0, T_M], y \in [0, T_N]$）上连续二阶可微分函数 $f(x,y)$，满足条件 1)、2)的点 (x_0, y_0) 称为函数 $f(x,y)$ 的局部极大值，满足条件 1)、3)的点 (x_0, y_0) 称为函数 $f(x,y)$ 的局部极小值：

1）$\dfrac{\partial^2 f(x,y)}{\partial x^2} \cdot \dfrac{\partial^2 f(x,y)}{\partial x \partial y} - \left[\dfrac{\partial^2 f(x,y)}{\partial y^2}\right]^2 > 0$；

2）$\dfrac{\partial^2 f(x,y)}{\partial x^2} < 0$；

3）$\dfrac{\partial^2 f(x,y)}{\partial x^2} > 0$。

例如，图 3.8（g）～（i）中包含定义 3.5 的局部极大（小）值。

定义 3.6　设在空间域 $T_M \times T_N$（$x \in [0, T_M], y \in [0, T_N]$）上连续且二阶可微分函数 $f(x,y)$，$L:\{\varphi\}$ 与 x 轴的夹角为 φ，满足条件 2)、3)、4)、6)的点 (x_0, y_0) 称为函数 $f(x,y)$ 在邻域 $\delta_{x,y}$ 上的 $L:\{\varphi\}$ 向局部极小值，满足条件 1)、3)、5)、6)的点 (x_0, y_0) 称为函数

$f(x,y)$ 在邻域 $\delta_{x,y}$ 上的 $L:\{\varphi\}$ 向局部极大值:

当 $\varphi=0$ 时, $L:\{0\}$ 的局部极值称为横向"—"局部极值;

当 $\varphi=\pi/4$ 时, $L:\{\pi/4\}$ 的局部极值称为"/"向局部极值;

当 $\varphi=\pi/2$ 时, $L:\{\pi/2\}$ 的局部极值称为纵向"|"局部极值;

当 $\varphi=3\pi/4$ 时, $L:\{3\pi/4\}$ 的局部极值称为"\"向局部极值。

1)对于 $\forall \delta_{x,y}=\left\{x-\delta_x<x<x+\delta_x,y-\delta_y<y<y+\delta_y\right\}$, 有 $\dfrac{\partial^2 f(x,y)}{\partial L^2}>0$ 。

2)对于 $\forall \delta_{x,y}=\left\{x-\delta_x<x<x+\delta_x,y-\delta_y<y<y+\delta_y\right\}$, 有 $\dfrac{\partial^2 f(x,y)}{\partial L^2}<0$ 。

3)$\exists(x_0,y_0)\bigcap(x_0,y_0)\in\delta_{x,y}$, 有 $\left.\dfrac{\partial f(x,y)}{\partial L}\right|_{(x=x_0,y=y_0)}=0$ 。

4)$\exists(x_0,y_0)\bigcap(x_0,y_0)\in\delta_{x,y}$, 有 $\left.\dfrac{\partial^2 f(x,y)}{\partial L^2}\right|_{(x=x_0,y=y_0)}>0$ 。

5)$\exists(x_0,y_0)\bigcap(x_0,y_0)\in\delta_{x,y}$, 有 $\left.\dfrac{\partial^2 f(x,y)}{\partial L^2}\right|_{(x=x_0,y=y_0)}<0$ 。

6)对于 $\forall$ 点 $(x,y)\in\delta_{x,y}$, 有 $\dfrac{\partial f(x,y)}{\partial L_+}=\dfrac{\partial^2 f(x,y)}{\partial L_+^2}=0$ 。其中,

$$\begin{cases} \dfrac{\partial f(x,y)}{\partial L}=\dfrac{\partial f(x,y)}{\partial x}\cos\varphi+\dfrac{\partial f(x,y)}{\partial y}\sin\varphi \\ \cos\varphi\sin\varphi\neq 0 \\ \dfrac{\partial^2 f(x,y)}{\partial L^2}=\dfrac{\partial^2 f(x,y)}{\partial x^2}\cos^2\varphi+\dfrac{\partial^2 f(x,y)}{\partial x\partial y}\sin 2\varphi+\dfrac{\partial^2 f(x,y)}{\partial y^2}\sin^2\varphi \end{cases}$$

其中,$L_+\perp L$ 即 $L_+:\{\vartheta\}$ 有 $\cos\phi\cos\vartheta+\sin\phi\sin\vartheta=0$,$\delta_{x,y}\subset T_M\times T_N$ 。

图 3.8(a)和(b)只包含横向局部极大(小)值的图像,图 3.8(c)只包含纵向局部极大(小)值的图像,图 3.8(d)只包含 $\{\pi/4\}$ 向局部极大(小)值的图像,图 3.8(e)只包含 $\{3\pi/4\}$ 向局部极大(小)值的图像。

3. 五类结构极值的判据

对于离散图像信号,任一像素点 $s_{i,j}$ 至多在四个方向($0,\pi/4,\pi/2,3\pi/4$)上有相邻像素,如图 3.9 和图 3.10 所示,其局部结构极值可归结为五种类型:"—"极值结构,记为 EM_1;"|"极值结构,记为 EM_2;"\"极值结构,记为 EM_3;"/"极值结构,记为 EM_4;"米"极值结构,记为 EM_5。其中,前四种称为一维结构极值,最后一种称为二维结构极值。

$s_{i-1,j-1}$	$s_{i-1,j}$	$s_{i-1,j+1}$
$s_{i,j-1}$	$s_{i,j}$	$s_{i,j+1}$
$s_{i+1,j-1}$	$s_{i+1,j}$	$s_{i+1,j+1}$

图 3.9　像素 $s_{i,j}$ 的八邻域

$s_{i-2,j-2}$	$s_{i-2,j-1}$	$s_{i-2,j}$	$s_{i-2,j+1}$	$s_{i-2,j+2}$
$s_{i-1,j-2}$	$s_{i-1,j-1}$	$s_{i-1,j}$	$s_{i-1,j+1}$	$s_{i-1,j+2}$
$s_{i,j-2}$	$s_{i,j-1}$	$s_{i,j}$	$s_{i,j+1}$	$s_{i,j+2}$
$s_{i+1,j-2}$	$s_{i+1,j-1}$	$s_{i+1,j}$	$s_{i+1,j+1}$	$s_{i+1,j+2}$
$s_{i+2,j-2}$	$s_{i+2,j-1}$	$s_{i+2,j}$	$s_{i+2,j+1}$	$s_{i+2,j+2}$

图 3.10　像素 $s_{i,j}$ 的 5×5 邻域

（1）EM$_1$、EM$_2$ 结构及识别

当 $s_{i,j}=s_{i-1,j}=s_{i+1,j}$，且 $\bigcap\limits_{l=i-1}^{i+1}\bigcap\limits_{q=\pm 1}s_{l,j}>s_{l,j+q}$ 时，$s_{i,j}$ 为横向局部极大值；当 $s_{i,j}=s_{i-1,j}=s_{i+1,j}$，且 $\bigcap\limits_{l=i-1}^{i+1}\bigcap\limits_{q=\pm 1}s_{l,j}<s_{l,j+q}$ 时，$s_{i,j}$ 为横向局部极小值。考虑采样误差及噪声等因素的影响，可适当放宽判别条件，抑制噪声的影响。

在噪声条件下 EM$_1$ 判据：当 $\sum\limits_{\substack{l=i-1,i,i+1\\q=-1,1}}\mathrm{sgn}(\overline{s}_i-s_{l,j+q})\geqslant \mathrm{TH}$ 时，$s_{i,j}$ 为横向局部极大值；

当 $\sum\limits_{\substack{l=i-1,i,i+1\\q=-1,1}}\mathrm{sgn}(s_{l,j+q}-\overline{s}_i)\geqslant \mathrm{TH}$ 时，$s_{i,j}$ 为横向局部极小值。其中，$\overline{s}_i=(s_{i-1,j}+s_{i+1,j}+s_{i,j})/3$，

$$\mathrm{sgn}\,s=\begin{cases}1,\ s>0\\0,\ s\leqslant 0\end{cases}。$$

当 $s_{i,j}=s_{i,j-1}=s_{i,j+1}$，且 $\bigcap\limits_{l=j-1}^{j+1}\bigcap\limits_{q=\pm 1}s_{i,l}>s_{i+q,l}$ 时，$s_{i,j}$ 为纵向局部极大值；当 $s_{i,j}=s_{i,j-1}=s_{i,j+1}$，

$\bigcap\limits_{l=j-1}^{j+1}\bigcap\limits_{q=\pm 1}s_{i,l}>s_{i+q,l}$ 成立时，$s_{i,j}$ 为纵向局部极小值。

在噪声条件下 EM$_2$ 判据：当 $\sum\limits_{\substack{l=j-1,j,j+1\\q=-1,1}}\mathrm{sgn}(\overline{s}_j-s_{i+q,l})\geqslant \mathrm{TH}$ 时，$s_{i,j}$ 为纵向局部极大值；

当 $\sum\limits_{\substack{l=j-1,j,j+1\\q=-1,1}}\mathrm{sgn}(s_{i+q,l}-\overline{s}_j)\geqslant \mathrm{TH}$ 时，$s_{i,j}$ 为纵向局部极小值。其中，$\overline{s}_i=(s_{i,j-1}+s_{i,j+1}+s_{i,j})/3$，

$$\mathrm{sgn}\,s=\begin{cases}1,\ \ s>0\\0,\ \ s\leqslant 0\end{cases}。$$

大量实验验证，TH = 5 比较理想。

（2）EM$_3$、EM$_4$ 结构及识别

考虑 5×5 邻域情况，当 $s_{i,j}=s_{i-1,j+1}=s_{i+1,j-1}$，且 $\bigcap\limits_{d=-1}^{1}\left(\bigcap\limits_{q=-1}^{1}\bigcap\limits_{\substack{l=-1\\l\neq -q}}^{1}s_{i+d,j-d}>s_{i+d+q,j-d+l}\right)$ 时，

$s_{i,j}$ 为 $L:\left\{\dfrac{3\pi}{4}\right\}$ 向局部极大值；当 $s_{i,j}=s_{i-1,j+1}=s_{i+1,j-1}$，且 $\bigcap\limits_{d=-1}^{1}\left(\bigcap\limits_{q=-1}^{1}\bigcap\limits_{\substack{l=-1\\l\neq -q}}^{1}s_{i+d,j-d}<s_{i+d+q,j-d+l}\right)$

时，$s_{i,j}$ 为 $L : \left\{ \dfrac{3\pi}{4} \right\}$ 向局部极小值。

在噪声条件下的 EM$_3$ 判据：当 $\min\limits_{\substack{q,l,d=-1,0,1 \\ l \neq q}} \{ s_{i+d,j-d} - s_{i+d+q,j-d+l} \} > \text{THR} \cdot \max \{ \| s_{i,j} - s_{i-1,j+1} \|_2,$

$\| s_{i,j} - s_{i+1,j-1} \|_2, \| s_{i-1,j+1} - s_{i+1,j-1} \|_2 \}$ 时，$s_{i,j}$ 为 $L : \left\{ \dfrac{3\pi}{4} \right\}$ 向局部极大值；当

$\min\limits_{\substack{q,l,d=-1,0,1 \\ l \neq q}} \{ s_{i+d+q,j-d+l} - s_{i+d,j-d} \} > \text{THR} \cdot \max \{ \| s_{i,j} - s_{i-1,j+1} \|_2, \| s_{i,j} - s_{i+1,j-1} \|_2, \| s_{i-1,j+1} - s_{i+1,j-1} \|_2 \}$ 时，$s_{i,j}$

为 $L : \left\{ \dfrac{3\pi}{4} \right\}$ 向局部极小值。

考虑 5×5 邻域情况，当 $s_{i,j} = s_{i-1,j-1} = s_{i+1,j+1}$，且 $\bigcap\limits_{d=-1}^{1} \left(\bigcap\limits_{q=-1}^{1} \bigcap\limits_{\substack{l=-1 \\ l \neq q}}^{1} s_{i+d,j+d} > s_{i+d+q,j+d+l} \right)$ 时，

$s_{i,j}$ 为 $L : \left\{ \dfrac{\pi}{4} \right\}$ 向局部极大值；当 $s_{i,j} = s_{i-1,j-1} = s_{i+1,j+1}$，且 $\bigcap\limits_{d=-1}^{1} \left(\bigcap\limits_{q=-1}^{1} \bigcap\limits_{\substack{l=-1 \\ l \neq q}}^{1} s_{i+d,j+d} < s_{i+d+q,j+d+l} \right)$

时，$s_{i,j}$ 为 $L : \left\{ \dfrac{\pi}{4} \right\}$ 向局部极小值。

在噪声条件下的 EM$_4$ 判据：当 $\min\limits_{\substack{q,l,d=-1,0,1 \\ l \neq q}} \{ s_{i+d,j+d} - s_{i+d+q,j+d+l} \} > \text{THR} \cdot \max \{ \| s_{i,j} - s_{i-1,j-1} \|_2,$

$\| s_{i,j} - s_{i+1,j+1} \|_2, \| s_{i-1,j-1} - s_{i+1,j+1} \|_2 \}$ 时，$s_{i,j}$ 为 $L : \left\{ \dfrac{\pi}{4} \right\}$ 向局部极大值；当

$\min\limits_{\substack{q,l,d=-1,0,1 \\ l \neq q}} \{ s_{i+d+q,j+d+l} - s_{i+d,j+d} \} > \text{THR} \cdot \max \{ \| s_{i,j} - s_{i-1,j-1} \|_2, \| s_{i,j} - s_{i+1,j+1} \|_2 \| s_{i-1,j-1} - s_{i+1,j+1} \|_2 \}$

时，$s_{i,j}$ 为 $L : \left\{ \dfrac{\pi}{4} \right\}$ 向局部极小值。

其中，THR 是门限值，$\| \ \|_2$ 为欧几里得空间的 L^2-范数。通过大量实验，THR 取值范围为 0.5～1.5。当噪声严重时，THR 可取较小的参数，反之取较大的参数。

（3）EM$_5$ 结构及识别

考虑 5×5 邻域情况，当 $\bigcap\limits_{i=-1}^{1} \bigcap\limits_{\substack{j=-1 \\ |i|+|j| \neq 0}}^{1} s_{i,j} > s_{i+l,j+q}$ 时，$s_{i,j}$ 为局部极大值；当 $\bigcap\limits_{i=-1}^{1} \bigcap\limits_{\substack{j=-1 \\ |i|+|j| \neq 0}}^{1} s_{i,j} < s_{i+l,j+q}$

时，$s_{i,j}$ 为局部极小值。

在噪声条件下的 EM$_5$ 判据：当 $\sum\limits_{i=-1}^{1} \sum\limits_{\substack{j=-1 \\ |i|+|j| \neq 0}}^{1} \text{sgn}(s_{i,j} - s_{i+l,j+q}) \geqslant \text{TR}$ 时，$s_{i,j}$ 为局部极大值；

当 $\sum\limits_{i=-1}^{1} \sum\limits_{\substack{j=-1 \\ |i|+|j| \neq 0}}^{1} \text{sgn}(s_{i+l,j+q} - s_{i,j}) \geqslant \text{TR}$ 时，$s_{i,j}$ 为局部极小值。

大量实验验证，TR = 7 比较理想。

在噪声影响下，一维结构极值可能转化为二维结构极值，甚至产生新的结构极值，称为虚假极值。在极值搜索过程中，一维结构极值优先于二维结构极值，一维结构极值具有同一优先等级。设图像信号 $f(m,n)(1\leqslant m\leqslant M,1\leqslant n\leqslant N)$，EM 为结构极值点的集合，$EM_1$、$EM_2$、$EM_3$、$EM_4$、$EM_5$ 分别为局部极值结构的子集。下面给出搜索极值结构算法的具体步骤。

1）初始值化：$m=1,n=1$。

极值结构累加器 $NUM_i=0$（$i=1,2,\cdots,9$）。

极大值存储器数组 $E_{max}[]$清空。

极小值存储器数组 $E_{min}[]$清空。

2）若 $n=N,m<M$，则 $m=m+1,n=1$，转到步骤 3）。

若 $n<N,m\leqslant M$，则 $n=n+1$，转到步骤 3）。

若 $m=M,n=N$，转到步骤 12）。

3）若 $f(m,n)$ 是 EM_1 极值，则 $NUM_1=NUM_1+1$。

若 $f(m,n)$ 是极大值，则 $f(m,n)$ 及坐标加入 $E_{max}[]$；否则加入 $E_{min}[]$，转到步骤 2）。

4）若 $f(m,n)$ 是 EM_2 极值，则 $NUM_2=NUM_2+1$。

若 $f(m,n)$ 是极大值，则 $f(m,n)$ 及坐标加入 $E_{max}[]$；否则加入 $E_{min}[]$，转到步骤 2）。

5）若 $f(m,n)$ 是 EM_3 极值，则 $NUM_3=NUM_3+1$。

若 $f(m,n)$ 是极大值，则 $f(m,n)$ 及坐标加入 $E_{max}[]$；否则加入 $E_{min}[]$，转到步骤 2）。

6）若 $f(m,n)$ 是 EM_4 极值，则 $NUM_4=NUM_4+1$。

若 $f(m,n)$ 是极大值，则 $f(m,n)$ 及坐标加入 $E_{max}[]$；否则加入 $E_{min}[]$，转到步骤 2）。

7）若 $f(m,n)$ 是 EM_5 极值，则 $NUM_5=NUM_5+1$。

若 $f(m,n)$ 是极大值，则 $f(m,n)$ 及坐标加入 $E_{max}[]$；否则加入 $E_{min}[]$，转到步骤 2）。

8）搜索结束。

4. 结构经验模式分解

在任一局部空间上，二维信号的局部极大值和局部极小值定义的包络曲面均值为零。根据图像的这一特点，不满足 AFDE 条件的二维信号可以被分解，一个 IMF 包含频率接近的几个单分量或者单分量的组合，可作为窄带信号处理。

下面给出二维图像 $f(m,n)(1\leqslant m\leqslant M,1\leqslant n\leqslant N)$ 的 SBEMD 分解算法的具体步骤。

1）初始化：$r_0=f(m,n)$，$imf_0=f(m,n)$，$i=1$。

2）抽取第 i 个 IMF：

① 初始化：$imf_{i,0}=imf_{i-1}$，$j=1$。

② 由结构极值判断与搜索算法获取 $imf_{i,j-1}$ 的所有结构极值，分别构成极大和极小子集 $E_{max}[]$、$E_{min}[]$。

③ 通过极大和极小子集 $E_{max}[]$、$E_{min}[]$，采用三次三角插值获取包络值 L_{up}、L_{dw}。

④ 获取包络均值 $L_j=(L_{up}+L_{dw})/2$。

⑤ 得到分量 $imf_{i,j}=imf_{i,j-1}-L_j$。

⑥　如果 $SD = \dfrac{\left| imf_{i,j} - imf_{i,j-1} \right|^2}{\left| imf_{i,j-1} \right|^2} < Th_1$ 成立，则 $imf_i = imf_{i,j}$；否则 $j = j+1$，转到步骤 2）。

3）令 $r_i = r_{i-1} - imf_i$。

4）如果 r_i 的极值点个数不小于 Th_2，$i = i+1$，转到步骤 2）。

5）令 $r = r_i$，分解结束。

其中，Th_1 是同一个 IMF 筛选停止门限值，Th_2 是分解残差所含极值点门限个数，根据需要可进行调整[106]。

6）$f(m,n) = \sum\limits_{i=1}^{l} imf_i(m,n) + r(m,n)$。

如图 3.11 所示，SBEMD 与 IFEMD 和 DEMD 进行对比分析，它们采用相同的插值函数，IMF 的筛选停止条件为两次筛选。

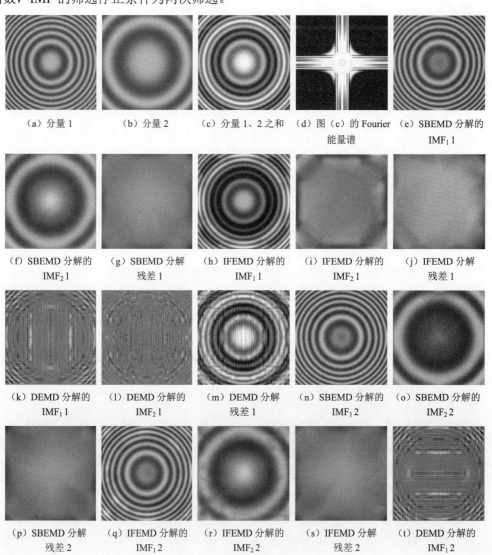

| （a）分量 1 | （b）分量 2 | （c）分量 1、2 之和 | （d）图（c）的 Fourier 能量谱 | （e）SBEMD 分解的 IMF_1 1 |

（f）SBEMD 分解的 IMF_2 1　　（g）SBEMD 分解残差 1　　（h）IFEMD 分解的 IMF_1 1　　（i）IFEMD 分解的 IMF_2 1　　（j）IFEMD 分解残差 1

（k）DEMD 分解的 IMF_1 1　　（l）DEMD 分解的 IMF_2 1　　（m）DEMD 分解残差 1　　（n）SBEMD 分解的 IMF_1 2　　（o）SBEMD 分解的 IMF_2 2

（p）SBEMD 分解残差 2　　（q）IFEMD 分解的 IMF_1 2　　（r）IFEMD 分解的 IMF_2 2　　（s）IFEMD 分解残差 2　　（t）DEMD 分解的 IMF_1 2

图 3.11　合成图像 1 分解对比

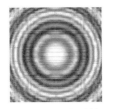

（u）DEMD 分解的 $IMF_2 2$　　　（v）DEMD 分解残差 2

图 3.11（续）

图 3.11（e）～（m）是没有噪声的情况，（n）～（v）是含有噪声的情况。在没有噪声的情况下，只包含一维结构极值（EM_1、EM_2、EM_3、EM_4），IFEMD 无法进行分解，IMF 包含两个频率的信号分量，产生模式混叠；DEMD 的结果明显带有行列痕迹[图 3.11（k）～（m）]，而且先行后列和先列后行处理导致了不同的结果；SBEMD 可有效识别不同的结构极值点，分解结果与实际合成图像一致[图 3.11（a）和（e）、（b）和（f）]。

图 3.11（c）加入了均值为 0，方差为 0.1 的高斯白噪声，IFEMD 破坏了分量的完整性，产生了模式混叠，其结果明显存在不规则的"灰度斑"，如图 3.11（q）和（r）、（a）和（b）所示；图 3.11（t）～（v）是 DEMD 先列后行的分解结果，明显带有行列痕迹，而且与先行后列的分解结果[图 3.11（k）～（m）]不一致；SBEMD 可以有效地消除噪声的影响，对结构极值可有效识别，得到了正确的分解结果[图 3.11（n）和（o）]。图 3.12 是几幅真实纹理的分解对比，结果与图 3.11 一致。

从上述实验可以看出，SBEMD 具有噪声抑制和局部结构识别能力，对任意结构图像的处理都可得到合理的结果，特别对明显结构特性图像的处理；而 IFEMD 和 DEMD 等算法破坏了各分量完整性，产生模式混叠。

（a）几种标准文理（从左到右依次为 Writing、Brodatz 纹理 D102、Brodatz 纹理 D26、Brodatz 纹理 D41、合成纹理 3 及 Brodatz 纹理 D47，其中 Writing 来自 www.prenhall.com/gonzalezwoods）

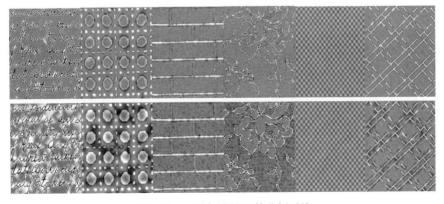

图 3.12　几种标准纹理的分解对比

（b）图（a）分解结果的 IMF_1（1～3 行依次采用 SBEMD、IFEMD、DEMD）

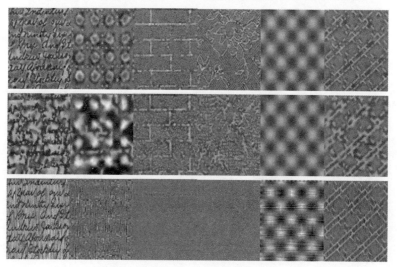

（c）图（a）分解结果的 IMF_2（1～3 行依次采用 SBEMD、IFEMD、DEMD）

图 3.12（续）

3.3.2　四元谱分析

二维 IMF 可视为近似的单分量或窄带信号，且不同二维 Hilbert 变换[74-77]给出的物理含义也不尽相同。通过深入分析，其中四元 Hilbert 变换（quaternionic Hilbert-Huang based time-frequency analysis，QHHA）可有效分析 IMF 的时频特性，特别是二维 IMF 的幅度、相位、频率、内部维数和方向等特征。

对于二维信号 $f(x,y)$，其 X 方向 Hilbert 变换为 $f^x(x,y)$[74]，Y 方向 Hilbert 变换为 $f^y(x,y)$[74]，总体 Hilbert 变换为 $f^{\text{T}}(x,y)$[75]。文献[77]给出了四元 Hilbert 变换的解析信号：

$$f_Q(x,y) = f(x,y) + \mathrm{i}\,f^x(x,y) + \mathrm{j}\,f^y(x,y) + \mathrm{k}\,f^{\text{T}}(x,y)$$

$$= f_Q(x,y) = Q\,\mathrm{e}^{\mathrm{i}\phi}\mathrm{e}^{\mathrm{k}\psi}\mathrm{e}^{\mathrm{j}\theta} \qquad (3.8)$$

式中，$\mathrm{i}, \mathrm{j}, \mathrm{k}$ 为虚数单位；$Q = \sqrt{[f(x,y)]^2 + [f^x(x,y)]^2 + [f^y(x,y)]^2 + [f^{\text{T}}(x,y)]^2}$；

$\psi = -\dfrac{1}{2}\arcsin\dfrac{2[f^x(x,y)f^y(x,y) - f(x,y)f^{\text{T}}(x,y)]}{Q^2}$；

$\theta = \dfrac{1}{2}\arctan\dfrac{2[f^x(x,y)f^{\text{T}}(x,y) + f(x,y)f^y(x,y)]}{[f(x,y)]^2 + [f^x(x,y)]^2 - [f^y(x,y)]^2 - [f^{\text{T}}(x,y)]^2}$。

当 $\psi = \pm\dfrac{\pi}{4}$ 时，则

$$\phi = \dfrac{1}{2}\arctan\dfrac{2[f^x(x,y)f(x,y) - f^{\text{T}}(x,y)f^y(x,y)]}{[f(x,y)]^2 - [f^x(x,y)]^2 - [f^y(x,y)]^2 + [f^{\text{T}}(x,y)]^2}$$

否则

$$\phi = \frac{1}{2}\arctan\frac{2[f^x(x,y)f(x,y) + f^T(x,y)f^y(x,y)]}{[f(x,y)]^2 - [f^x(x,y)]^2 + [f^y(x,y)]^2 - [f^T(x,y)]^2}$$

1. 四元解析信号的几何平均相位

定义 3.7　设信号 $f(x,y) = \sum_{l=1}^{n}f_l(x,y) = \sum_{l=1}^{n}a_l(x,y)\cos\varphi_l(x,y)$，$f_l(x,y)$ $(l=1,2,\cdots,n)$

为单模单分量信号，则称 $\overline{\overline{\varphi}}(x,y) = \arctan\dfrac{\sum\limits_{l=1}^{n}a_l(x,y)\sin\varphi_l(x,y)}{\sum\limits_{l=1}^{n}a_l(x,y)\cos\varphi_l(x,y)}$ 为 $f(x,y)$ 的几何平均相位。

当 $n=1$ 时，则 $\overline{\overline{\varphi}}(x,y) = \varphi(x,y)$。

当 $n=2$ 且 $|a_1(x,y)| >> |a_2(x,y)|$ 时，则 $\overline{\overline{\varphi}}(x,y) \approx \varphi_1(x,y)$，反之 $\overline{\overline{\varphi}}(x,y) \approx \varphi_2(x,y)$。

当 $n=2$ 且 $a_1(x,y) \equiv a_2(x,y)$ 时，则 $\overline{\overline{\varphi}}(x,y) = \dfrac{\varphi_1(x,y) + \varphi_2(x,y)}{2}$。

显然，几何平均相位主要体现了分量信号相位的平均。

根据式（3.8），$f(x,y)$ 的解析信号为 $f_Q(x,y)$，其中：

$$\begin{cases} f^x(x,y) = \sum_{l=1}^{n}\text{sign}(\omega_{x,l})a_l(x,y)\sin(\omega_{x,l}x + \omega_{y,l}y) \\ f^y(x,y) = \sum_{l=1}^{n}\text{sign}(\omega_{y,l})a_l(x,y)\sin(\omega_{x,l}x + \omega_{y,l}y) \\ f^T(x,y) = \sum_{l=1}^{n}\text{sign}(\omega_{x,l})\text{sign}(\omega_{y,l})a_l(x,y)\cos(\omega_{x,l}x + \omega_{y,l}y) \end{cases}$$

式中，$\text{sign}(s) = \begin{cases} 1, s > 0 \\ -1, s < 0 \\ 0, s = 0 \end{cases}$

由此可得

$$\psi = -\frac{1}{2}\arcsin\frac{2(S_1 - S_2)}{S_3 + S_4} \tag{3.9}$$

式中，

$$\begin{cases} S_1 = \sum_{l_1}^{n}\sum_{l_2}^{n}\text{sign}(\omega_{x,l_1})\text{sign}(\omega_{y,l_1})a_{l_1}a_{l_2}\sin(\omega_{x,l_1}x + \omega_{y,l_1}y)\sin(\omega_{x,l_2}x + \omega_{y,l_2}y) \\ S_2 = \sum_{l_1}^{n}\sum_{l_2}^{n}\text{sign}(\omega_{x,l_2})\text{sign}(\omega_{y,l_2})a_{l_1}a_{l_2}\cos(\omega_{x,l_1}x + \omega_{y,l_1}y)\cos(\omega_{x,l_2}x + \omega_{y,l_2}y) \\ S_3 = \sum_{l_1}^{n}\sum_{l_2}^{n}\left\{\left[1 + \text{sign}(\omega_{x,l_1})\text{sign}(\omega_{y,l_1})\text{sign}(\omega_{x,l_2})\text{sign}(\omega_{y,l_2})\right]a_{l_1}a_{l_2}\cos(\omega_{x,l_1}x + \omega_{y,l_1}y)\cos(\omega_{x,l_2}x + \omega_{y,l_2}y)\right\} \\ S_4 = \sum_{l_1}^{n}\sum_{l_2}^{n}\left\{\text{sign}(\omega_{x,l_1})\text{sign}(\omega_{y,l_1})\text{sign}(\omega_{x,l_2})\text{sign}(\omega_{y,l_2})a_{l_1}a_{l_2}\sin(\omega_{x,l_1}x + \omega_{y,l_1}y)\sin(\omega_{x,l_2}x + \omega_{y,l_2}y)\right\} \end{cases}$$

$\forall l = 1,2,\cdots,n$，$\exists \, \mathrm{sign}(\omega_{x,l}) = \mathrm{sign}(\omega_{y,l}) \neq 0$，则 $\psi = -\dfrac{\pi}{4}$，$f(x,y)$ 在 $(0,\pi/2)$ 上是同向多分量。

$\forall l = 1,2,\cdots,n$，$\exists \, \mathrm{sign}(\omega_{x,l}) = -\mathrm{sign}(\omega_{y,l}) \neq 0$，则 $\psi = \dfrac{\pi}{4}$，$f(x,y)$ 在 $(\pi/2,\pi)$ 上是同向多分量。

$\forall l = 1,2,\cdots,n$，$\exists \, \mathrm{sign}(\omega_{x,l}) \cdot \mathrm{sign}(\omega_{y,l}) = 0$，则 $\psi = 0$，$f(x,y)$ 在 0、$\pi/2$ 或 π 上是同向多分量。

其中，$\mathrm{sign}(\omega_{x,l_1}) = \mathrm{sign}(\omega_{x,l_2}) \neq 0$，$\mathrm{sign}(\omega_{y,l_1}) = -\mathrm{sign}(\omega_{y,l_2}) \neq 0$。

特别地，$n=1$ 时，表明是单分量信号，其方向为 $(0,\pi/2)$、$(\pi/2,\pi)$ 或 0、$\pi/2$、π。

为了讨论方便，不失一般性，$f(x,y)$ 可表示为

$$f(x,y) = \sum_{l_1}^{n_1} a_{l_1} \cos(\omega_{x,l_1} x + \omega_{y,l_1} y) + \sum_{l_2}^{n_2} b_{l_2} \cos(\omega_{x,l_2} x + \omega_{y,l_2} y) \tag{3.10}$$

当 $\displaystyle\sum_{l_2}^{n_2} b_{l_2} \cos(\omega_{x,l_2} x + \omega_{y,l_2} y) \equiv 0$ 时，

$$\left\{ \begin{aligned} &\psi = -\frac{\pi}{4} \\ &\theta = 0 \\ &\phi = \frac{1}{2}\arctan \frac{\displaystyle\sum_{l}^{n} a_l^2 \sin(2\omega_{x,l} x + 2\omega_{y,l} y) + 2\sum_{l_1}^{n}\sum_{\substack{l_2 \\ l_1 \neq l_2}}^{n} a_{l_1} a_{l_2} \sin(\omega_{x,l_1} x + \omega_{y,l_1} y + \omega_{x,l_2} x + \omega_{y,l_2} y)}{\displaystyle\sum_{l}^{n} a_l^2 \cos(2\omega_{x,l} x + 2\omega_{y,l} y) + 2\sum_{l_1}^{n}\sum_{\substack{l_2 \\ l_1 \neq l_2}}^{n} a_{l_1} a_{l_2} \cos(\omega_{x,l_1} x + \omega_{y,l_1} y + \omega_{x,l_2} x + \omega_{y,l_2} y)} \end{aligned} \right. \tag{3.11}$$

当 $\displaystyle\sum_{l_1}^{n_1} a_{l_1} \cos(\omega_{x,l_1} x + \omega_{y,l_1} y) \equiv 0$ 时，

$$\left\{ \begin{aligned} &\psi = \frac{\pi}{4} \\ &\theta = 0 \\ &\phi = \frac{1}{2}\arctan \frac{\displaystyle\sum_{l}^{n} b_l^2 \sin(2\omega_{x,l} x + 2\omega_{y,l} y) + 2\sum_{l_1}^{n}\sum_{\substack{l_2 \\ l_1 \neq l_2}}^{n} b_{l_1} b_{l_2} \sin(\omega_{x,l_1} x + \omega_{y,l_1} y + \omega_{x,l_2} x + \omega_{y,l_2} y)}{\displaystyle\sum_{l}^{n} b_l^2 \cos(2\omega_{x,l} x + 2\omega_{y,l} y) + 2\sum_{l_1}^{n}\sum_{\substack{l_2 \\ l_1 \neq l_2}}^{n} b_{l_1} b_{l_2} \cos(\omega_{x,l_1} x + \omega_{y,l_1} y + \omega_{x,l_2} x + \omega_{y,l_2} y)} \end{aligned} \right. \tag{3.12}$$

当 $\displaystyle\sum_{l_1}^{n_1} a_{l_1} \cos(\omega_{x,l_1} x + \omega_{y,l_1} y)$ 和 $\displaystyle\sum_{l_2}^{n_2} b_{l_2} \cos(\omega_{x,l_2} x + \omega_{y,l_2} y)$ 两项同时存在时：

$$\psi = -\arcsin \frac{w_1 - w_2}{w_1 + w_2} \tag{3.13}$$

式中，

$$
\begin{cases}
w_1 = \left[\sum_{l_1}^{n_1} a_{l_1} \sin(\omega_{x,l_1} x + \omega_{y,l_1} y) \right]^2 + \left[\sum_{l_1}^{n_1} a_{l_1} \cos(\omega_{x,l_1} x + \omega_{y,l_1} y) \right]^2 \\
w_2 = \left[\sum_{l_2}^{n_2} a_{l_2} \sin(\omega_{x,l_2} x + \omega_{y,l_2} y) \right]^2 + \left[\sum_{l_2}^{n_1} a_{l_2} \cos(\omega_{x,l_2} x + \omega_{y,l_2} y) \right]^2
\end{cases}
\tag{3.14}
$$

$$
\begin{cases}
\phi = \dfrac{1}{2}\arctan \dfrac{\displaystyle\sum_{l_1}^{n_1}\sum_{l_2}^{n_2} a_{l_1} b_{l_2} \sin(\omega_{x,l_1} x + \omega_{y,l_1} y + \omega_{x,l_2} x + \omega_{y,l_2} y)}{\displaystyle\sum_{l_1}^{n_1}\sum_{l_2}^{n_2} a_{l_1} b_{l_2} \cos(\omega_{x,l_1} x + \omega_{y,l_1} y + \omega_{x,l_2} x + \omega_{y,l_2} y)} \\[4mm]
\theta = \dfrac{1}{2}\arctan \dfrac{\displaystyle\sum_{l_1}^{n_1}\sum_{l_2}^{n_2} a_{l_1} b_{l_2} \sin(\omega_{x,l_1} x + \omega_{y,l_1} y - \omega_{x,l_2} x - \omega_{y,l_2} y)}{\displaystyle\sum_{l_1}^{n_1}\sum_{l_2}^{n_2} a_{l_1} b_{l_2} \cos(\omega_{x,l_1} x + \omega_{y,l_1} y - \omega_{x,l_2} x - \omega_{y,l_2} y)}
\end{cases}
\tag{3.15}
$$

$f(x,y)$ 的几何平均相位 ϕ、θ 在一定程度上反映了信号的相位。从式（3.9）～式（3.15）可以得出如下结论：

当 $f(x,y)$ 的方向为 $(0, \pi/2)$ 时，则 $\psi = -\dfrac{\pi}{4}$；当 $f(x,y)$ 的方向为 $(\pi/2, \pi)$ 时，则 $\psi = \dfrac{\pi}{4}$。

当 $f(x,y)$ 的方向为 0、$\pi/2$ 或 π 时，则 $\psi = 0$；当 $f(x,y)$ 的方向为 $[0, \pi]$ 时，ψ 在 $\left[-\dfrac{\pi}{4}, \dfrac{\pi}{4} \right]$ 内连续变化。

若 $f(x,y,\lambda) = \text{CON} \cdot [(1-\lambda)\cos(\omega_x x + \omega_y y) + \lambda\cos(\omega_x x - \omega_y y)]$[77]（其中，CON 是非零实数，$\lambda$ 是变化参数），则 $\psi = -\dfrac{1}{2}\arcsin \dfrac{2(1-2\lambda)}{1+(2\lambda-1)^2}$。

如果 ψ 取负值，则 $\sum_{l_1}^{n_1} a_{l_1}\cos(\omega_{x,l_1} x + \omega_{y,l_1} y)$ 的能量大于 $\sum_{l_2}^{n_2} b_{l_2}\cos(\omega_{x,l_2} x + \omega_{y,l_2} y)$，说明信号能量主要集中在 $(0, \pi/2)$ 方向上，而在 $(\pi/2, \pi)$ 方向上的信号分量比较弱，反之亦然。

对于可分离信号及其变形 $f(x,y,\lambda) = \text{CON} \cdot [(1-\lambda)\cos(\omega_x x + \omega_y y) + \lambda\cos(\omega_x x - \omega_y y)]$，$\psi$ 是内部结构维数的判断依据[77]，依此可判定信号是单模或多模信号。

根据式（3.14）和式（3.15），当 $\psi \neq \pm\dfrac{\pi}{4}$ 时，则 $\text{sign}(\omega_{x,l_1}) = \text{sign}(\omega_{x,l_2}) = \text{sign}(\omega_{y,l_1}) = -\text{sign}(\omega_{y,l_2}) \neq 0$，$\omega_{x,l_1} x + \omega_{y,l_1} y + \omega_{x,l_2} x + \omega_{y,l_2} y$ 起到抑制纵向相位而保留横向相位的作用，在某种程度上，ϕ 体现了横向相位的大小；同理，$\omega_{x,l_1} x + \omega_{y,l_1} y - \omega_{x,l_2} x - \omega_{y,l_2} y$ 起到抑制横向相位而保留纵向相位的作用，在某种程度上，θ 体现了纵向相位的大小。

因此，ψ 在不同方向上体现了各信号分量的能量分布。对于可分离信号，ψ 是内部维数的判据。不同的 ψ 值与不同结构模式相对应，称 ψ 为模式相位；ϕ 体现在特定模式下（某 ψ 值下）的横向相位，称 ϕ 为模式内横向相位；θ 体现在特定模式下（某 ψ 值下）的纵向相位，称 θ 为模式内纵向相位。

下面以 $f(x,y) = a\cos(\omega_{x,1}x + \omega_{y,1}y) + b\cos(\omega_{x,2}x + \omega_{y,2}y)$ 为例，分析如下：

1）当 $\text{sign}(\omega_{x,1}) = \text{sign}(\omega_{y,1}) = \text{sign}(\omega_{x,2}) = \text{sign}(\omega_{y,2}) \neq 0$ 时

$$\begin{cases} \psi = -\pi/4 \\ \theta = 0 \\ \phi = \dfrac{1}{2}\arctan\dfrac{a^2\sin 2(\omega_{x,1}x + \omega_{y,1}y) + b^2\sin 2(\omega_{x,2}x + \omega_{y,2}y) + 2ab\sin(\omega_{x,1}x + \omega_{y,1}y + \omega_{x,2}x + \omega_{y,2}y)}{a^2\cos 2(\omega_{x,1}x + \omega_{y,1}y) + b^2\cos 2(\omega_{x,2}x + \omega_{y,2}y) + 2ab\cos(\omega_{x,1}x + \omega_{y,1}y + \omega_{x,2}x + \omega_{y,2}y)} \end{cases}$$

当 $\omega_{x,1} = \omega_{x,2}$，$\omega_{y,1} = \omega_{y,2}$ $\left[f(x,y) = (a+b)\cos(\omega_{x,1}x + \omega_{y,1}y) \right]$ 时，则 $\phi = \omega_{x,1}x + \omega_{y,1}y$ $\left[f(x,y) \text{ 的相位} \right]$。

2）当 $\text{sign}(\omega_{x,1}) = -\text{sign}(\omega_{y,1}) = \text{sign}(\omega_{x,2}) = -\text{sign}(\omega_{y,2}) \neq 0$ 时

$$\begin{cases} \psi = \pi/4 \\ \theta = 0 \\ \phi = \dfrac{1}{2}\arctan\dfrac{a^2\sin 2(\omega_{x,1}x + \omega_{y,1}y) + b^2\sin 2(\omega_{x,2}x + \omega_{y,2}y) + 2ab\sin(\omega_{x,1}x + \omega_{y,1}y + \omega_{x,2}x + \omega_{y,2}y)}{a^2\cos 2(\omega_{x,1}x + \omega_{y,1}y) + b^2\cos 2(\omega_{x,2}x + \omega_{y,2}y) + 2ab\cos(\omega_{x,1}x + \omega_{y,1}y + \omega_{x,2}x + \omega_{y,2}y)} \end{cases}$$

当 $\omega_{x,1} = \omega_{x,2}$，$\omega_{y,1} = \omega_{y,2}$ $\left[f(x,y) = (a+b)\cos(\omega_{x,1}x + \omega_{y,1}y) \right]$ 时，则 $\phi = \omega_{x,1}x + \omega_{y,1}y$ $\left[f(x,y) \text{ 的相位} \right]$。

3）当 $\text{sign}(\omega_{x,1}) = \text{sign}(\omega_{y,1}) = \text{sign}(\omega_{x,2}) = -\text{sign}(\omega_{y,2}) \neq 0$ 时，

$$\begin{cases} \psi = -\arcsin\dfrac{a^2 - b^2}{a^2 + b^2} \\ \phi = \dfrac{1}{2}\arctan\dfrac{\sin(\omega_{x,l_1}x + \omega_{y,l_1}y + \omega_{x,l_2}x + \omega_{y,l_2}y)}{\cos(\omega_{x,l_1}x + \omega_{y,l_1}y + \omega_{x,l_2}x + \omega_{y,l_2}y)} = \dfrac{(\omega_{x,l_1} + \omega_{x,l_2})x + (\omega_{y,l_1} + \omega_{y,l_2})y}{2} \\ \theta = \dfrac{1}{2}\arctan\dfrac{\sin(\omega_{x,l_1}x + \omega_{y,l_1}y - \omega_{x,l_2}x - \omega_{y,l_2}y)}{\cos(\omega_{x,l_1}x + \omega_{y,l_1}y - \omega_{x,l_2}x - \omega_{y,l_2}y)} = \dfrac{(\omega_{x,l_1} - \omega_{x,l_2})x + (\omega_{y,l_1} - \omega_{y,l_2})y}{2} \end{cases}$$

当 $|a| > |b|$ 时，则 $\psi < 0$，表明 $a\cos(\omega_{x,1}x + \omega_{y,1}y)$ 多于 $b\cos(\omega_{x,2}x + \omega_{y,2}y)$；当 $|a| < |b|$ 时，则 $\psi > 0$，表明 $a\cos(\omega_{x,1}x + \omega_{y,1}y)$ 少于 $b\cos(\omega_{x,2}x + \omega_{y,2}y)$；当 $|a| = |b|$ 时，则 $\psi = 0$，表明 $a\cos(\omega_{x,1}x + \omega_{y,1}y)$ 与 $b\cos(\omega_{x,2}x + \omega_{y,2}y)$ 相同，其中文献[77]给出了 $\psi = 0$ 的特例分析。

当 $\omega_{y,1} = -\omega_{y,2}$，$\phi = \dfrac{(\omega_{x,l_1} + \omega_{x,l_2})x}{2}$，且 $\omega_{x,1} = \omega_{x,2}$ 时，则 $\theta = \dfrac{(\omega_{y,l_1} - \omega_{y,l_2})y}{2}$，$\phi$ 是这两个分量信号横向相位的平均值，θ 是这两个分量信号纵向相位的平均值。

综上所述，可得如下结论。

结论 3.1　四元解析信号 $f_Q(x,y) = Q\mathrm{e}^{\mathrm{i}\varphi}\mathrm{e}^{k\psi}\mathrm{e}^{\mathrm{j}\theta}$，其中，$\psi$ 反映不同方向分量信号的能量，对于可分离信号，ψ 是单模和多模信号判据；ϕ 反映信号分量的横向相位；θ 反映信号分量的纵向相位。

2. 模式频率及模式内频率

估计二维信号的瞬时频率主要有相位微分法[185]、相位多项式参数估计法[186,187]、基于 DEMD 的直接法[188]、Teager 能量法[190,191]和复数微分法[192,193]等。

相位微分法先对信号进行单向 Hilbert 变换，求得信号的相位，然后对相位微分求取

瞬时频率。它需要将相位展开成连续信号，从而增加瞬时频率的求解复杂度。相位多项式参数估计法将相位信号展开成多项式，然后估计瞬时频率，它只适用于单模单分量信号。基于 DEMD 的直接法将 IMF 作为单分量信号处理，先求 IMF 的上下包络最大绝对值，并视其为信号的瞬时幅度，然后将瞬时幅度归一化，最后求解信号的瞬时频率。Teager 能量法只适用于单模单分量信号。复数微分法不需要考虑相位连续性，可以有效对信号进行时频分析。它先采用多带通 Gabor 滤波分离信号，然后采用 Kalman 滤波获得信号的各个单分量，最后对单分量 $f(x,y) = a(x,y)\mathrm{e}^{\mathrm{j}\varphi(x,y)}$ 进行微分，得到

$$\omega_x = \mathrm{Re}\left[\frac{\partial f(x,y)/\partial x}{\mathrm{j}f(x,y)}\right], \quad \omega_y = \mathrm{Re}\left[\frac{\partial f(x,y)/\partial y}{\mathrm{j}f(x,y)}\right],$$ 但它不适用于复杂信号。

本节将复数微分法应用于四元复数，并给出如下二维信号瞬时频率估计算法：

$$\overline{\overline{\omega_\mathrm{i}}} = \left\{\omega_{\mathrm{i},x}, \omega_{\mathrm{i},y}\right\}^\mathrm{T} = \left\{\mathrm{Re}\left[-\mathrm{i}\frac{\partial(\mathrm{LQ})}{\partial x}\right], \mathrm{Re}\left[-\mathrm{i}\frac{\partial(\mathrm{LQ})}{\partial y}\right]\right\}^\mathrm{T} \tag{3.16}$$

$$\overline{\overline{\omega_\mathrm{j}}} = \left\{\omega_{\mathrm{j},x}, \omega_{\mathrm{j},y}\right\}^\mathrm{T} = \left\{\mathrm{Re}\left[-\mathrm{j}\frac{\partial(\mathrm{LQ})}{\partial x}\right], \mathrm{Re}\left[-\mathrm{j}\frac{\partial(\mathrm{LQ})}{\partial y}\right]\right\}^\mathrm{T} \tag{3.17}$$

$$\overline{\overline{\omega_\mathrm{k}}} = \left\{\omega_{\mathrm{k},x}, \omega_{\mathrm{k},y}\right\}^\mathrm{T} = \left\{\mathrm{Re}\left[-\mathrm{k}\frac{\partial(\mathrm{LQ})}{\partial x}\right], \mathrm{Re}\left[-\mathrm{k}\frac{\partial(\mathrm{LQ})}{\partial y}\right]\right\}^\mathrm{T} \tag{3.18}$$

式中，$\mathrm{LQ} = \ln[f_q(x,y)] = \ln Q + \mathrm{i}\phi + \mathrm{k}\psi + \mathrm{j}\theta$，$\mathrm{Re}(\ )$ 为实部算子；$\overline{\overline{\omega_\mathrm{k}}}$ 体现不同模式之间变化的快慢，称为模式频率；$\overline{\overline{\omega_\mathrm{i}}}$ 和 $\overline{\overline{\omega_\mathrm{j}}}$ 体现同一模式信号能量振荡的快慢，称为模式内频率。

因此，可得如下结论。

结论 3.2　模式频率 $\overline{\overline{\omega_\mathrm{k}}}$ 反映信号不同模式之间的变化速率；模式内频率 $\overline{\overline{\omega_\mathrm{i}}}$、$\overline{\overline{\omega_\mathrm{j}}}$ 反映的是固定模式下信号自身能量在纵横两个方向上的振荡速率。

例如：合成信号 $f(x,y)$ 由四部分组成：$0.5\cos(0.2\pi x + 0.2\pi y)$、$0.3\cos(0.2\pi x + 0.2\pi y) + 0.2\cos(0.2\pi x - 0.2\pi y)$、$0.2\cos(0.2\pi x + 0.2\pi y) + 0.3\cos(0.2\pi x - 0.2\pi y)$、$0.25\cos(0.2\pi x + 0.2\pi y) + 0.25\cos(0.08\pi x - 0.08\pi y)$，对应图 3.13（a）标注的四个纹理部分。其 ψ、ϕ、θ、模式频率和模式内频率分析如图 3.13 所示。图 3.13（c）给出的是模式相位，不同的模式的相位明显不一样，不同的模式频率[图 3.13（f）]勾画了纹理边界；图 3.13（d）是模式内横向相位 θ；图 3.13（e）是模式内纵向相位 ϕ，其在一定程度上代表了横向和纵向相位的多少；图 3.13（g）～（j）给出了模式内相位的频率，其在一定程度上反映了信号能量振荡的快慢；图 3.13（k）是四元复数对应的瞬时幅度。

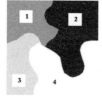

（a）标准模板　　　（b）合成纹理　　　（c）模式相位 ψ　　　（d）模式内横向　　　（e）模式内纵向
　　　　　　　　　　　　　　　　　　　　　　　　　　　　　　　相位 θ　　　　　　相位 ϕ

图 3.13　合成纹理信号的相位及其频率

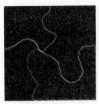

（f）模式频率 $|\omega_k|$ （g）模式内频率 $|\omega_{i,x}|$ （h）模式内频率 $|\omega_{i,y}|$ （i）模式内频率 $|\omega_{j,x}|$ （j）模式内频率 $|\omega_{j,y}|$

（k）幅度 $Q = \sqrt{[f(x,y)]^2 + [f^x(x,y)]^2 + [f^y(x,y)]^2 + [f^{\top}(x,y)]^2}$

图 3.13（续）

3.3.3　纹理分析

图像纹理可分为结构性纹理、自然纹理和统计纹理[182-184]。针对这三种纹理，本节分析重点是提取纹理信息的有效特征，包括信号分量的时频特征，其对于纹理分割具有重要的潜在价值。对于图像 $f(x,y)$，纹理分析过程为：首先对 $f(x,y)$ 进行 SBEMD 分解，获取 l 个 IMFs 和一个剩余量 r，得到 $f(x,y) = \sum_{i=1}^{l} \mathrm{imf}_i(x,y) + r(x,y)$；然后应用式（3.8）～式（3.15）计算模式相位 ψ 和模式内相位 θ、ϕ；最后应用式（3.16）～式（3.18）计算模式频率 $|\omega_k|$ 和模式内频率 $|\omega_{i,x}|$、$|\omega_{i,y}|$、$|\omega_{j,x}|$、$|\omega_{j,y}|$。

下面给出一个实验。这一实验采用混合纹理（图 3.14），应用 SBEMD 获得三个 IMF 和剩余量［图 3.14（b）～（e）］。对于 IMF_1，不同模式的模式相位和模式频率可明显区分［图 3.14（f）和（g）］。由于含有 AM-FM 分量，图 3.14（f）和（g）在边界处包含不同的相位。图 3.14（h）为模式内水平相位，而图 3.14（i）和（j）分别是图 3.14（h）的垂直频率和水平频率。图 3.14（k）为模式内垂直相位，而图 3.14（l）和（m）分别是图 3.14（k）的垂直频率和水平频率。同样，由于 SBEMD 对于突变性灰度的弱适应性，一些扰动引入分解的结果［图 3.14（h）～（m）］，然而，其仍可得到近似的相位和频率信息等。

（a）实验的纹理

图 3.14　混合纹理时频分析结果［图（f）～（m）为 IMF_1，图（n）～（u）为 IMF_2］

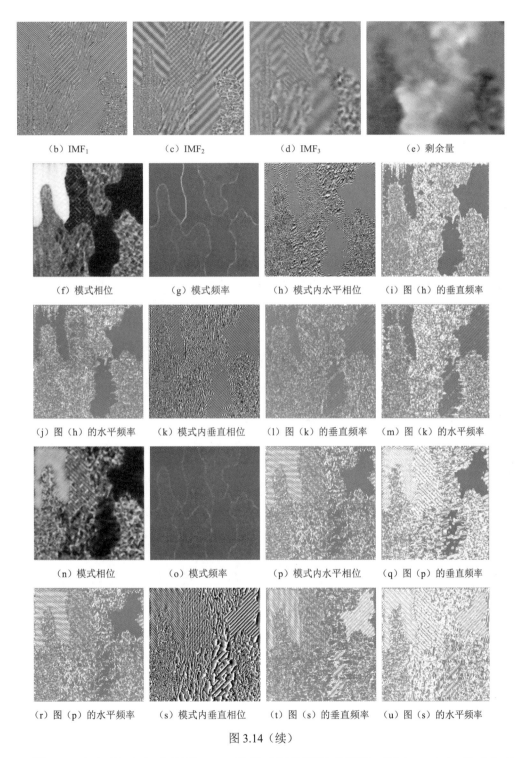

（b）IMF$_1$　　　　（c）IMF$_2$　　　　（d）IMF$_3$　　　　（e）剩余量

（f）模式相位　　　（g）模式频率　　　（h）模式内水平相位　　（i）图（h）的垂直频率

（j）图（h）的水平频率　（k）模式内垂直相位　（l）图（k）的垂直频率　（m）图（k）的水平频率

（n）模式相位　　　（o）模式频率　　　（p）模式内水平相位　　（q）图（p）的垂直频率

（r）图（p）的水平频率　（s）模式内垂直相位　（t）图（s）的垂直频率　（u）图（s）的水平频率

图 3.14（续）

图 3.14（n）和（o）分别是 IMF$_2$ 的模式相位和模式频率。图 3.14（p）和（s）分别是模式内水平相位和模式内垂直相位。图 3.14（q）和（r）、（t）和（u）分别对应具

有物理意义且可区分的频率信息。在实验中没有对剩余量进行分析，因为其包含的时频信息可以忽略不计。

3.4　信号辅助的 EMD 及应用

对于某些图像，不仅其灰度变化剧烈，方向、相位及频率等也错综复杂，而且还存在内部维数[77]及空间相关性[194]。因此，BEMD 必须解决如下问题。

1）选取最优插值函数。目前，常用的插值函数包括径向基函数、样条插值、三次插值及三角几何插值等[136-149]。对于同一幅图像，采用不同插值函数可得到不同的分解结果。

2）抑制边缘效应。对于二维边缘效应，一些文献进行了相关的探讨，如基于纹理合成的边缘效应抑制[148]，其只适合处理结构性强的纹理图像。

3）确定待插值二维极值点。对于一些极值点的特殊分布情况，如灰度脊或者灰度谷，SBEMD 可以有效地解决，文献[139]介绍的分水岭方法也可以有效地解决此类问题。但是，当图像没有或极度缺乏极值点时，几乎所有的已有方法均失效。

另外，如确定筛选次数、抑制二维模式混叠等也没有得到很好解决。基于模信号辅助的一维经验模式分解方法[119-121]直接扩展到图像处理中，产生包括时间耗费代价过大等问题。

本节主要讨论噪声辅助的 BEMD，并对图像增强进行应用探讨。

3.4.1　信号辅助的经验模式分解概述

本节将给出 ASBEMD1 和 ASBEMD2 两种算法。其中，ASBEMD1 由噪声信号辅助的 EMD 直接扩展得到。其定义如下。

1）$f(x,y)$ 叠加零均值和方差为 $\sigma_{x,y}$ 的随机高斯白噪声序列 $n_j(x,y)$（$j=1,2,\cdots,J$）得

$$fn_j^{(1)}(x,y)=n_j(x,y)+f(x,y)$$

2）采用 BEMD 对 $fn_j^{(1)}(x,y)$ 进行分解，得到 IMF 分量和剩余量：

$$fn_j^{(1)}(x,y)=\sum_{l=1}^{L}\mathrm{imf}_{n,lj}^{(1)}(x,y)+r_{n,j}^{(1)}(x,y)$$

3）IMF 和剩余量：

$$\mathrm{imf}_{n,l}^{(1)}(x,y,J)=\frac{1}{J}\sum_{j=1}^{J}\mathrm{imf}_{n,lj}^{(1)}(x,y)$$

$$r_n^{(1)}(x,y,J)=\frac{1}{J}\sum_{j=1}^{J}r_{n,j}^{(1)}(x,y)$$

所以

$$f_n^{(1)}(x,y,J)=\sum_{l=1}^{L}\mathrm{imf}_{n,l}^{(1)}(x,y,J)+r_n^{(1)}(x,y,J)\tag{3.19}$$

利用高斯白噪声的统计特性及经验模式分解的滤波特性[107,112]，即通过噪声获取必要的极值点，把噪声作为信号分解的一个载体，然后把噪声消除。

考虑 ASBEMD1 算法的思想和 ASBEMD1 算法步骤 1）中的关系 $fn_j^{(1)}(x,y)=$

$n_j(x,y) + f(x,y)$，ASBEMD1 算法步骤 2）中的等式可以写为

$$fn_j^{(1)}(x,y) = \sum_{l=1}^{L} \mathrm{imf}_{n,lj}^{(1)}(x,y) + \mathrm{res}_{n,j}^{(1)}(x,y)$$

$$= \sum_{l=1}^{L} \left\{ \mathrm{imf}_{n,lj}^{(1)}(x,y) \Big|_{f(x,y)} + \mathrm{imf}_{n,lj}^{(1)}(x,y) \Big|_{n_j(x,y)} \right\} + \left\{ \mathrm{res}_{n,j}^{(1)}(x,y) \Big|_{f(x,y)} + \mathrm{res}_{n,j}^{(1)}(x,y) \Big|_{n_j(x,y)} \right\}$$

$$(3.20)$$

式中，$\times\big|_{f(x,y)}$ 表示来自 $f(x,y)$ 的部分；$\times\big|_{n_j(x,y)}$ 表示来自 $n_j(x,y)$ 的部分。

因此，ASBEMD1 算法步骤 3）中的等式可以写为

$$\mathrm{imf}_{n,l}^{(1)}(x,y,J) = \frac{1}{J} \sum_{j=1}^{J} \mathrm{imf}_{n,lj}^{(1)}(x,y)$$

$$= \frac{1}{J} \sum_{j=1}^{J} \left\{ \mathrm{imf}_{n,lj}^{(1)}(x,y) \Big|_{f(x,y)} + \mathrm{imf}_{n,lj}^{(1)}(x,y) \Big|_{n_j(x,y)} \right\} \quad (3.21)$$

$$\mathrm{res}_n^{(1)}(x,y,J) = \frac{1}{J} \sum_{j=1}^{J} \mathrm{res}_{n,j}^{(1)}(x,y)$$

$$= \frac{1}{J} \sum_{j=1}^{J} \left\{ \mathrm{res}_{n,j}^{(1)}(x,y) \Big|_{f(x,y)} + \mathrm{res}_{n,j}^{(1)}(x,y) \Big|_{n_j(x,y)} \right\} \quad (3.22)$$

所以

$$f_n^{(1)}(x,y,J) = \sum_{l=1}^{L} \left\{ \frac{1}{J} \sum_{j=1}^{J} \left\{ \mathrm{imf}_{n,lj}^{(1)}(x,y) \Big|_{f(x,y)} + \mathrm{imf}_{n,lj}^{(1)}(x,y) \Big|_{n_j(x,y)} \right\} \right\}$$

$$+ \frac{1}{J} \sum_{j=1}^{J} \left\{ \mathrm{res}_{n,j}^{(1)}(x,y) \Big|_{f(x,y)} + \mathrm{res}_{n,j}^{(1)}(x,y) \Big|_{n_j(x,y)} \right\}$$

$$= \frac{1}{J} \sum_{j=1}^{J} \left\{ \sum_{l=1}^{L} \mathrm{imf}_{n,lj}^{(1)}(x,y) \Big|_{f(x,y)} + \mathrm{res}_{n,j}^{(1)}(x,y) \Big|_{f(x,y)} \right\}$$

$$+ \frac{1}{J} \sum_{j=1}^{J} \left\{ \sum_{l=1}^{L} \mathrm{imf}_{n,lj}^{(1)}(x,y) \Big|_{n_j(x,y)} + \mathrm{res}_{n,j}^{(1)}(x,y) \Big|_{n_j(x,y)} \right\}$$

$$= \frac{1}{J} \sum_{j=1}^{J} \{ f(x,y) \} + \frac{1}{J} \sum_{j=1}^{J} \{ n_j(x,y) \}$$

$$= f(x,y) + \frac{1}{J} \sum_{j=1}^{J} \{ n_j(x,y) \} \quad (3.23)$$

理论上，由于零均值高斯白噪声的存在，$\frac{1}{J} \sum_{j=1}^{J} \{ n_j(x,y) \}$ 应该为零。然而，实际中

$\frac{1}{J} \sum_{j=1}^{J} \{ n_j(x,y) \}$ 只是趋向于零，且随着 J 的增加，有 $\lim\limits_{J \to \infty} \left\{ \frac{1}{J} \sum_{j=1}^{J} \{ n_j(x,y) \} \right\} = 0$。式（3.23）

表明 ASBEMD1 算法得到的 IMF 和剩余量无法完美重建 $f(x,y)$，$f(x,y)$ 和 $f_n^{(1)}(x,y,J)$

的差别（或者误差）为 $\frac{1}{J} \sum_{j=1}^{J} \{ n_j(x,y) \}$。

ASBEMD1 算法为一维思路的直接扩展[109]。随着 J 的增加，$f_n^{(1)}(x,y,J)$、

$\mathrm{imf}_{n,l}^{(1)}(x,y,J)$ 和 $\mathrm{res}_n^{(1)}(x,y,J)$ 越来越趋向于它们各自的理论真值 $f(x,y)$、$\mathrm{imf}(x,y)$ 和 $\mathrm{res}(x,y)$。

因此，式（3.19）为

$$f(x,y) \underset{J\to\infty}{\longleftarrow} f_n^{(1)}(x,y,J) = \sum_{l=1}^{L} \mathrm{imf}_{n,l}^{(1)}(x,y,J) + \mathrm{res}_n^{(1)}(x,y,J) \qquad (3.24)$$

ASBEMD2 定义如下。

1）$f(x,y)$ 叠加零均值和方差为 $\sigma_{x,y}$ 的随机高斯白噪声序列 $n_j(x,y)(j=1,2,\cdots,J)$ 得

$$fn_j^{(2),+}(x,y) = n_j(x,y) + f(x,y)$$

2）采用 BEMD 对 $fn_j^{(2)}(x,y)$ 进行分解得

$$fn_j^{(2),+}(x,y) = \sum_{l=1}^{L} \mathrm{imf}_{n,lj}^{(2),+}(x,y) + r_{n,j}^{(2),+}(x,y)$$

3）$f(x,y)$ 减去零均值和方差为 $\sigma_{x,y}$ 的随机高斯白噪声序列 $n_j(x,y)(j=1,2,\cdots,J)$ 得

$$fn_j^{(2),-}(x,y) = f(x,y) - n_j(x,y)$$

4）采用BEMD对 $fn_j^{(2),-}(x,y)$ 进行分解得

$$fn_j^{(2),-}(x,y) = \sum_{l=1}^{L} \mathrm{imf}_{n,lj}^{(2),-}(x,y) + r_{n,j}^{(2),-}(x,y)$$

5）求均值：

$$\mathrm{imf}_{n,lj}^{(2)}(x,y) = \frac{\left[\mathrm{imf}_{n,lj}^{(2),+}(x,y) + \mathrm{imf}_{n,lj}^{(2),-}(x,y)\right]}{2}$$

$$r_{n,j}^{(2)}(x,y) = \frac{\left[r_{n,j}^{(2),+}(x,y) + r_{n,j}^{(2),-}(x,y)\right]}{2}$$

6）IMF 和剩余量：

$$\mathrm{imf}_{n,l}^{(2)}(x,y,J) = \frac{1}{J}\sum_{j=1}^{J} \mathrm{imf}_{n,lj}^{(2)}(x,y)$$

$$r_n^{(2)}(x,y,J) = \frac{1}{J}\sum_{j=1}^{J} r_{n,j}^{(2)}(x,y)$$

所以

$$f_n^{(2)}(x,y,J) = \sum_{l=1}^{L} \mathrm{imf}_{n,l}^{(2)}(x,y,J) + r_n^{(2)}(x,y,J) \qquad (3.25)$$

同理，ASBEMD2 算法步骤 2）中的等式可以写为

$$\begin{aligned}
fn_j^{(2),+}(x,y) &= \sum_{l=1}^{L} \mathrm{imf}_{n,lj}^{(2),+}(x,y) + \mathrm{res}_{n,j}^{(2),+}(x,y) \\
&= \sum_{l=1}^{L}\left\{ \mathrm{imf}_{n,lj}^{(2),+}(x,y)\Big|_{f(x,y)} + \mathrm{imf}_{n,lj}^{(2),+}(x,y)\Big|_{n_j(x,y)} \right\} \\
&\quad + \left\{ \mathrm{res}_{n,j}^{(2),+}(x,y)\Big|_{f(x,y)} + \mathrm{res}_{n,j}^{(2),+}(x,y)\Big|_{n_j(x,y)} \right\}
\end{aligned} \qquad (3.26)$$

同理可得

$$f\,n_j^{(2),-}(x,y) = \sum_{l=1}^{L} \mathrm{imf}_{n,lj}^{(2),-}(x,y) + \mathrm{res}_{n,j}^{(2),-}(x,y)$$

$$= \sum_{l=1}^{L} \left\{ \mathrm{imf}_{n,lj}^{(2),-}(x,y)\Big|_{f(x,y)} + \mathrm{imf}_{n,lj}^{(2),-}(x,y)\Big|_{n_j(x,y)} \right\}$$

$$+ \left\{ \mathrm{res}_{n,j}^{(2),-}(x,y)\Big|_{f(x,y)} + \mathrm{res}_{n,j}^{(2),-}(x,y)\Big|_{n_j(x,y)} \right\} \quad (3.27)$$

所以

$$\mathrm{imf}_{n,lj}^{(2)}(x,y) =$$

$$\frac{\left\{ \mathrm{imf}_{n,lj}^{(2),+}(x,y)\Big|_{f(x,y)} + \mathrm{imf}_{n,lj}^{(2),+}(x,y)\Big|_{n_j(x,y)} \right\} + \left\{ \mathrm{imf}_{n,lj}^{(2),-}(x,y)\Big|_{f(x,y)} + \mathrm{imf}_{n,lj}^{(2),-}(x,y)\Big|_{n_j(x,y)} \right\}}{2} \quad (3.28)$$

$$\mathrm{res}_{n,j}^{(2)}(x,y) =$$

$$\frac{\left\{ \mathrm{res}_{n,j}^{(2),+}(x,y)\Big|_{f(x,y)} + \mathrm{res}_{n,j}^{(2),+}(x,y)\Big|_{n_j(x,y)} \right\} + \left\{ \mathrm{res}_{n,j}^{(2),-}(x,y)\Big|_{f(x,y)} + \mathrm{res}_{n,j}^{(2),-}(x,y)\Big|_{n_j(x,y)} \right\}}{2} \quad (3.29)$$

所以

$$\mathrm{imf}_{n,l}^{(2)}(x,y,J) =$$

$$\sum_{j=1}^{J} \left\{ \frac{\left\{ \mathrm{imf}_{n,lj}^{(2),+}(x,y)\Big|_{f(x,y)} + \mathrm{imf}_{n,lj}^{(2),+}(x,y)\Big|_{n_j(x,y)} \right\} + \left\{ \mathrm{imf}_{n,lj}^{(2),-}(x,y)\Big|_{f(x,y)} + \mathrm{imf}_{n,lj}^{(2),-}(x,y)\Big|_{n_j(x,y)} \right\}}{2J} \right\}$$

$$(3.30)$$

$$\mathrm{res}_{n}^{(2)}(x,y,J) =$$

$$\sum_{j=1}^{J} \left\{ \frac{\left\{ \mathrm{res}_{n,j}^{(2),+}(x,y)\Big|_{f(x,y)} + \mathrm{res}_{n,j}^{(2),+}(x,y)\Big|_{n_j(x,y)} \right\} + \left\{ \mathrm{res}_{n,j}^{(2),-}(x,y)\Big|_{f(x,y)} + \mathrm{res}_{n,j}^{(2),-}(x,y)\Big|_{n_j(x,y)} \right\}}{2J} \right\}$$

$$(3.31)$$

所以，式（3.25）为

$$f_n^{(2)}(x,y,J) = \sum_{l=1}^{L} \mathrm{imf}_{n,l}^{(2)}(x,y,J) + \mathrm{res}_n^{(2)}(x,y,J)$$

$$= \sum_{l=1}^{L} \left(\frac{1}{J} \sum_{j=1}^{J} \left\{ \frac{\left[\mathrm{imf}_{n,lj}^{(2),+}(x,y)\Big|_{f(x,y)} + \mathrm{imf}_{n,lj}^{(2),+}(x,y)\Big|_{n_j(x,y)} \right] + \left[\mathrm{imf}_{n,lj}^{(2),-}(x,y)\Big|_{f(x,y)} + \mathrm{imf}_{n,lj}^{(2),-}(x,y)\Big|_{n_j(x,y)} \right]}{2} \right\} \right)$$

$$+ \frac{1}{J} \sum_{j=1}^{J} \left\{ \frac{\left[\mathrm{res}_{n,j}^{(2),+}(x,y)\Big|_{f(x,y)} + \mathrm{res}_{n,j}^{(2),+}(x,y)\Big|_{n_j(x,y)} \right] + \left[\mathrm{res}_{n,j}^{(2),-}(x,y)\Big|_{f(x,y)} + \mathrm{res}_{n,j}^{(2),-}(x,y)\Big|_{n_j(x,y)} \right]}{2} \right\}$$

$$= \frac{1}{2J} \sum_{j=1}^{J} \left\{ \sum_{l=1}^{L} \mathrm{imf}_{n,lj}^{(2),+}(x,y)\Big|_{f(x,y)} + \mathrm{res}_{n,j}^{(2),+}(x,y)\Big|_{f(x,y)} \right\}$$

$$+\frac{1}{2J}\sum_{j=1}^{J}\left\{\sum_{l=1}^{L}\mathrm{imf}_{n,lj}^{(2),+}(x,y)\Big|_{n_j(x,y)}+\mathrm{res}_{n,j}^{(2),+}(x,y)\Big|_{n_j(x,y)}\right\}$$

$$+\frac{1}{2J}\sum_{j=1}^{J}\left\{\sum_{l=1}^{L}\mathrm{imf}_{n,lj}^{(2),-}(x,y)\Big|_{f(x,y)}+\mathrm{res}_{n,j}^{(2),-}(x,y)\Big|_{f(x,y)}\right\}$$

$$+\frac{1}{2J}\sum_{j=1}^{J}\left\{\sum_{l=1}^{L}\mathrm{imf}_{n,lj}^{(2),-}(x,y)\Big|_{n_j(x,y)}+\mathrm{res}_{n,j}^{(2),-}(x,y)\Big|_{n_j(x,y)}\right\} \qquad (3.32)$$

由于

$$\begin{cases} \dfrac{\sum\limits_{j=1}^{J}\left\{\sum\limits_{l=1}^{L}\mathrm{imf}_{n,lj}^{(2),+}(x,y)\Big|_{f(x,y)}+\mathrm{res}_{n,j}^{(2),+}(x,y)\Big|_{f(x,y)}\right\}}{J}=f(x,y) \\[4mm] \dfrac{\sum\limits_{j=1}^{J}\left\{\sum\limits_{l=1}^{L}\mathrm{imf}_{n,lj}^{(2),-}(x,y)\Big|_{f(x,y)}+\mathrm{res}_{n,j}^{(2),-}(x,y)\Big|_{f(x,y)}\right\}}{J}=f(x,y) \\[4mm] \dfrac{1}{J}\sum\limits_{j=1}^{J}\left\{\sum\limits_{l=1}^{L}\mathrm{imf}_{n,lj}^{(2),+}(x,y)\Big|_{n_j(x,y)}+\mathrm{res}_{n,j}^{(2),+}(x,y)\Big|_{n_j(x,y)}\right\}=\dfrac{\sum\limits_{j=1}^{J}\left\{n_j(x,y)\right\}}{J} \\[4mm] \dfrac{1}{J}\sum\limits_{j=1}^{J}\left\{\sum\limits_{l=1}^{L}\mathrm{imf}_{n,lj}^{(2),-}(x,y)\Big|_{n_j(x,y)}+\mathrm{res}_{n,j}^{(2),-}(x,y)\Big|_{n_j(x,y)}\right\}=\dfrac{\sum\limits_{j=1}^{J}\left\{-n_j(x,y)\right\}}{J} \end{cases}$$

因此

$$f_n^{(2)}(x,y,J)=f(x,y)+\frac{\sum\limits_{j=1}^{J}\left\{n_j(x,y)\right\}}{2J}+\frac{\sum\limits_{j=1}^{J}\left\{-n_j(x,y)\right\}}{2J}=f(x,y) \qquad (3.33)$$

因此

$$f(x,y)\equiv f_n^{(2)}(x,y,J)=\sum_{l=1}^{L}\mathrm{imf}_{n,l}^{(2)}(x,y,J)+\mathrm{res}_n^{(2)}(x,y,J) \qquad (3.34)$$

式（3.34）表明 ASBEMD2 算法可以完全重构信号，这也是 ASBEMD2 算法较 ASBEMD1 算法的优势之一。所以，可以得到如下结论。

结论 3.3 ASBEMD2 算法可以完全重构信号 $f(x,y)$，且与 J 无关（$J\geqslant 1, J\in N$）；除非 $J=+\infty$，否则 ASBEMD1 算法不能完全重构信号 $f(x,y)$，重构误差 $\left(\dfrac{1}{J}\sum\limits_{j=1}^{J}\left\{n_j(x,y)\right\}\right)$ 随着 J 的增加而减小。

可是，ASBEMD2 算法中 $\mathrm{imf}_{n,l}^{(2)}(x,y,J)$ 和 $\mathrm{res}_n^{(2)}(x,y,J)$ 与 $\mathrm{imf}_l(x,y)$ 和 $\mathrm{res}(x,y)$ 相等吗？考虑

$$\mathrm{imf}_{n,lj}^{(2)}(x,y)=$$

$$\frac{\left[\left.\mathrm{imf}_{n,lj}^{(2),+}(x,y)\right|_{f(x,y)}+\left.\mathrm{imf}_{n,lj}^{(2),-}(x,y)\right|_{f(x,y)}\right]+\left[\left.\mathrm{imf}_{n,lj}^{(2),+}(x,y)\right|_{n_j(x,y)}+\left.\mathrm{imf}_{n,lj}^{(2),-}(x,y)\right|_{n_j(x,y)}\right]}{2} \qquad (3.35)$$

$$\mathrm{res}_{n,j}^{(2)}(x,y)=$$

$$\frac{\left[\left.\mathrm{res}_{n,j}^{(2),+}(x,y)\right|_{f(x,y)}+\left.\mathrm{res}_{n,j}^{(2),-}(x,y)\right|_{f(x,y)}\right]+\left[\left.\mathrm{res}_{n,j}^{(2),+}(x,y)\right|_{n_j(x,y)}+\left.\mathrm{res}_{n,j}^{(2),-}(x,y)\right|_{n_j(x,y)}\right]}{2} \qquad (3.36)$$

同时，根据 EMD 滤波特性[14]，有

$$\left.\mathrm{imf}_{n,lj}^{(2),+}(x,y)\right|_{f(x,y)}=\left.\mathrm{imf}_{n,lj}^{(2),-}(x,y)\right|_{f(x,y)}=\left.\mathrm{imf}_{n,lj}^{(2)}(x,y)\right|_{f(x,y)} \qquad (3.37)$$

$$\left.\mathrm{res}_{n,j}^{(2),+}(x,y)\right|_{f(x,y)}=\left.\mathrm{res}_{n,j}^{(2),-}(x,y)\right|_{f(x,y)}=\left.\mathrm{res}_{n,j}^{(2)}(x,y)\right|_{f(x,y)} \qquad (3.38)$$

$$\mathrm{imf}_{n,lj}^{(2)}(x,y)=\left.\mathrm{imf}_{n,lj}(x,y)\right|_{f(x,y)}+\frac{\left[\left.\mathrm{imf}_{n,lj}^{(2),+}(x,y)\right|_{n_j(x,y)}+\left.\mathrm{imf}_{n,lj}^{(2),-}(x,y)\right|_{n_j(x,y)}\right]}{2} \qquad (3.39)$$

$$\mathrm{res}_{n,j}^{(2)}(x,y)=\left.\mathrm{res}_{n,j}(x,y)\right|_{f(x,y)}+\frac{\left[\left.\mathrm{res}_{n,j}^{(2),+}(x,y)\right|_{n_j(x,y)}+\left.\mathrm{res}_{n,j}^{(2),-}(x,y)\right|_{n_j(x,y)}\right]}{2} \qquad (3.40)$$

若 $\left.\mathrm{imf}_{n,lj}^{(2),+}(x,y)\right|_{n_j(x,y)}=-\left.\mathrm{imf}_{n,lj}^{(2),-}(x,y)\right|_{n_j(x,y)}$ ，则 $\mathrm{imf}_{lj}(x,y)=\mathrm{imf}_{n,lj}^{(2)}(x,y)$ 。

若 $\left.\mathrm{res}_{n,j}^{(2),+}(x,y)\right|_{n_j(x,y)}=-\left.\mathrm{res}_{n,j}^{(2),-}(x,y)\right|_{n_j(x,y)}$ ，则 $\mathrm{res}(x,y)=\mathrm{res}_{n,j}^{(2)}(x,y)$ 。

然而，实际上

$$\begin{cases}\left.\mathrm{imf}_{n,lj}^{(2),+}(x,y)\right|_{n_j(x,y)}\equiv-\left.\mathrm{imf}_{n,lj}^{(2),-}(x,y)\right|_{n_j(x,y)}\\[2mm]\left.\mathrm{res}_{n,j}^{(2),+}(x,y)\right|_{n_j(x,y)}\equiv-\left.\mathrm{res}_{n,j}^{(2),-}(x,y)\right|_{n_j(x,y)}\end{cases}$$

并不成立。因此，ASBEMD2 的步骤 6）用来尽可能消除噪声影响：

$$\mathrm{imf}_{n,l}^{(2)}(x,y)=\left.\mathrm{imf}_{n,l}(x,y)\right|_{f(x,y)}+\sum_{j=1}^{J}\frac{\left[\left.\mathrm{imf}_{n,lj}^{(2),+}(x,y)\right|_{n_j(x,y)}+\left.\mathrm{imf}_{n,lj}^{(2),-}(x,y)\right|_{n_j(x,y)}\right]}{2J} \qquad (3.41)$$

$$\mathrm{res}_{n,j}^{(2)}(x,y)=\left.\mathrm{res}_{n,j}(x,y)\right|_{f(x,y)}+\sum_{j=1}^{J}\frac{\left[\left.\mathrm{res}_{n,j}^{(2),+}(x,y)\right|_{n_j(x,y)}+\left.\mathrm{res}_{n,j}^{(2),-}(x,y)\right|_{n_j(x,y)}\right]}{2J} \qquad (3.42)$$

由于 $\left.\mathrm{imf}_{n,lj}^{(2),+}(x,y)\right|_{n_j(x,y)}\left(\left.\mathrm{res}_{n,j}^{(2),+}(x,y)\right|_{n_j(x,y)}\right)$ 和 $\left.\mathrm{imf}_{n,lj}^{(2),-}(x,y)\right|_{n_j(x,y)}\left(\left.\mathrm{res}_{n,j}^{(2),-}(x,y)\right|_{n_j(x,y)}\right)$ 中的绝大多数能量相互抵消，即

$$\begin{cases}\left.\mathrm{imf}_{n,lj}^{(2),+}(x,y)\right|_{n_j(x,y)}\approx-\left.\mathrm{imf}_{n,lj}^{(2),-}(x,y)\right|_{n_j(x,y)}\\[2mm]\left.\mathrm{res}_{n,j}^{(2),+}(x,y)\right|_{n_j(x,y)}\approx-\left.\mathrm{res}_{n,j}^{(2),-}(x,y)\right|_{n_j(x,y)}\end{cases}$$

未抵消的部分也会随着 J 快速衰减。但是，在 ASBEMD1 中：

$$\mathrm{imf}_{n,l}^{(1)}(x,y)=\mathrm{imf}_{n,l}(x,y)\Big|_{f(x,y)}+\sum_{j=1}^{J}\frac{\left[\mathrm{imf}_{n,lj}^{(1)}(x,y)\Big|_{n_j(x,y)}\right]}{J} \tag{3.43}$$

$$\mathrm{res}_{n,j}^{(1)}(x,y)=\mathrm{res}_{n,j}(x,y)\Big|_{f(x,y)}+\sum_{j=1}^{J}\frac{\left[\mathrm{res}_{n,j}^{(1)}(x,y)\Big|_{n_j(x,y)}\right]}{J} \tag{3.44}$$

这样，所有的 $\mathrm{imf}_{n,lj}^{(1)}(x,y)\Big|_{n_j(x,y)}\left(\mathrm{res}_{n,j}^{(1)}(x,y)\Big|_{n_j(x,y)}\right)$ 只能依靠 J 来衰减。因此，在获得同样的结果下，ASBEMD1 中的 J 要远远大于 ASBEMD2。

为了均值求解的对称性，步骤2）和4）的 IMF 数目相等。通常，$L=5$ 可满足多数要求。ASBEMD1、ASBEMD2 的方差分别为 $\sigma_{x,y}^{(1)}(J)$ 和 $\sigma_{x,y}^{(2)}(J)$：

$$\sigma_{x,y}^{(1)}(J)\propto\frac{\sigma_{x,y}}{\sqrt{J}} \tag{3.45}$$

$$\sigma_{x,y}^{(2)}(J)\propto\frac{\sigma_{x,y}}{(2J)^{\alpha}},\quad \alpha\Box\,1/2 \tag{3.46}$$

式中，$\sigma_{x,y}^{(s)}(J)=\mathrm{var}[f_n^{(s)}(x,y,J)-f(x,y)]$（$s=1,2$），var 为方差算子。

从上述关系式可知，为达到同样的效果，ASBEMD1 的 J 远大于 ASBEMD2 的 J。为了衡量收敛速度，这里定义收敛速度的指标（cs，convergence speed）为

$$\mathrm{cs}^{(s)}(J,\sigma_{x,y},l)=\frac{\left\|\mathrm{imf}_{n,l}^{(s)}(x,y,J)-\mathrm{imf}_{n,l}^{(s)}(x,y,\infty)\right\|_{L^2(R)}}{\left\|\mathrm{imf}_{n,l}^{(s)}(x,y,\infty)\right\|_{L^2(R)}},s=1,2 \tag{3.47}$$

当 $\mathrm{cs}^{(s)}(J,\sigma_{x,y},l)=0$ 时，则 IMF 和剩余量达到各自的真值。$\mathrm{cs}^{(s)}(J,\sigma_{x,y},l)$ 越小，IMF 和剩余量离各自的真值越近，反之亦然。在实际应用中，IMF 和剩余量不可能达到各自的真值，这里采用 $\mathrm{imf}_{n,l}^{(s)}(x,y,100\sigma_{x,y}^2)$ 近似真值 $\mathrm{imf}_{n,l}^{(s)}(x,y,\infty)$。

图 3.15 所示为 ASBEMD1 和 ASBEMD2 收敛速度对比，ASBEMD2 收敛速度远快于 ASBEMD1。对于同一 J，ASBEMD2 的时间耗费（tc，time cost）大概是 ASBEMD1 的一半。时间耗费(tc)和 J 的关系如下：

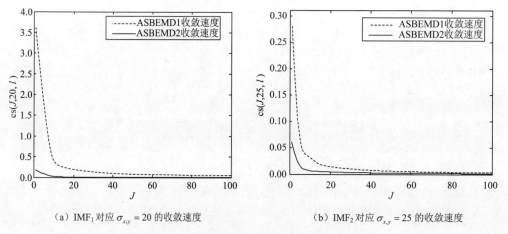

(a) IMF$_1$ 对应 $\sigma_{x,y}=20$ 的收敛速度　　　　　(b) IMF$_2$ 对应 $\sigma_{x,y}=25$ 的收敛速度

图 3.15　ASBEMD1 和 ASBEMD2 收敛速度对比

$$\mathrm{tc}^{(1)}(J,L) \propto 2J \cdot L$$
$$\mathrm{tc}^{(2)}(J,L) \propto J \cdot L$$

因此，对于同样的分解误差，ASBEMD1 的时间耗费远大于 ASBEMD2。

3.4.2 ASBEMD 特性分析

1. 滤波特性

通过大量的高斯白噪声应用实验分析，EMD 可描述为一组动态的自适应的滤波器簇[107,112]。同理，BEMD 也可用一组动态自适应二维滤波器簇描述，即通过图像叠加高斯白噪声，滤波器簇在时域内滤波将信号进行频谱软分割。

信号分解后，可通过多幅图像的叠加消除噪声的残留，使得到的 IMF 和剩余量近似于真值。

2. 极值点的影响

图像的局部或全局极度缺乏极值点很常见，如只有一维结构灰度脊或者灰度谷，没有二维极值，甚至没有一维结构极值，图 3.16 所示的测试图像即极度缺乏极值点。在这种情况下，传统 BEMD 给出了没有物理意义的 IMF 及剩余量。

（a）测试图像（256×256 像素）

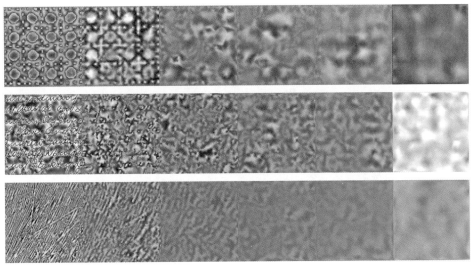

（b）传统 BEMD 在参数 sn = 5 下的 $\mathrm{IMF_1} \sim \mathrm{IMF_5}$ 和剩余量

图 3.16 ASBEMD（ASBEMD1 和 ASBEMD2）和传统 BEMD 的分解对比

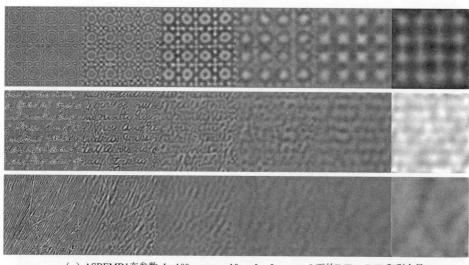

（c）ASBEMD1在参数 $J=100$ ， $\sigma_{x,y}=10$ ， $L=5$ ， sn $=5$ 下的IMF$_1$～IMF$_5$和剩余量

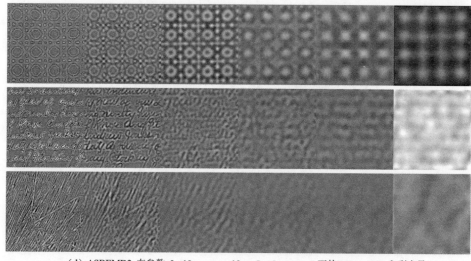

（d）ASBEMD2 在参数 $J=10$ ， $\sigma_{x,y}=10$ ， $L=5$ ， sn $=5$ 下的IMF$_1$～IMF$_5$和剩余量

图 3.16（续）

ASBEMD1 和 ASBEMD2 给出了具有物理意义的分解，且有相同的动态滤波特性。

3. 模式混叠的抑制

在一维信号中，模式混叠主要是由于频率的跳变而产生的[106]。在二维图像中，这种频率跳变现象更加严重，模式混叠使信号分量失去物理意义，或导致错误解释。

图 3.17 给出了模式混叠的示例，包含四幅测试图像，其中一幅图像是合成图像，其他三幅图像均为实际的纹理（来自 Brodatz 纹理库）。很明显，传统 BEMD 产生了严重的模式混叠；而 ASBEMD 充分利用了动态滤波特性，有效地抑制了模式混叠。

（a）测试图像（256×256 像素）

（b-1）ASBEMD2 在参数 $J=10$，$\sigma_{x,y}=10$，$L=5$，sn $=5$ 下的 IMF_1、IMF_2 和剩余量

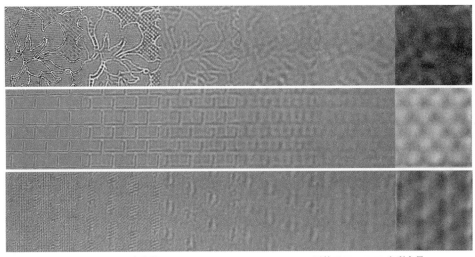

（b-2）ASBEMD2 在参数 $J=10$，$\sigma_{x,y}=10$，$L=5$，sn $=5$ 下的 $IMF_1 \sim IMF_5$ 和剩余量

（c-1）传统 BEMD 在参数 sn $=5$ 下的 IMF_1、IMF_2 和剩余量

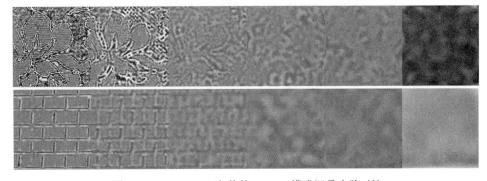

图 3.17　ASBEMD2 和传统 BEMD 模式混叠去除对比

（c-2）传统 BEMD 在参数 sn = 5 下的 $IMF_1 \sim IMF_5$ 和剩余量

图 3.17（续）

4. 噪声方差的影响

通过大量实验验证：如果噪声方差太小，噪声能量被信号隐藏，辅助噪声信号无法起到动态滤波器的作用；如果噪声方差太大，分解结果不会发生改变，但是时间耗费大大增加。较好的噪声方差范围为 5～20（256 灰度级）。

图 3.18 所示，如果噪声方差太小（$\sigma_{x,y} < 5$），则 ASBEMD2 与传统 BEMD 结果非常接近，说明噪声方差太小，辅助噪声信号不起作用；当噪声方差满足 $\sigma_{x,y} \geqslant 5$ 时，ASBEMD2 的分解结果不随着 $\sigma_{x,y}$ 的改变而发生变化。

（a）测试图像（256×256 像素）

（a-1）传统 BEMD 在参数 sn = 5 下的 $IMF_1 \sim IMF_5$ 和剩余量

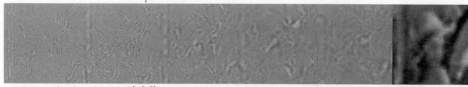

（a-2）ASBEMD2 在参数 $J = 10$，$\sigma_{x,y} = 1$，$L = 5$，sn = 5 下的 $IMF_1 \sim IMF_5$ 和剩余量

（b）ASBEMD2 在参数 $J = 10$，$\sigma_{x,y} = 3$，$L = 5$，sn = 5 下的 $IMF_1 \sim IMF_5$ 和剩余量

（c）ASBEMD2 在参数 $J = 10$，$\sigma_{x,y} = 10$，$L = 5$，sn = 5 下的 $IMF_1 \sim IMF_5$ 和剩余量

图 3.18　ASBEMD2 中噪声方差的影响

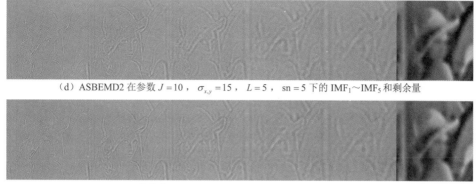

（d）ASBEMD2 在参数 $J=10$，$\sigma_{x,y}=15$，$L=5$，sn$=5$ 下的 IMF$_1$～IMF$_5$ 和剩余量

（e）ASBEMD2 在参数 $J=10$，$\sigma_{x,y}=20$，$L=5$，sn$=5$ 下的IMF$_1$～IMF$_5$和剩余量

图 3.18（续）

5. 边缘效应的抑制

图像边界或边界外缺乏必要的插值极值点[106]，会导致插值函数在边界附近无法插值或者产生较大插值误差，称为边界效应。现实中，几乎不可能准确地预测图像边界外的真实信息。辅助噪声在图像边界上或者边界附近提供了大量的极值点，从而有效抑制由于缺乏极值点而导致的边界效应。

6. 插值函数的影响

对于传统 BEMD，采用不同的插值函数会导致不同的结果，而 ASBEMD 具有动态自适应滤波器的特性，理论上不受插值函数的影响（图 3.19）。大量的实验验证了这一点。这里只给出两种插值函数的对比结果，其他插值函数与此相同，不再赘述。

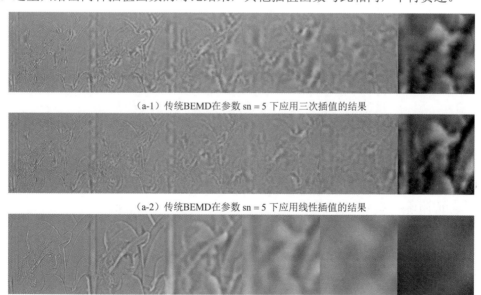

（a-1）传统BEMD在参数 sn$=5$ 下应用三次插值的结果

（a-2）传统BEMD在参数 sn$=5$ 下应用线性插值的结果

（b-1）ASBEMD2在参数 $J=10$，$\sigma_{x,y}=5$，$L=5$，sn$=1$ 下应用三次插值的结果

图 3.19　ASBEMD2 中不同插值函数的影响对比

(b-2) ASBEMD2在参数 $J=10$ ， $\sigma_{x,y}=5$ ， $L=5$ ， sn$=1$ 下应用线性插值的结果

图 3.19（续）

7. 筛选次数的影响

为了 IMF 满足自身条件，Huang 等引入了筛选过程[106]。给定两个邻近分量之间的范数差值衡量 IMF 满足自身条件的准则，或事先给定固定的筛选次数，但选取最优筛选次数仍有待解决的问题。如果给定的筛选次数小于最优的筛选次数，会产生大量的过冲和欠冲，而且会产生伪极值点和没有物理意义的分量；相反，如果给定的筛选次数大于最优的筛选次数，会形成恒定幅度和频率调制的信号，失去经验模式分解的意义。

筛选次数小于 3，过冲和欠冲现象严重，产生灰度斑。当sn$=5$后，IMF 会随着 sn 的增加逐渐改变；当 sn$\geqslant10$时，分量趋向于恒定幅度和频率调制的信号。另外，随着 sn 的增加，时间耗费越来越大。考虑到分量具有的物理意义和时间耗费，筛选次数应该在 $1\sim5$ 取值。对于 $J=5$ ， $L=5$ 和 sn$=40$，传统 BEMD 大约也需要 300s。

3.4.3　ASBEMD 应用实例

本节给出图像增强的 ASBEMD 应用实例。对于彩色图像的 R、G 和 B 三个通道分别进行处理，包含不同频率成分的分量信号独立处理，然后将各分量叠相获得处理图像。

不失一般性，这里只需考虑采用线性增强变换算子，并将 ASBEMD 与基于 Curvelet[181]、Contourlet[196] 及传统 BEMD 的算法进行对比。

设增强图像 $f_{en}(x,y)$ 可描述为

$$f_{en}(x,y) = \sum_{l=1}^{5} \delta_l(x,y) \cdot \mathrm{imf}_l(x,y) + \mu \cdot r(x,y) + (0.9 - \mu) \qquad (3.48)$$

式中， $0.5 \leqslant \mu \leqslant 2$ ， $\delta_l \geqslant 1 (l=1,2,3,4)$ ，归一化的像素值介于 $0\sim1$ 。

ASBEMD2 算法的参数为 $J=5$ ， $\sigma_{x,y}=5$ ， $L=5$ ， sn$=5$ ， $\delta_l(x,y)$ 。其中， δ_l 用于控制图像细节强弱， μ 用于控制图像整体亮度， $(0.9-\mu)$ 因子用于避免图像增强过饱。对于不同的图像，这些参数可做调整。

从图 3.20 可以得到验证，基于传统 BEMD 增强算法产生了较多的视觉干扰，因为传统 BEMD 存在模式混叠，而基于 Contourlet 算法处理图像细节的能力较弱，ASBEMD2 算法具有明显的优势。

（a-1）原图像（300×300 像素）

（a-2）直方图均衡结果

（a-3）Contourlet[196]增强结果

（a-4）ASBEMD1 增强结果

（b-1）原图像（200×350 像素）

（b-2）Contourlet[196]增强结果

（b-3）传统 BEMD 增强结果

（b-4）ASBEMD2 增强结果

图 3.20　图像增强对比[其中，增强参数分别是 $\delta_1 = 2.5$，$\delta_2 = 2$，$\delta_3 = 2$，$\delta_4 = 1.5$，$\delta_5 = 1$ 和 $\mu = 0.9$（a-3）；$\delta_1 = 3$，$\delta_2 = 2.5$，$\delta_3 = 2$，$\delta_4 = 1.5$，$\delta_5 = 1.2$ 和 $\mu = 0.5$（b-3）]

3.5　二维信号基于多尺度极值点的分析与分解

3.5.1　现有二维极值点概念及查找方法

与在一维信号中一样，二维极值点在二维信号的分析与分解中也具有重要作用，各种二维经验模式分解都是以二维极值点的查找为基础的。虽然二维信号比一维信号只多出一个维度，但其分析难度增加很多，因为在二维信号中，局部极值可能是一个点，也可能是一条直线或曲线，还有可能是一个平面区域。对于灰度图像信号，局部极值点通常定义为灰度值比周围像素点灰度值都大的点或比周围像素点灰度值都小的点（分别称为局部极大值点和局部极小值点），其查找方法有很多且结果不唯一，常用方法包括如下几种。

1. 邻域比较法

邻域比较法也常称为 8-邻域比较法。文献[269]通过总结多种 BEMD 方法的极值点提取，将其归纳为两个公式：

$$f(m,n) \quad 是 \quad \begin{cases} 极大值, f(m,n) > p(m,n) \\ 极小值, f(m,n) < p(m,n) \end{cases} \tag{3.49}$$

和

$$f(m,n) \quad 是 \quad \begin{cases} 极大值, f(m,n) \geqslant p(m,n) \\ 极小值, f(m,n) \leqslant p(m,n) \end{cases} \tag{3.50}$$

式中，$p(m,n) \in \Omega_{(m,n)}$，并且 $\Omega_{(m,n)}$ 是以点(m,n) 为中心的 8-邻域（当点(m,n)在图像边界或四角上时，$\Omega_{(m,n)}$ 是以点(m,n)为中心的 5-邻域或 3-邻域）。

式（3.49）定义的极值点可称为严格 8-邻域极值点，式（3.50）定义的极值点可称为非严格 8-邻域极值点，虽然二者定义只相差一个等号，但由二者得到的 BEMD 却可能差别很大。

2. 形态学重构法

形态学重构法为查找灰度图像极值点提供了一种有效方法。它利用特定的结构元素对灰度图像进行反复的膨胀操作或腐蚀操作，直到图像像素值不再变化为止。原灰度图像减去膨胀重构所得图像的差值即是原灰度图像的极大值；同样，原灰度图像减去腐蚀重构所得图像的差值即原灰度图像的极小值。

设 $E(x,y)$为结构元素，对图像 I中的每一点(x,y)进行膨胀和腐蚀操作。

膨胀：

$$(X,Y) = E \oplus I = \{(x,y) : I(x,y) \bigcap E \neq \varnothing\} \tag{3.51}$$

腐蚀：

$$(X,Y) = E \ominus I = \{(x,y) : I(x,y) \subset E\} \tag{3.52}$$

膨胀的结果是结构元素 $E(x,y)$平移之后与原图像空间相交且非空的像素点的集合，腐蚀的结果是把结构元素 $E(x,y)$平移之后的所有像素包含于原图像空间中。

利用形态学方法查找灰度图像中的亮顶部分为 $D(I)$，其中 h 为灰度等级常数，当 $h=1$ 时，由式（3.53）得到的 $D(I)$是原始灰度图像的局部极大值点集合。同样，将结果反转即可得到图像的极小值点集合。

$$D(I) = I - \rho_I(I - h) \tag{3.53}$$

3. 结构极值点

文献[205]总结了二维图像极值点的类型并介绍了图像结构极值点的概念,将极值点分为"—""|""\""/""米"五种结构类型,分别记为 EM_1、EM_2、EM_3、EM_4、EM_5。结构极值点的建立增强了通过极值点提取图像特征信息和分解图像的能力。图 3.21 以 3×3 像素局部极大值点为例给出了文献[205]中定义的五种类型结构极值点的实例。其中,2 表示某一方向上的极大值,1 表示比极大值小的数值,各邻域中极大值要求相等而其他值没有相等的要求。

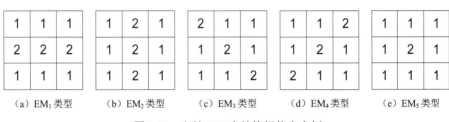

(a) EM_1 类型　　　(b) EM_2 类型　　　(c) EM_3 类型　　　(d) EM_4 类型　　　(e) EM_5 类型

图 3.21　文献[205]中结构极值点实例

4. 极值区域

文献[274]明确地将二维图像信号极值点分为区域极值点和局部极值点两类,并指出,局部极值点是指该点在其周围邻域点中是极大值或极小值,而区域极值点是指该点在其周围邻域及其连通的部分是极大值或极小值。可以很容易看出区域极值点是局部极值点,但反过来则不一定。例如,某个点周围是具有相同值的平面,则该点是局部极大值点,但该平面上可能会有一个邻居点的值高于该平面,这样该点就不是区域极大值点。

文献[274]也使用了类似的极值区域的概念。例如,图 3.22 中各数值代表图像像素点的值,其中有五块相互独立的黑色区域和一块灰色区域,这五块相互独立的黑色区域就是区域极小值,而灰色区域因其周围有比其大的值 9 和比其小的值 5,所以既不是极大值区域也不是极小值区域。图 3.23 是区域极值和局部极值的比较,其中(a)是原图,(b)是用 Rem 算法得到的最大连通集分割,(c)是区域极小值集合图,(d)是区域极大值集合图,(e)是由 8-邻域比较方法得到的局部极小值集合图,(f)是由 8-邻域比较方法得到的局部极大值集合图。

图 3.22　中极值区域示例

（a）原图

（b）用 Rem 算法得到的最大连通集分割

（c）区域极小值集合图

（d）区域极大值集合图

（e）由 8-领域比较方法得到的
局部极小值集合图

（f）由 8-邻域比较方法得到的
局部极大值集合图

图 3.23　区域极值和局部极值的比较

3.5.2　二维多尺度极值二叉树结构及其建立

1. 二维多尺度极值的二叉树结构

设 I 是一个多分量构成的二维信号，F 是某种二维局部极值点查找操作，S 是其极值点集合，S_i 是 S 的第 i 级子集。对 I 进行一次 F 操作，可以得到 I 的局部极大值点集 $S_{<1,1>}$ 和局部极小值点集 $S_{<1,2>}$，即 $F(I) \rightarrow (S_{<1,1>}, S_{<1,2>})$，由极值点集 $S_{<1,1>}$，$S_{<1,2>}$ 形成第一级极值点子集 S_1，即 $S_1 = \{ S_{<1,1>}, S_{<1,2>} \}$。

再分别对 $S_{<1,1>}$，$S_{<1,2>}$ 进行 F 操作，可以得到第二级极值点子集 $S_2 = \{ S_{<2,1>}, S_{<2,2>}, S_{<2,3>}, S_{<2,4>} \}$，其中 $F(S_{<1,1>}) \rightarrow (S_{<2,1>}, S_{<2,2>})$，$F(S_{<1,2>}) \rightarrow (S_{<2,3>}, S_{<2,4>})$。

依此类推，每一个极值点集合又可进一步划分为下一级的两个极值点子集，即第 i 级（$i=1,2,\cdots,n$，其中 n 为最高级极值点的级数）极值点集 S_i 可划分为 2^i 个极值点子集。因此，信号 I 的多级极值点集可表示为 $S_m = \{S_i\} = \{S_{<i,j>}\}$（$i=1,2,\cdots,n$；$j=1,2,\cdots,2^i$）。其中，$S_{<i,j>}$ 表示第 i 级极值点集中的第 j 个极值点子集。由此可建立二维信号极值点的二叉树结构。

2. 二维多尺度极值点集的建立

二维多尺度极值点集的建立方法由一维信号多尺度极值点集的查找方法拓展而来。首先，选择图 3.24 所示方向将二维图像信号展开成两个一维信号，其原因基于以下观察：通过对大量自然图像和合成纹理图像的分析，小范围内的局部像素点比距离较远的像素具有更大概率的相似性。以水平方向展开为例，即图 3.24 中的 e、f 点与 a、b 点的相似性/相关性要大于 c、d 点与 a、b 点的相似性/相关性，因此以对图像中一行像素信号进行延拓的角度分析，按图 3.24 中所示方向进行一维展开更具合理性，因为 f、e 点比 c、d 点更接近于 a、b 点的向外延拓。随后，利用一维信号多尺度极值点集的查找方法求出展开的二维信号多尺度极值点，最后求水平方向和垂直方向上的对应极值点交集。

二维多尺度极值点集的建立的具体步骤如下。

1）如图 3.24 所示，将图像 I 分别沿水平方向和垂直方向蛇形展开，生成两个一维信号 f_1 和 f_2。

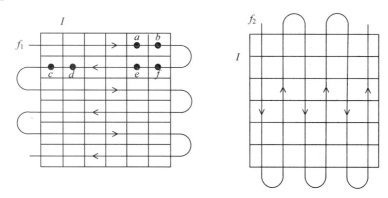

图 3.24　二维图像信号展开成两个方向的一维信号

2）对 f_1 和 f_2 建立多尺度极值点集 S' 和 S''，设 S' 和 S'' 的最高级数表示为 n' 和 n''。

3）将一维多尺度极值点集 S' 和 S'' 中的各极值点子集 $S'_{<i,j>}$ 和 $S''_{<i,j>}$ 按照各像素在原图像 I 中的位置生成对应的方向分离的二维极值点子集图 $S'_{h<i,j>}$ 和 $S''_{v<i,j>}$（i=1,2,…,n；j=1,2,…,2^i），$n=\min(n',n'')$ 为二维极值点最高级数。

4）如图 3.25 所示，将对应层级的方向分离的二维极值点子集图 $S'_{h<i,j>}$ 和 $S''_{v<i,j>}$ 分别取交集，生成对应层级的二维极值点子集，即 $S_{<i,j>}=S'_{h<i,j>}\bigcap S'_{v<i,j>}$，由此得到最终二维极值点集 $S_m=\{S_i\}=\{S_{<i,j>}\}$（$i$=1,2,…,$n$；$j$=1,2,…,$2^i$）。

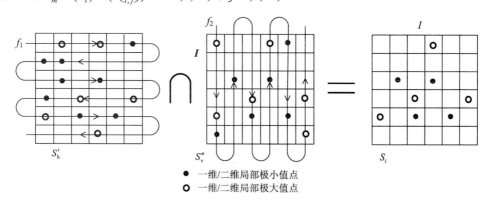

● 一维/二维局部极小值点
○ 一维/二维局部极大值点

图 3.25　由方向分离的极值点图合成最终的二维极值点图

由此方法生成的二维多尺度极值点相当于各级极值点是在不同尺度的 4-邻域上查找比较获得的。该方法生成二维多尺度极值点集的优点是速度快、减弱大尺度级别上极值点稀疏的情况，自适应、物理意义直观。

3.5.3　基于多尺度极值的 FABEMD 算法

1. FABEMD 算法概述

2008 年，Bhuiyan 等介绍了一种基于统计排序平滑滤波的快速自适应二维经验模式分解（fast and adaptive BEMD，FABEMD）算法。该方法是当前公认分解速度和分解效果都比较好的 BEMD 算法，已在图像融合、图像增强、图像配准、图像运动估计等领域得到应用。下面简要介绍其基本原理。

设 I 是一个二维图像信号。作为一种 BEMD 的改进方法，FABEMD 最关键之处在于介绍了一种新的求局部均值的方法，基本思想是用邻域窗口（通常是 3×3 像素邻域）比较方法找到图像 I 的局部极大值点集和极小值点集，由两个极值点间最小距离矩阵依据某种原则确定出滤波器窗口尺寸 w_{en}，作为图像 I 分解滤波的尺度。图像 I 上下包络的估计方法是 FABEMD 算法的核心：由最大值和最小值统计排序滤波器分别作用于 I，生成图像 I 的上下两个包络曲面，但两个曲面并不光滑，因此再用算数平均滤波器对两个包络曲面进行平滑，得到最终的图像 I 的上下包络估计。

该算法的具体流程如图 3.26 所示。其中 $BIMF_i$ 为第 i 级二维内蕴模式分量，I_{res} 为余量，R_i 是分解过程中间变量。

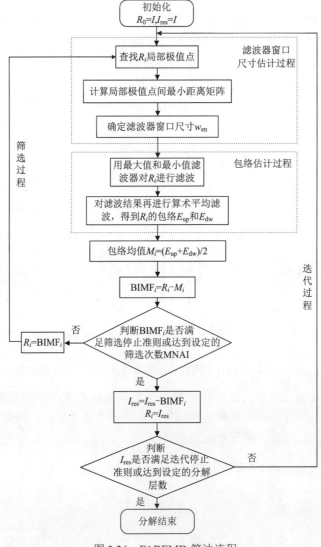

图 3.26　FABEMD 算法流程

　　确定统计滤波器窗口尺寸 w_{en} 的方法是：计算极值点最近距离矩阵 $d_{adj\text{-}max}$ 和 $d_{adj\text{-}min}$，二者都以降序排列，可以有很多不同的准则从 $d_{adj\text{-}max}$ 和 $d_{adj\text{-}min}$ 中选择出滤波器窗口的总尺寸 w_{en}。Bhuiyan 等给出下面四种尺寸：

$$\begin{cases} w_{en}=d_1=\min\{\min\{d_{adj\text{-}max}\},\min\{d_{adj\text{-}min}\}\} \\ w_{en}=d_2=\max\{\min\{d_{adj\text{-}max}\},\min\{d_{adj\text{-}min}\}\} \\ w_{en}=d_3=\min\{\max\{d_{adj\text{-}max}\},\max\{d_{adj\text{-}min}\}\} \\ w_{en}=d_4=\max\{\max\{d_{adj\text{-}max}\},\max\{d_{adj\text{-}min}\}\} \end{cases}$$

　　然而，FABEMD 算法中各级滤波器窗口尺寸的计算效率不高，需要反复查找图像极值点、计算极值点间距离矩阵，并且不能自适应确定分解级数。该方法提供的四种计算窗口尺寸的方法无法在得到分解前确定哪种是最佳的，即滤波器窗口尺寸的确定具有很大的灵活性的同时也缺乏对信号的自适应性。

　　针对 FABEMD 算法的不足之处，本节利用二维多尺度极值点集，通过引入新的滤波器窗口尺寸确定方法，介绍一种改进的快速自适应 BEMD（improved fast and adaptive BEMD，IFABEMD）算法，可有效地提高 FABEMD 算法的自适应性和分解速度。

　　2. IFABEMD 算法

　　图像局部极值点包含图像信号的振荡频率、幅值等信息，对于 BEMD 及图像分析具有重要作用。因此，对 FABEMD 算法的改进主要是利用二维多尺度极值点集，通过各级极值点密度确定滤波窗口尺寸，由此提高 FABEMD 算法的自适应性和分解速度。

　　该算法具体步骤如下：

　　1）由 3.5.2 节的方法求出图像 I 的二叉树结构的多尺度极值点集 $S=\{S_i\}=\{S_{\langle i,j\rangle}\}$（$i=1,2,\cdots,n$；$j=1,2,\cdots,2^i$），其中 n 是多尺度极值点集最高级数。

　　2）计算各极值点子集 $S_{\langle i,j\rangle}$ 的极值点数目 $N_{S_{ij}}$，由此得到各级极值点的数目 $N_{S_{ij}}$　$N_{S_i}=\sum\limits_{j=1}^{2^i} N_{S_{ij}}$。

　　3）计算各级极值点的平均密度 $\rho_i=\dfrac{\text{NumP}}{N_{S_i}}$（$i=1,2,\cdots,n$），其中 NumP 是图像 I 的像素总数。

　　4）确定各级滤波器窗口尺寸 $W_{en_i}=\sqrt{\rho_i}$。

　　5）设 $I_{res}=I$，$k=1$。

　　6）利用与 FABEMD 算法中相同的最大值/最小值统计排序滤波和平滑滤波方法估计 I_{res} 的局部均值信号 I_{mean}。

　　7）$\text{BIMF}_k=I_{res}-I_{mean}$，$I_{res}=I_{res}-\text{BIMF}_k$。

　　8）如果 $k<n-1$，则 $k=k+1$，转到步骤 6），否则转到步骤 9）。

　　9）分解结束。

　　上述算法流程如图 3.27 所示。由图 3.26 和图 3.27 的比较可以看出，IFABEMD 算法的极值点查找和各级窗口尺寸计算不需要迭代，且各级滤波窗口尺寸随各级特征尺度

的增加而自适应增大，与 FABEMD 分解结果相比减少了特征尺度不显著的多余分量，
提高了分解的自适应性和效率。

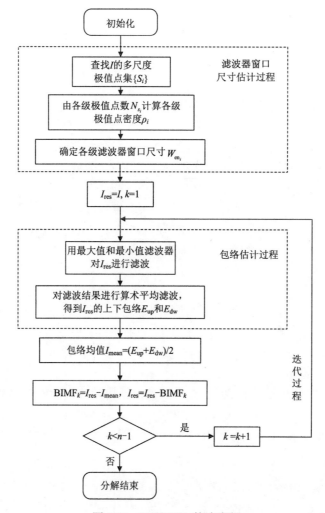

图 3.27   IFABEMD 算法流程

3.5.4   实验结果

为了验证和分析上述介绍的 IFABEMD 算法，本章对各种自然图像与合成纹理图像
进行了分解，并与两种现有 BEMD 算法进行了比较[274]。所用的比较方法是 FABEMD
算法和文献[205]中的算法，前者代码可从 https://code.google.com/p/xbatdevel/source/
browse/branches/heart/Core/Util/Image/EMD/fabemd.m?r=2984 处下载，后者代码可从
http:// www.codeforge.com/ article/83809 处下载。三个方法所用的参数如下：本章方法筛
选次数为 1，迭代最大次数为 5（避免滤波器窗口尺寸过大使分解速度快速下降）；
FABEMD 算法选用 Type1 计算滤波窗口尺寸，并且筛选次数为 1，迭代次数以分解效果
与本章分解的第 5 分量相当时为标准；文献[205]方法筛选次数为 10，分解迭代次数为 5，
最大筛选误差设为 0.01。

所用的图像信号及结果如表 3.1～表 3.4 和图 3.28～图 3.33 所示。

表 3.1 实验所用图像

图像名称	barbara	harbour	Brodatz Textures: D101	合成纹理图像
图像类别	自然图像	自然图像	自然纹理	合成纹理
图像尺寸/像素	256×256	256×256	256×256	256×256

表 3.2 分解速度比较 单位：s

图像名称	barbara	harbour	Brodatz Textures: D101	合成纹理图像
本章算法	**10.65**	**13.19**	**15.97**	72.16
FABEMD 算法	19.49	20.92	17.22	41.45
文献[205]算法	21.83	24.39	21.08	**18.73**

注：本章算法与文献[205]方法分解 5 层，FABEMD 算法以分解效果与本章分解的第 5 分量相当时为标准。

表 3.3 分解最高层数

图像名称	barbara	harbour	Brodatz Textures: D101	合成纹理图像
本章算法	**6**	**7**	**4**	5
FABEMD 算法	16	12	11	**4**

表 3.4 滤波器窗口特征尺度（像素）

图像名称	barbara	harbour	Brodatz Textures: D101	合成纹理图像
本章算法	3,7,15,27,61	7,15,27,59,91	7,15,43,115	23,47,123,195,259
FABEMD 算法	3,7,15,27,43	3,7,27,75,123	7,11, 19,55,115	15,15,75,259

  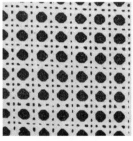

（a）barbara 图像 （b）harbour 图像 （c）D101 纹理

图 3.28 实验所用图像

（a）合成纹理图像 （b）BIMF$_1$ 图像 （c）BIMF$_2$ 图像 （d）BIMF$_3$ 图像

图 3.29 合成纹理图像及其组成分量

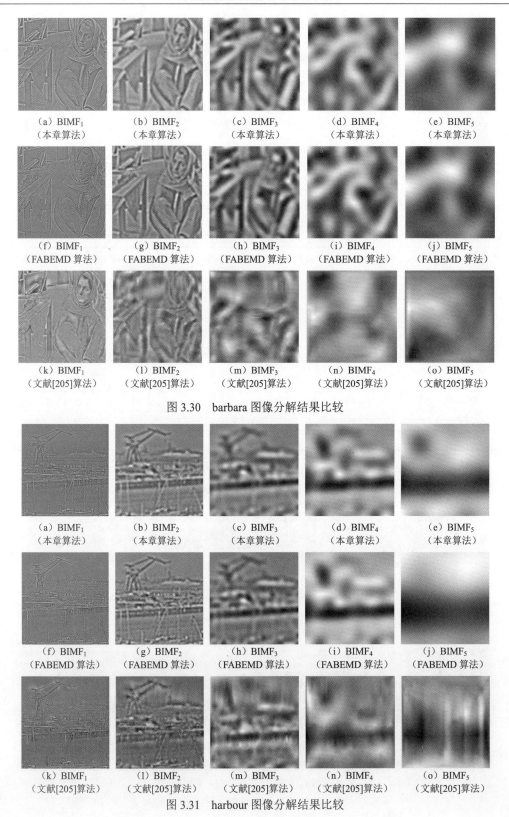

图 3.30　barbara 图像分解结果比较

图 3.31　harbour 图像分解结果比较

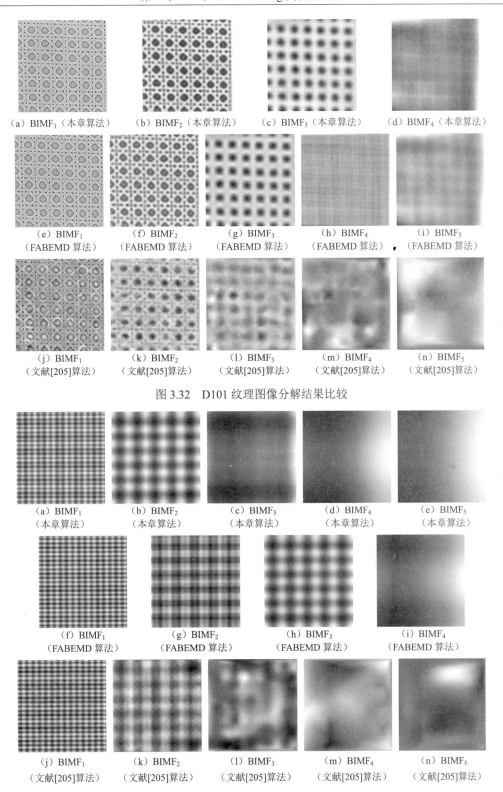

（a）BIMF$_1$（本章算法）　（b）BIMF$_2$（本章算法）　（c）BIMF$_3$（本章算法）　（d）BIMF$_4$（本章算法）

（e）BIMF$_1$（FABEMD 算法）　（f）BIMF$_2$（FABEMD 算法）　（g）BIMF$_3$（FABEMD 算法）　（h）BIMF$_4$（FABEMD 算法）　（i）BIMF$_5$（FABEMD 算法）

（j）BIMF$_1$（文献[205]算法）　（k）BIMF$_2$（文献[205]算法）　（l）BIMF$_3$（文献[205]算法）　（m）BIMF$_4$（文献[205]算法）　（n）BIMF$_5$（文献[205]算法）

图 3.32　D101 纹理图像分解结果比较

（a）BIMF$_1$（本章算法）　（b）BIMF$_2$（本章算法）　（c）BIMF$_3$（本章算法）　（d）BIMF$_4$（本章算法）　（e）BIMF$_5$（本章算法）

（f）BIMF$_1$（FABEMD 算法）　（g）BIMF$_2$（FABEMD 算法）　（h）BIMF$_3$（FABEMD 算法）　（i）BIMF$_4$（FABEMD 算法）

（j）BIMF$_1$（文献[205]算法）　（k）BIMF$_2$（文献[205]算法）　（l）BIMF$_3$（文献[205]算法）　（m）BIMF$_4$（文献[205]算法）　（n）BIMF$_5$（文献[205]算法）

图 3.33　合成纹理图像分解结果比较

3.6　二维 EMD 分量分解的本质

在一维信号中，多数极值点是孤立的单点[106]，这些点共同支撑起上下包络。然而，在数字图像中，一个二维极值点可能是一个孤立的像素点，也可能是一段直线或者曲线，甚至是一个平坦区域。因此，二维极值点的搜索较一维信号复杂。通过总结各种 BEMD[135-148]中的极值判断方法，图像中的极值判断主要包含如下两种：

$$f(m,n)是\begin{cases} 极大值，f(m,n) > p(m,n) \\ 极小值，f(m,n) < p(m,n) \end{cases} \tag{3.54}$$

和

$$f(m,n)是\begin{cases} 极大值，f(m,n) \geqslant p(m,n) \\ 极小值，f(m,n) \leqslant p(m,n) \end{cases} \tag{3.55}$$

式中，$p(m,n) \in \Omega_{(m,n)}$，$\Omega_{(m,n)}$ 是中心像素点 (m,n) 的8-邻域集合。

式（3.54）和式（3.55）虽然只有一个等号之差，分解结果有时却大相径庭。我们把式（3.54）称为EX-I格式极值，把式（3.55）称为EX-II格式极值。

本节主要应用上述两种极值点类型对数字图像中的 BEMD 进行性能分析和本质上的揭示，讨论数字图像中截断误差、采样周期、分量间幅度比、分量间频率比以及分量夹角等对 BEMD 的影响[269]。

3.6.1　二维极值的稀疏性

一维信号中，多数情况下每个极值点是必不可少的，否则 EMD 插值结果会大相径庭。一个有趣的现象是数字图像的极值点可能是冗余的，即某些二维极值点去除后并不影响 BEMD 插值的结果。

定义 3.8　对于数字图像 $f(m,n)$ 及其第 k 个近似值 $\tilde{f}^{(k)}(m,n)$ [$k = 1,2,\cdots$，$\tilde{f}^{(-1)}(m,n) = 0$，$\tilde{f}^{(0)}(m,n) = f(m,n)$]，$S_{\text{up}}(S_{\text{dw}})$ 为 $f(m,n)$ 的极大值（极小值）点集，$S_{\text{up}}^{(k)}(S_{\text{dw}}^{(k)})$ 为 $\tilde{f}^{(k)}(m,n)$ 的极大值（极小值）点集。由 $S_{\text{up}}^{(k)}(S_{\text{dw}}^{(k)})$ 插值得到的上（下）包络为 $E_{\text{up}}^{(k)}(E_{\text{dw}}^{(k)})$。$S_{\text{up}}^{(k+1)}(S_{\text{dw}}^{(k+1)})$ 为 $\tilde{f}^{(k+1)}(m,n) = \tilde{f}^{(k)}(m,n) - \dfrac{E_{\text{up}}^{(k)} + E_{\text{dw}}^{(k)}}{2}$ 的极大值（极小值）点集。如果 $\dfrac{\left\| \tilde{f}^{(k+1)}(m,n) - \tilde{f}^{(k)}(m,n) \right\|}{\left\| \tilde{f}^{(k)}(m,n) - \tilde{f}^{(k-1)}(m,n) \right\|} \leqslant \mu$（$\mu$ 为常数且 $\mu < 1$），则 $S_{\text{up}}^{(k+1)}(S_{\text{dw}}^{(k+1)})$ 是 $S_{\text{up}}(S_{\text{dw}})$ 的稀疏集（或者稀疏极值点集）。

把从 $\tilde{f}^{(k)}(m,n)$ 到 $\tilde{f}^{(k+1)}(m,n)$ 的过程定义为算子 A，即

$$\tilde{f}^{(k+1)}(m,n) = A\tilde{f}^{(k)}(m,n)$$

令 $k = 0$，得

$$\left\| f(m,n) - Af(m,n) \right\| \leqslant \mu \left\| f(m,n) \right\|$$

定义上包络算子为 B_{up}，下包络算子为 B_{dw}，得

$$E_{\text{up}}^{(k)} = B_{\text{up}}\tilde{f}^{(k)}(m,n)，\quad E_{\text{dw}}^{(k)} = B_{\text{dw}}\tilde{f}^{(k)}(m,n)$$

由 $\tilde{f}^{(k+1)}(m,n) = \tilde{f}^{(k)}(m,n) - \dfrac{E_{\text{up}}^{(k)} + E_{\text{dw}}^{(k)}}{2}$，可得

$$Af^{(k)}(m,n) = \left(I - \frac{B_{\text{up}} + B_{\text{dw}}}{2} \right) \tilde{f}^{(k)}(m,n)$$

因此，得到

$$\frac{\left\| A\tilde{f}^{(k)}(m,n) \right\|}{\left\| \tilde{f}^{(k)}(m,n) \right\|} = \left\| I - \frac{B_{\text{up}} + B_{\text{dw}}}{2} \right\| \leqslant \left\| I \right\| + \left\| \frac{B_{\text{up}} + B_{\text{dw}}}{2} \right\|$$

由于上下包络算子 B_{up} 和 B_{dw} 用来求解信号局部均值，因此 $\left\| \dfrac{B_{\text{up}} + B_{\text{dw}}}{2} \right\|$ 具有边界上限值 $1^{[106,268]}$。另外，矩阵 I 为有限像素尺寸上的单位矩阵，所以 $\left\| \dfrac{A\tilde{f}^{(k)}(m,n)}{\tilde{f}^{(k)}(m,n)} \right\| < \infty$，即 A 是一个有界算子，且其表达式可以表述为 $\left(I - \dfrac{B_{\text{up}} + B_{\text{dw}}}{2} \right)$。

命题 3.1　如果算子 A 是空间 $\left(L^2(R,R), \left\| \ \right\|_{L^2(R,R)} \right)$ 上的一个有界算子，且对于某个常数 $u<1$ 满足下面的不等式关系：

$$\left\| f(m,n) - Af(m,n) \right\|_{L^2(R,R)} \leqslant \mu \left\| f(m,n) \right\|_{L^2(R,R)}, \quad f(m,n) \in L^2(R,R) \qquad (3.56)$$

那么算子 A 在 $L^2(R,R)$ 上是可逆的，且 $f(m,n)$ 可以通过 $Af(m,n)$ 由下面的迭代方程式重构：

$$\tilde{f}^{(k+1)}(m,n) = \tilde{f}^{(k)}(m,n) + A[f(m,n) - \tilde{f}^{(k)}(m,n)]$$

其中，k 次迭代后的重构误差为

$$\left\| f(m,n) - \tilde{f}^{(k)}(m,n) \right\|_{L^2(R,R)} \leqslant \mu^k \left\| f(m,n) \right\|_{L^2(R,R)}$$

并且有 $\lim\limits_{k \to \infty} \tilde{f}^{(k)}(m,n) = f(m,n)$。

证明如下：

根据不等式（3.56）可知 $\left\| I - A \right\|_{L^2(R,R)} \leqslant \mu$，这意味着算子 A 是可逆的，且可以表示为 $A^{-1} = \sum\limits_{k=1}^{\infty} \left(I - A \right)^k$。对于任意的 $f(m,n) \in L^2(R,R)$ 都可以由 $Af(m,n)$ 和 $f(m,n) = A^{-1}Af(m,n) = \sum\limits_{k=1}^{\infty} \left(I - A \right)^k Af(m,n)$ 确定。

由于 $\sum\limits_{n=k}^{\infty} \left(I - A \right)^n = \left(I - A \right)^k A^{-1}$，因此

$$\left\| f(m,n) - \tilde{f}^{(k)}(m,n) \right\|_{L^2(R,R)} = \left\| \sum_{n=k}^{\infty} \left(I - A \right)^n Af(m,n) \right\|_{L^2(R,R)}$$

$$= \left\| \left(I - A \right)^n A^{-1} Af(m,n) \right\|_{L^2(R,R)} \leqslant \mu^k \left\| f(m,n) \right\|_{L^2(R,R)} \qquad (3.57)$$

所以

$$\lim_{k \to \infty} \left(\frac{\left\| f(m,n) - \tilde{f}^{(k)}(m,n) \right\|_{L^2(R,R)}}{\left\| f(m,n) \right\|_{L^2(R,R)}} \right) \leqslant \lim_{k \to \infty}(\mu^k) = 0$$

因此，有 $\lim\limits_{k \to \infty} \tilde{f}^{(k)}(m,n) = f(m,n)$ 。

这里假定所有的数字图像 $f(m,n)$ 都是带限的。用于确定 $\tilde{f}^{(k)}(m,n)$ 和原图像误差的迭代次数需要先验给定。总之，如果稀疏极值点集存在，那么根据命题 3.1，可以通过多次迭代来近似重构原数字图像 $f(m,n)$ 。

3.6.2　实验与分析

为了更好地理解 BEMD 的特性，本小节采用两个分量的合成信号[269]，并通过 BEMD 对第一个分量的抽取过程进行性能分析。

1. 二分量数字图像模型

图像的一个根本特性就是所有的数据都是离散的采样到规则点上的像素值。因此，分析 BEMD 必须也只能在离散情况下进行，否则没有太大意义。二分量数字模型为

$$f(m,n) = f_1(m,n) + f_2(m,n) = \cos\left(2\pi f \frac{Tn}{N}\right) + b\cos\left(2\pi cf \frac{Tn}{N}\cos\alpha + 2\pi cf \frac{Tm}{N}\sin\alpha + \phi\right)$$

式中，f 为 $f_1(m,n)$ 的固定频率，$f(m,n)$ 的空间支撑为 $[T,T]$；N 为纵横方向像素尺寸（或采样点个数）；b 为 $f_2(m,n)$ 幅度；α 为 $f_1(m,n)$ 和 $f_2(m,n)$ 的夹角；φ 为初始相位。

$b \in [0.01, 100]$，$\alpha \in [0°, 90°]$，$c > 1$ 且 $m,n = 1, 2, \cdots, N$，采样周期为 T/N，这样就简化了分析。实际上，c 是两个分量的频率比，这里假定 $c > 1$ 以简化分析；b 是两个分量的幅度之比。

2. 采样周期对极值点的影响

不同于一维，数字图像有固定的位深度，如 8 位和 32 位等。因此，截断误差必然存在且必须考虑。同时，把像素值映射到 $[0,1]$，因此合成分量有

$$f(m,n) = f_1(m,n) + f_2(m,n)$$

$$= \frac{\cos\left(2\pi f \dfrac{Tn}{N}\right) + b\cos\left(2\pi cf \dfrac{Tn}{N}\cos\alpha + 2\pi cf \dfrac{Tm}{N}\sin\alpha + \varphi\right) + 1 + b}{2 + 2b} + \delta_{(m,n)}$$

式中，$\delta_{(m,n)}$ 为点 (m,n) 的截断误差。

简化起见，这里分析 $f_1(m,n) = \cos\left(2\pi f \dfrac{Tn}{N}\right) \Big/ (2 + 2b)$，讨论采样周期和截断误差。截断误差定义为 $\delta \in \left[-\dfrac{1}{2^\gamma - 1}, \dfrac{1}{2^\gamma - 1}\right]$（$\gamma$ 是位深度）。例如，8 位深度图像，其最大截断误差为 $\dfrac{1}{2^\gamma - 1} = \dfrac{1}{2^8 - 1} = \dfrac{1}{255}$。用 $\delta_{(m,n)}$ $\left(\left|\delta_{(m,n)}\right| \leqslant |\delta|\right)$ 表示 (m,n) 点处的截断误差。没有特别说明，只讨论 8 位深度图像。

理论上，如果沿方向 $V(f_1(m,n))$ 的方向（图 3.34）只有单像素宽度的极值，那么极值点只能是线 L（图 3.34 浅色线）。然而，实际上由于采样的影响未必如此。为了满足单像素宽度的极值，采样周期 $\dfrac{T}{N}$ 必须满足一定范围。

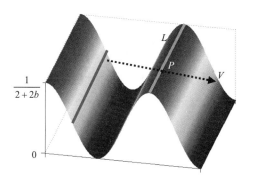

图 3.34　二维信号极值点实例

如图 3.34 中的点 $P(m_0,n_0)$，为了满足单像素宽度极值，须有

$$\begin{cases}\dfrac{\cos\left(2\pi f\dfrac{Tn_0}{N}\right)}{2+2b}+\delta_{(m_0,n_0)}>\dfrac{\cos\left[2\pi f\dfrac{T(n_0+1)}{N}\right]}{2+2b}+\delta_{(m_0,n_0+1)}\\[4mm]\dfrac{\cos\left(2\pi f\dfrac{Tn_0}{N}\right)}{2+2b}+\delta_{(m_0,n_0)}>\dfrac{\cos\left[2\pi f\dfrac{T(n_0-1)}{N}\right]}{2+2b}+\delta_{(m_0,n_0-1)}\end{cases}$$

由于 $P(m_0,n_0)$ 是极值点，可以假定 $\cos\left(2\pi f\dfrac{Tn_0}{N}\right)=1$ 和 $2\pi f\dfrac{Tn_0}{N}=2k\pi\,(k\in n)$，则有

$$\begin{cases}1+(2+2b)\delta_{(m_0,n_0)}>\cos\left(2\pi f\dfrac{T}{N}\right)+(2+2b)\delta_{(m_0,n_0+1)}\\[3mm]1+(2+2b)\delta_{(m_0,n_0)}>\cos\left(2\pi f\dfrac{T}{N}\right)+(2+2b)\delta_{(m_0,n_0-1)}\end{cases}$$

因此

$$\begin{cases}\dfrac{T}{N}>\dfrac{\arccos\left\{1+(2+2b)\left[\delta_{(m_0,n_0)}-\delta_{(m_0,n_0-1)}\right]\right\}}{2\pi f}\\[4mm]\dfrac{T}{N}>\dfrac{\arccos\left\{1+(2+2b)\left[\delta_{(m_0,n_0)}-\delta_{(m_0,n_0+1)}\right]\right\}}{2\pi f}\end{cases}$$

由于 $\left[\delta_{(m_0,n_0)}-\delta_{(m_0,n_0-1)}\right]$ 和 $\left[\delta_{(m_0,n_0)}-\delta_{(m_0,n_0+1)}\right]\in\left[-\dfrac{2}{2^\gamma-1},\dfrac{2}{2^\gamma-1}\right]$，因此有

$$\dfrac{T}{N}>\max\left(\dfrac{\arccos\left\{1+(2+2b)\left[\delta_{(m_0,n_0)}-\delta_{(m_0,n_0+1)}\right]\right\}}{2\pi f},\dfrac{\arccos\left\{1+(2+2b)\left[\delta_{(m_0,n_0)}-\delta_{(m_0,n_0-1)}\right]\right\}}{2\pi f}\right)$$

即

$$\frac{T}{N} > \frac{\arccos\left(\dfrac{2^\gamma - 4b - 5}{2^\gamma - 1}\right)}{2\pi f}$$

根据香农定律，还必须有 $\dfrac{T}{N} \leqslant \dfrac{1}{2cf}$ ，所以有

$$\frac{T}{N} \in \left[\frac{\arccos\left(\dfrac{2^\gamma - 4b - 5}{2^\gamma - 1}\right)}{2\pi f}, \frac{1}{2cf}\right] \tag{3.58}$$

也就是说，如果在 $f(m,n)$ 中想得到 EX-I 格式的极值点，则必须满足式（3.58）；如果 $\dfrac{T}{N} < \arccos\left(\dfrac{2^\gamma - 4b - 5}{2^\gamma - 1}\right)\Big/2\pi f$ 成立，那么有可能得到 EX-II 格式的极值点。同时，$\dfrac{T}{N}$ 越小，EX-II 格式的极值点越多。进一步，如果没有 EX-I 格式极值点，则高频分量必须满足 $\dfrac{T}{N} < \arccos\left(\dfrac{2^\gamma - 4b - 5}{2^\gamma - 1}\right)\Big/2\pi cf$ 。

另外，正余弦信号在极值点附近具有最小的斜率，而在过零点附近具有最大的斜率（见图 3.34 深色线），如果 $\dfrac{T}{N} < \arccos\left(\dfrac{2^\gamma - 4b - 5}{2^\gamma - 1}\right)\Big/2\pi f$ 且高频信号叠加在低频信号上且夹角为 90° ，那么 EX-II 格式极值就会大量出现。如上所述，$\dfrac{T}{N}$ 越小，EX-II 格式的极值点越多。而且，这些极值只是 $f_2(m,n)$ 极值点的一部分，且和 $f_2(m,n)$ 的极值具有几乎完全一致的二维坐标位置（图 3.34）。

图 3.35 是一个 BEMD 筛选过程中分量极值点的演变进程，显然，随着筛选次数的增加，IMF 分量和原信号的极值点越来越一致。而且，不管采用哪种格式的极值搜索策略都会收敛，只不过 EX-II 格式收敛速度快于 EX-I 格式。该实例证实了命题 3.1 的合理性，如果存在这样的稀疏极值点集合，必然会重构原信号。接下来从理论上证明稀疏极值点集合的存在性。

（a）分量 1、分量 2、分量 2 的极值和合成分量（从左到右）

图 3.35　筛选过程中极值点的演化进程实例（200×200 像素）

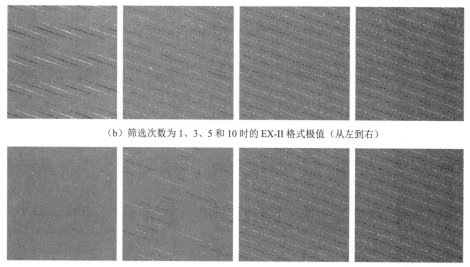

（b）筛选次数为 1、3、5 和 10 时的 EX-II 格式极值（从左到右）

（c）筛选次数为 1、3、5 和 10 时的 EX-I 格式极值（从左到右）

图 3.35（续）

3. 稀疏极值点集合存在性证明

如图 3.36 所示，取 D 点（$f(m,n)$）一个 8-邻域小区域 $\Omega_{(m,n)}$，假定点 (m,n) 刚好是 $f_2(m,n)$ 理论上的极大值点，有 $f_2(m-1,n+1) \geq f_2(m,n+1)$ 和 $f_2(m-1,n+1) \geq f_2(m-1,n)$。显然，随着 m 的增加，来自 $f_1(m,n)$ 的部分 $\cos[2\pi f(Tn/N)]/(2+2b)$ 理论上是减少的。所以，只需要证明 EX-I 格式下满足 $f(m,n) > f(m-1,n+1)$ 和 EX-II 格式下满足 $f(m,n) \geq f(m-1,n+1)$ 即可说明这两类极值点都可能存在，那么这样的稀疏极值点集合也可能存在。

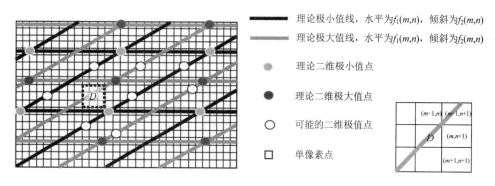

图 3.36　合成数字图像极值点

现在证明 EX-I 格式下 $f(m,n) > f(m-1,n+1)$ 和 EX-II 下格式 $f(m,n) \geq f(m-1,n+1)$ 成立。

如果 $f(m,n) > f(m-1,n+1)$，令 $\varphi = 0$，则有

$$\cos\left(2\pi f\frac{Tn}{N}\right) + b\cos\left(2\pi cf\frac{Tn}{N}\cos\alpha + 2\pi cf\frac{Tm}{N}\sin\alpha\right) + (2+2b)\delta_{(m,n)}$$

$$> \cos\left[2\pi f \frac{T(n+1)}{N}\right] + b\cos\left[2\pi cf \frac{T(n+1)}{N}\cos\alpha + 2\pi cf \frac{T(m-1)}{N}\sin\alpha\right]$$

$$+ (2+2b)\delta_{(m-1,n+1)}$$

由于点 (m,n) 正好在 $f_2(m,n)$ 的理论极值线上，因此

$$\cos\left(2\pi f \frac{Tn}{N}\right) + b + (2+2b)\delta_{(m,n)}$$

$$> \cos\left[2\pi f \frac{T(n+1)}{N}\right] + b\cos\left(2\pi cf \frac{T}{N}\cos\alpha - 2\pi cf \frac{T}{N}\sin\alpha\right) + (2+2b)\delta_{(m-1,n+1)}$$

为不失一般性，令 $\cos\left(2\pi f \frac{Tn}{N}\right) = \xi \in [0,1]$，则有 $\cos\left[2\pi f \frac{T(n+1)}{N}\right] = \xi - \delta'$，其中 $0 \leqslant \delta' \leqslant |\delta|$，所以

$$\cos\left(2\pi cf \frac{T}{N}\cos\alpha - 2\pi cf \frac{T}{N}\sin\alpha\right) < \frac{b + (2+2b)\delta_{(m,n)} + \delta' - (2+2b)\delta_{(m-1,n+1)}}{b}$$

因此

$$2\pi cf \frac{T}{N}\cos\alpha - 2\pi cf \frac{T}{N}\sin\alpha > \arccos\left[\frac{b + (2+2b)\delta_{(m,n)} + \delta' - (2+2b)\delta_{(m-1,n+1)}}{b}\right]$$

所以

$$\frac{T}{N} > \frac{\arccos\left[\dfrac{b + (2+2b)\delta_{(m,n)} + \delta' - (2+2b)\delta_{(m-1,n+1)}}{b}\right]}{2\pi cf(\cos\alpha - \sin\alpha)}$$

对于 $\dfrac{\arccos\left(\dfrac{2^\gamma - 4b - 5}{2^\gamma - 1}\right)}{2\pi f} < \dfrac{T}{N} < \dfrac{1}{2f}$，只需证明存在参数 b、c 和 α 满足

$$\frac{\arccos\left[\dfrac{b + (2+2b)\delta_{(m,n)} + \delta' - (2+2b)\delta_{(m-1,n+1)}}{b}\right]}{2\pi cf(\cos\alpha - \sin\alpha)} \geqslant \frac{\arccos\left(\dfrac{2^\gamma - 4b - 5}{2^\gamma - 1}\right)}{2\pi f}$$

即可，即对于 $\cos\alpha > \sin\alpha$，有

$$\arccos\left[\frac{b + (2+2b)\delta_{(m,n)} + \delta' - (2+2b)\delta_{(m-1,n+1)}}{b}\right] \geqslant c(\cos\alpha - \sin\alpha)\arccos\left(\frac{2^\gamma - 4b - 5}{2^\gamma - 1}\right)$$

对于 $\cos\alpha < \sin\alpha$，有

$$\arccos\left[\frac{b + (2+2b)\delta_{(m,n)} + \delta' - (2+2b)\delta_{(m-1,n+1)}}{b}\right] \leqslant c(\cos\alpha - \sin\alpha)\arccos\left(\frac{2^\gamma - 4b - 5}{2^\gamma - 1}\right)$$

如果 $\cos\alpha > \sin\alpha$（$\alpha < \pi/4$），则有

$$\arccos\left[\frac{b + (2+2b)\delta_{(m,n)} + \delta' - (2+2b)\delta_{(m-1,n+1)}}{b}\right] \geqslant c(\cos\alpha - \sin\alpha)\arccos\left(\frac{2^\gamma - 4b - 5}{2^\gamma - 1}\right)$$

由于

$$\arccos\left[\frac{b+(2+2b)\delta_{(m,n)}+\delta'-(2+2b)\delta_{(m-1,n+1)}}{b}\right] \in \left\{0 , \arccos\left[1-\frac{4+4b}{b(2^{\gamma}-1)}\right]\right\}$$

因此该问题就简化成在 $\left\{0 , \arccos\left[1-\dfrac{4+4b}{b(2^{\gamma}-1)}\right]\right\}$ 内至少找到一个数不小于

$c(\cos\alpha-\sin\alpha)\arccos\left(1-\dfrac{4+4b}{2^{\gamma}-1}\right)$，即

$$c(\cos\alpha-\sin\alpha)\arccos\left(1-\frac{4+4b}{2^{\gamma}-1}\right)\leqslant \arccos\left[1-\frac{4+4b}{b(2^{\gamma}-1)}\right] \qquad (3.59)$$

显然，大量的参数满足式（3.59），如 $b=0.1$，$c=3$，$\alpha=30°$ 和 $\gamma=8$。

如果 $\cos\alpha<\sin\alpha$（$\alpha>\pi/4$），则有

$$\arccos\left[\frac{b+(2+2b)\delta_{(m,n)}+\delta'-(2+2b)\delta_{(m-1,n+1)}}{b}\right]\leqslant c(\cos\alpha-\sin\alpha)\arccos\left(\frac{2^{\gamma}-4b-5}{2^{\gamma}-1}\right)$$

由于

$$\arccos\left[\frac{b+(2+2b)\delta_{(m,n)}+\delta'-(2+2b)\delta_{(m-1,n+1)}}{b}\right] \in \left\{0 , \arccos\left(1-\frac{4+4b}{b(2^{\gamma}-1)}\right)\right\}$$

因此该问题就简化成在 $\left\{0 , \arccos\left[1-\dfrac{4+4b}{b(2^{\gamma}-1)}\right]\right\}$ 内至少找到一个数不大于

$c(\cos\alpha-\sin\alpha)\arccos\left(1-\dfrac{4+4b}{2^{\gamma}-1}\right)$，即

$$c(\cos\alpha-\sin\alpha)\arccos\left(1-\frac{4+4b}{2^{\gamma}-1}\right)\geqslant 0 \qquad (3.60)$$

显然，这样的参数的确存在，如 $b=62.75$，$c=2$，$\alpha=80°$ 和 $\gamma=8$。

同理，可以证明 EX-II 格式下 $f(m,n)\geqslant f(m-1,n+1)$ 成立。相似地，对于极小值可以得到类似的结论。因此，理论上 BEMD 的筛选过程中稀疏极值点集合的确存在，且其取决于参数的选取。由于理论分析的模型相对简化，因此实际边缘条件还需要实验获取。

4. 性能指标

本小节给出两个性能指标，用于分析实验中 BEMD 的性能。对一维性能指标[8,12] 扩展得到

$$c_1^{(k)}(b,c,\alpha,\varphi,N) \overset{\Delta}{=} \frac{\left\|\mathrm{imf}^{(k)}(m,n;b,c,\alpha)-f_2(m,n)\right\|_{L^2(T,T)}}{\left\|f_1(m,n)\right\|_{L^2(T,T)}} \qquad (3.61)$$

$$c_2^{(k)}(b,c,\alpha,\varphi,N) \overset{\Delta}{=} \frac{\left\|\mathrm{imf}^{(k)}(m,n;b,c,\alpha)-f(m,n)\right\|_{L^2(T,T)}}{\left\|f_1(m,n)\right\|_{L^2(T,T)}} \qquad (3.62)$$

其中，$\mathrm{imf}^{(k)}(m,n;b,c,\alpha)$ 是从 $f(m,n)$ 中提取的 k 次迭代后的第一个 IMF 分量。

当这两个分量分解较好时，第一个 IMF 必然和高频分量吻合，那么此时第二个 IMF

必然和低频分量吻合。所以，式（3.61）为零值意味着分解完美；相反，如果第一个 IMF 和合成分量 $f(m,n)$ 吻合，那么两个分量被 BEMD 当作一个分量处理，此时式（3.62）为零值而式（3.61）值为 1。所以，式（3.62）用来判断 BEMD 是否把两个分量当作一个分量来处理的尺度。

5. 实验结果

在数字图像中，人们更关心的是采样频率、分量夹角和截断误差对 BEMD 的性能影响。数字图像不像一维信号，可以通过提高采样频率让离散信号接近于连续信号[269]，数字图像的截断误差必然存在，数字图像必须采用离散形式分析。夹角 α、幅度比 b 和频率比 c 作为三个变量，可以得到一个空间立体的 BEMD 性能图[图 3.37（a）]，其中每一帧对应一个夹角。在同一帧内，BEMD 性能主要和幅度比 b 和频率比 c 有关，而不同帧之间主要和夹角有关。但是，不同帧之间具有相似的形状[图 3.37（b）]，只不过具体的分割线位置不同。图 3.37（b）中有三个点（P_1、P_2 和 P_3），可以总体上决定每一帧的 BEMD 性能。对于不同的夹角，三个点的位置必然不同。因此，只要获取了不同夹角对应的三个点（P_1、P_2 和 P_3）的位置，BEMD 总体性能就可以清晰地展示出来。因此，在实验结果中只给出三个点（P_1、P_2 和 P_3）的位置即可。P_1 和 P_2 会沿着纵轴上下走动。如果 P_2 已知，P_3 只需要知道在 $-\log_{10}b$ 轴上的投影即可。图 3.37（b）中的①、②、③分别代表三个区域：两个分量可被 BEMD 完美分解的区域、两个分量被 BEMD 分解成两个不同分量的区域、两个分量被 BEMD 当作一个分量的区域。

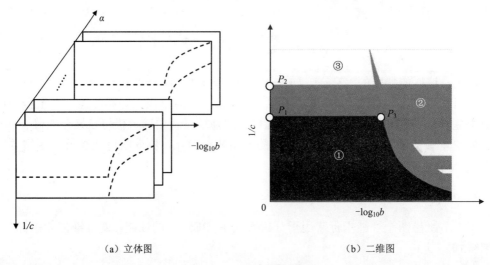

　　　　　　（a）立体图　　　　　　　　　　　（b）二维图

图 3.37　BEMD 性能图

（1）状态 $\dfrac{\arccos\left(\dfrac{2^{\gamma}-4b-5}{2^{\gamma}-1}\right)}{2\pi f} < \dfrac{T}{N} < \dfrac{1}{2cf}$

在这种采样状态下，必须要注意点 P_1 和 P_2 存在一个盲区，即在实际工程中，这样的区域是不存在的。参数 b 和 c 可以满足 $\dfrac{\arccos\left(\dfrac{2^{\gamma}-4b-5}{2^{\gamma}-1}\right)}{2\pi f}\geqslant\dfrac{1}{2cf}$，但是根据采样周

期 $\dfrac{T}{N}$ 的条件 $\dfrac{\arccos\left(\dfrac{2^{\gamma}-4b-5}{2^{\gamma}-1}\right)}{2\pi f}<\dfrac{T}{N}<\dfrac{1}{2cf}$ 可知，$\dfrac{\arccos\left(\dfrac{2^{\gamma}-4b-5}{2^{\gamma}-1}\right)}{2\pi f}\geqslant\dfrac{1}{2cf}$ 不存在。因

此，实验中该区域不会涉及（图 3.38）。

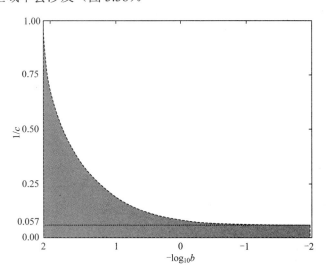

图 3.38　点 P_1 和 P_2 的盲区

图 3.38 给出了三个点（P_1、P_2 和 P_3）的实验结果，其结果是建立在 $c_1^{(10)}(b,c,\alpha,\varphi,N),c_2^{(10)}(b,c,\alpha,\varphi,N)\in[0.01,0.1]$ 和多个相位 φ 及多个采样点 N 平均意义上的 $c_1^{(k)}(b,c,\alpha,\varphi,N)$ 和 $c_2^{(k)}(b,c,\alpha,\varphi,N)$ 在 $k=10$ 的结果。直觉上，我们得到三个正弦形状的曲线。有趣的是，BEMD 在 0°、45°和 90°附近对于 EX-I 格式极值具有最差的性能，在 45°和 90°附近对于 EX-II 格式极值具有最差的性能[图 3.39（a）和（c）]。而且，总体上 EX-II 格式极值要优于 EX-I 格式极值。另外，在这种采样状态下，两个分量在 $\alpha=45°$ 时无论如何都不能完美分解。

（2）状态 $\dfrac{\arccos\left(\dfrac{2^{\gamma}-4b-5}{2^{\gamma}-1}\right)}{2\pi cf}<\dfrac{T}{N}<\dfrac{\arccos\left(\dfrac{2^{\gamma}-4b-5}{2^{\gamma}-1}\right)}{2\pi f}$

在这种采样状态下没有盲区。图 3.39 给出了三个点（P_1、P_2 和 P_3）的实验结果，其结果是建立在 $c_1^{(10)}(b,c,\alpha,\varphi,N),c_2^{(10)}(b,c,\alpha,\varphi,N)\in[0.01,0.1]$ 和多个相位 φ 及多个采样点 N 平均意义上的 $c_1^{(k)}(b,c,\alpha,\varphi,N)$ 和 $c_2^{(k)}(b,c,\alpha,\varphi,N)$ 在 $k=10$ 的结果。直觉上，我们同样得到三个正弦形状的曲线。同理，BEMD 在 0°、45°和 90°附近对于 EX-I 格式极值具有最差的性能，在 45°和 90°附近对于 EX-II 格式极值具有最差的性能[图 3.39（a）和（c）]。而且，总体上 EX-II 格式极值要优于 EX-I 格式极值。在这种采样状态下，两个分量在 $\alpha=45°$ 时，如果 $c\geqslant10$，那么可以完美分解。

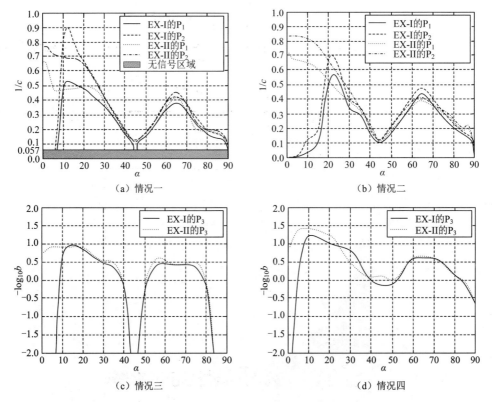

图 3.39　三个点（P_1、P_2 和 P_3）坐标位置和分量夹角的关系

（3）状态 $\dfrac{T}{N} < \dfrac{\arccos\left(\dfrac{2^{\gamma}-4b-5}{2^{\gamma}-1}\right)}{2\pi cf}$

在这种状态下，理论上无论其他参数如何都只有 EX-II 格式的极值产生。因此，EX-I 格式下的 BEMD 对于分量没有任何作用。而 EX-II 格式会产生多像素宽度的块状极值，BEMD 产生了没有意义的分解。而且，随着 T/N 的减小，这种现象更加明显。特别是，

如果 $\dfrac{T}{N} \ll \dfrac{\arccos\left(\dfrac{2^{\gamma}-4b-5}{2^{\gamma}-1}\right)}{2\pi cf}$，BEMD 性能会更加糟糕。这种状态下的 BEMD 分解的

结果总是不能与合理的物理意义吻合。其原因有二：第一，EX-II 格式无法区分块状极值中间的点属于极大还是极小；第二，这种状态下的极值产生的包络没有意义，其产生的 IMF 既不是两个分量合成一个分量的结果，也不是把两个分量完美分开的结果。因此，这种采样状态下的实验没有意义，所以我们没有去做，这里也不会给出实验结果。

值得注意的是，如果 $\dfrac{T}{N} \cong \dfrac{\arccos\left(\dfrac{2^{\gamma}-4b-5}{2^{\gamma}-1}\right)}{2\pi cf}$ 或者 $\dfrac{T}{N} \cong \dfrac{\arccos\left(\dfrac{2^{\gamma}-4b-5}{2^{\gamma}-1}\right)}{2\pi f}$，即采样

周期在几个阈值附近，这些结果将是不同状态下的结果的过渡性结果。这里可以得到两个结论：第一，EX-II 格式的性能优于 EX-I 格式的性能；第二，BEMD 在

$$\left(\frac{\arccos\left(\dfrac{2^\gamma - 4b - 5}{2^\gamma - 1} \right)}{2\pi c f}, \frac{\arccos\left(\dfrac{2^\gamma - 4b - 5}{2^\gamma - 1} \right)}{2\pi f} \right)$$ 下具有几种状态下最好的性能。

本 章 小 结

针对二维图像的结构特点，本章主要介绍了 NLEMD、SBEMD 和 ASBEMD 等算法，并给出了它们的应用实例、适用范围，读者可根据实际需要选择最优的算法。

NLEMD 通过限定最小空间分辨率，可在频域获得最大频率分辨率，并一次分解避免频率的跳变，从而有效消除了传统算法产生的灰度斑，利于后续的图像增强、图像融合、图像高动态压缩等处理。

对二维图像的方向和内部维数特征分析，定义了二维多分量和单分量的概念，给出了五类非传统结构极值定义、在噪声条件下结构极值的判据，以及识别和搜索极值结构的算法。定义的结构极值可比严格数学定义的极值更精确地描述二维信号的包络曲面，而且 SBEMD 具有噪声抑制和局部结构识别能力，保证了各分量完整性而避免模式混叠。进一步给出了改进的四元谱分析方法，为分析 IMF 时频特性提供了有效工具，并结合 SBEMD 分析图像的结构纹理具有很好的效果。

在图像极度缺乏极值点的情况下，ASBMED 利用高斯白噪声的统计特性及经验模式分解的动态自适应滤波器簇特性，把噪声作为信号分解的一个载体，通过叠加噪声获取必要的极值点，避免了传统 BEMD 分解失效。从理论上，ASBMED 解决了 BEMD 算法普遍存在的边界效应、插值极值点缺乏、插值函数效应等问题。ASBMED 在图像增强的实例中得到了验证。

同时，将一维多尺度极值二叉树结构扩展到了二维信号中，给出了二维多尺度极值二叉树结构的定义，并进一步给出了二维多尺度极值点集的建立方法。针对 FABEMD 算法存在的不足，介绍了 IFABEMD 算法。二维多尺度极值点集的建立是通过将二维图像信号分别沿水平和垂直方向展开成两个一维信号，再利用一维信号多尺度极值点集的查找方法求出这两个展开信号的多尺度极值点集，最后将两个方向上一维信号极值点集恢复到二维图像中的位置并取对应极值点的交集。IFABEMD 算法利用图像的二维多尺度极值点集中各级极值点的平均密度计算出各级滤波器窗口尺寸，提高了原有 FABEMD 算法的分解效率和自适应性，实验结果验证了该算法的有效性。

最后，对 BEMD 在图像中的性能进行了理论和实验上的全面剖析，证明了 BEMD 不仅像一维 EMD 那样受到分量幅度之比和分量频率之比的影响，而且还受到采样周期、截断误差和分量夹角的影响，对 BEMD 的整体性能进行了刻画，为 BMED 在图像中的分量分解提供了理论依据。

第4章　基于一维 Hilbert 变换的分量分解及应用

Hilbert 变换在信号处理领域具有重要的地位，是信号处理的基础理论之一[1,2,71-73]，它将实信号 $f(t)$ 转变为复数信号[71]，而信号的一些重要物理量必须通过信号的复数形式定义[1,2]，如瞬时相位、瞬时频率及瞬时幅度等。

一维 Hilbert 变换通过去除实信号的负频率频谱，并将正频率频谱的能量加倍，从而获取复数信号 $f_H(t)$，其实部为实信号，虚部为实信号的 Hilbert 变换：

$$f_H(t) = f(t) + jH\{f(t)\} = f(t) + jf^H(t) = f(t) + j[h(t) * f(t)]$$

式中，$H\{\}$ 为 Hilbert 变换算子；$*$ 为卷积算子；$h(t) = \dfrac{1}{\pi t}$，为 Hilbert 变换实数域的卷积核。

其频域表达式为

$$F\{f(t)\} = F(u)$$

$$F\{h(t)\} = H(u) = \begin{cases} -j, u > 0 \\ 0, u = 0 \\ j, u < 0 \end{cases} = -j\,\mathrm{sgn}(u)$$

$$F\{f_H(t)\} = \begin{cases} 2F(u), u > 0 \\ F(u), u = 0 \\ 0, u < 0 \end{cases}$$

式中，$F\{\}$ 为 Fourier 变换算子；$\mathrm{sgn}()$ 为符号算子。

Hilbert 变换的主要性质如下[1]。

1）Hilbert 变换后的信号，其频谱幅度不变。

2）两次 Hilbert 变换信号反号，即 $f(t) = -H\{f^H(t)\}$。

3）若 $f(t) = f_1(t) * f_2(t)$，则有 $f^H(t) = f_1^H(t) * f_2(t) = f_1(t) * f_2^H(t)$。

4）四次 Hilbert 变换信号复原，即 $f(t) = H^{(4)}\{f(t)\}$。

5）线性特性：$H[af_1(t) + bf_2(t)] = aH[f_1(t)] + bH[f_2(t)]$ $(a, b > 0)$。

6）平移不变性：若 $H[f(t)] = f^H(t)$，则 $H\{f[a(t - t_0)]\} = f^H[a(t - t_0)]$ $(a > 0)$。

7）实信号可由 Hilbert 变换的复数信号复原。

8）Hilbert 变换对信号进行 $\pi/2$ 相移。

特别地，一维 Hilbert 变换中还有一个重要特性，即 Bedrosian 定理。Bedrosian 定理虽然是 Hilbert 变换的一个特性，但却是 Hilbert 变换的核心[71]。其表明：对于两个（或多个）实数信号相乘的形式，进行 Hilbert 变换后，其中只有满足一定条件的信号变成了复数或发生了相移，而其他信号保持不变，即 Bedrosian 定理决定了 Hilbert 变换的结果形式。接下来，本章将用 Hilbert 变换中这一重要特性进行一维分量信号的分解，特别是针对不同频率的信号该特性具有很好的分解效果[204,276]。

4.1　基于一维 Hilbert 变换的 AM-FM 信号分量分解

　　AM-FM 信号在信号处理各个领域得到了广泛的应用[1]，并具有重要的地位。例如，在通信领域，幅度调制和频率调制通过改变瞬时幅度和频率通过载波传递信息。AM-FM 信号在遥感探测、雷达、音乐声信广播等系统中有着广泛的应用。有时，一旦多 AM-FM 信号分量叠加并被噪声干扰，内在的信息就会混叠从而被噪声掩盖。此时，如何从被噪声污染的多 AM-FM 信号叠加分量中分解出有效的各个单分量就显得很有意义。

　　有关 AM-FM 信号分量分解的方法不计其数，如分数阶频域内针对 LFM 分量的频域分解方法、EMD，改进型 EMD（improved EMD，IEMD）、基于 mask 的分解方法及基于 Hilbert 变换的分解方法等[106-136,204,276]。

　　频域分解方法是最为典型的一种 AM-FM 分解技术，其在频域内找到不同分量频谱的聚集区域进行分割，然后进行反变换变到时域内即可获得对应的分量。针对这种方法，需要 AM-FM 分量具有很高的频谱聚集性且不同分量之间是明显可分的。不幸的是，一旦多个 AM-FM 分量混叠后，很多时候它们的频谱也是重叠的，频谱之间没有明显的可分界线，此时这种频域内方法就无效了。

　　EMD 是另外一种效果较好的分量分解技术，其主要可以分离二倍频以上且幅频乘积满足一定条件的分量，不管这种分量是时变的还是平稳的，Rilling、Flandrin 及徐等对该问题进行了详细的讨论[110,149]。如果这些条件不满足，那么 EMD 针对这些分量的分解也会失效。所以，后来的 IEMD 在一定程度上缓解了上述问题。但是，问题仍然存在，特别是针对分量信号的频率函数是非线性时变函数时，还有就是当分量信号的频率函数交叉时，IEMD 也无能为力。

　　基于 mask 的分解方法采用辅助的 mask 信号助力 AM-FM 信号的分解，　实际上，这种方法充分利用了 EMD 的滤波特性提取频率接近于 mask 信号分量的 AM-FM 信号。这种方法有两个问题：一是基于 mask 的分解方法是基于 Fourier 频谱的，对于时变信号显得力不从心；二是该方法同样对频率函数交叉情况无能为力。

　　不同于上述方法，基于 Hilbert 变换的分解方法理论上可以分解任何频率函数不同的分量，不管它们之间的频率如何接近和交叉[276,277]。

4.1.1　基于 Hilbert 变换的分量分解

　　基于 Hilbert 变换的分量分解算法最初是由 Chen 和 Wang 等[277]提出的。在此基础上，作者进一步分析，得出一些重要的结论和工程化应用依据。

　　设 $x(t)$ 表示时间 t 的实数序列函数，其在空间 $L^2(-\infty,+\infty)$ 上具有 n 个显著的频率（分别为 $\omega_1,\omega_2,\cdots,\omega_n \geqslant 0$ ）。假定其可以分解成 n 个分量信号 $x_i^{(d)}(t)$（$i=1,2,\cdots,n$），这些分量信号的 Fourier 频谱为 $X(\omega)$，分别坐落在 n 个不相交叉的频域区间 $(0,\omega_{\mathrm{as},1})$，$(\omega_{\mathrm{as},1},\omega_{\mathrm{as},2})$，$\cdots$，$(\omega_{\mathrm{as},n-1},\omega_{\mathrm{as},n})$ 上，即

$$x(t) = \sum_{i=1}^{n} x_i^{(d)}(t) \tag{4.1}$$

式中，$X(\omega)$ 为信号 $x(t)$ 的 Fourier 变换；ω 为频率变量；$\omega_{\mathrm{as},i} \in (\omega_i,\omega_{i+1})$（$i=1,2,\cdots,n$），

为 $n-1$ 个辅助信号的频率。

在频域内,每个分量信号有一个窄带,那么这些分量可以通过如下方式逐一分离分解:

$$x_i^{(d)} = s_i(t) - s_{i-1}(t), \cdots, x_n^{(d)} = x(t) - s_{n-1}(t) \tag{4.2}$$

$$s_i(t) = \sin(\omega_{\mathrm{as},i}t) \cdot H\{x(t) \cdot \cos(\omega_{\mathrm{as},i}t)\} - \cos(\omega_{\mathrm{as},i}t) \cdot H\{x(t) \cdot \sin(\omega_{\mathrm{as},i}t)\} \tag{4.3}$$

式中, $s_0(t) = 0$; $H\{\ \}$ 为 Hilbert 变换算子。

其证明详见文献[277]。

上述算法有两个核心问题:一是辅助分量的确定,二是算法成立的条件。针对这两个问题可以发现如下现象:即使是不同分量之间在频域内存在频谱重叠,只要满足每个时刻分量之间瞬时频率不同,上述算法依然成立。

命题 4.1 给定两个 AM-FM 分量 $x(t) = x_1(t) + x_2(t)$ ($x_1(t) = a_1\cos[\omega_1(t)t]$ 及 $x_2(t) = a_2\cos[\omega_2(t)t]$),在 $L^2(-\infty, +\infty)$ 空间上,如果 $\omega_2(t) > \omega_{\mathrm{as}}(t) > \omega_1(t) > 0$ (假定它们可微) 且设 a_1、a_2 为非负幅度,那么可以获得如下结果:

$$x_1(t) = \sin[\omega_{\mathrm{as}}(t)t] \cdot H\{x(t) \cdot \cos[\omega_{\mathrm{as}}(t)t]\} - \cos[\omega_{\mathrm{as}}(t)t] \cdot H\{x(t) \cdot \sin[\omega_{\mathrm{as}}(t)t]\} \tag{4.4}$$

$$x_2(t) = x(t) - x_1(t) \tag{4.5}$$

如果 $\omega_2(t)$、ω_{as}、$\omega_1(t)$ 和 a_1、a_2 满足一定的条件,其中 $\omega(t) = 2\pi f(t)$。那么,这些条件到底是什么呢?接下来进行讨论。

4.1.2 基于 Hilbert 变换的分量分解算法条件分析

在 $L^2(-\infty, +\infty)$ 空间,对于两个 AM-FM 分量 $x_1(t) = a_1\cos[\omega_1(t)t]$ 和 $x_2(t) = a_2\cos[\omega_2(t)t]$ $[x(t) = x_1(t) + x_2(t)]$,首先假定 $\omega_2(t) > \omega_{\mathrm{as}}(t) > \omega_1(t) > 0$ 且 a_1、a_2 为非负幅度。为了简化分析,设 $x_1(t) = \cos[2\pi f(t)t]$, $x_2(t) = a\cos[2\pi cf(t)t]$,辅助信号分量为 $x_{\mathrm{as,cos}}(t) = \cos[2\pi kf(t)t]$, $x_{\mathrm{as,sin}}(t) = \sin[2\pi kf(t)t]$。这里 $\omega(t) = 2\pi f(t) > 0$,圆周频率函数 $f(t)$ 在 $t \in R^+$ 上是可微的, a、c 及 k 为常数且 $1 < k < c$。那么有

$$\tilde{x}_1(t) = x_{\mathrm{as,sin}}(t) \cdot H\{x(t) \cdot x_{\mathrm{as,cos}}(t)\} - x_{\mathrm{as,cos}}(t) \cdot H\{x(t) \cdot x_{\mathrm{as,sin}}(t)\} \tag{4.6}$$

$$\tilde{x}_2(t) = x(t) - \tilde{x}_1(t) \tag{4.7}$$

如果 $\tilde{x}_1(t) \equiv x_1(t)$ 及 $\tilde{x}_2(t) \equiv x_2(t)$,那么分解就是完全成功的,否则就会有误差。为了测量分解误差,设

$$\mathrm{er} = \min\left\{1, \max_{l=1,2}\left[\frac{\|x_l(t) - \tilde{x}_l(t)\|_{L^2(R)}^2}{\|x_l(t)\|_{L^2(R)}^2}\right]\right\} \tag{4.8}$$

显然,如果 $\mathrm{er} = 0$,分解就是完全成功的。随着 er 的增大,分解性能将会下降。如果 $\mathrm{er} = 1$,那么分解就是彻底失败的。

1. 当 a 和 c 变化时对于 $k = \dfrac{c+1}{2}$

情况 I:幅度 a 从 10^{-6} 变化到 10^6, c 从 1 变化到 500, $f(t) = 1$。分解结果如图 4.1(a)所示。

情况 II：幅度 a 从 10^{-6} 变化到 10^6，c 从 1 变化到 500，$f(t)=0.05t+1$。分解结果如图 4.1（b）所示。

情况 III：幅度 a 从 10^{-6} 变化到 10^6，c 从 1 变化到 500，$f(t)=0.01t^2+0.02t+1$。分解结果如图 4.1（c）所示。

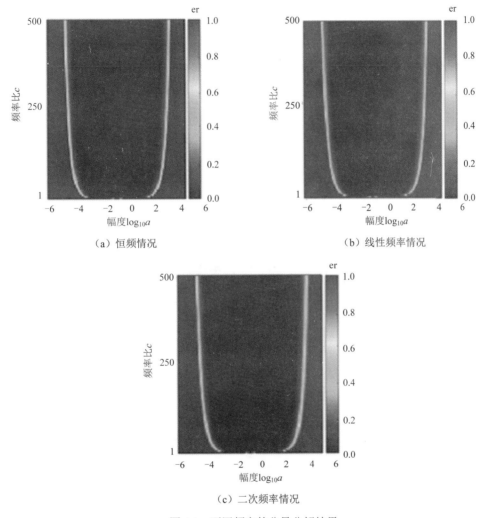

（a）恒频情况　　　　（b）线性频率情况

（c）二次频率情况

图 4.1　不同频率的分量分解结果

显然，尽管针对不同的频率函数（主要讨论了三种：常数频率、线性调制频率和二次函数调制频率），但是分解结果却具有相似性，所以可得相同结论：如果幅度 a 和频率比 c 满足关系 $c \geqslant 4^{|\log_{10}a|}$，那么分解结果几乎接近完美。

2. 当 a 和 k 变化时对于 $c=2$

情况 I：幅度 a 从 10^{-6} 变化到 10^6，c 从 1 变化到 500，$f(t)=1$。分解结果如图 4.2（a）所示。

情况 II：幅度 a 从 10^{-6} 变化到 10^6，c 从 1 变化到 500，$f(t)=0.05t+1$。分解结果

如图 4.2（b）所示。

　　情况 III：幅度 a 从 10^{-6} 变化到 10^{6}，c 从 1 变化到 500，$f(t)=0.01t^{2}+0.02t+1$。分解结果如图 4.2（c）所示。

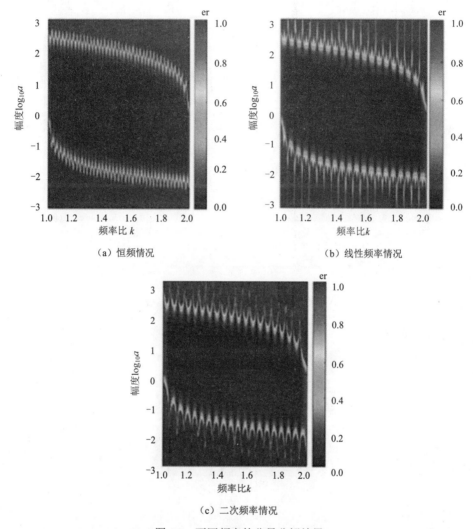

（a）恒频情况　　　　　　　　　　　　（b）线性频率情况

（c）二次频率情况

图 4.2　不同频率的分量分解结果

　　显然，尽管针对不同的频率函数（主要讨论了三种：常数频率、线性调制频率和二次函数调制频率），但是分解结果却具有相似性，所以可得相同结论：如果幅度 a 和频率比 k 满足关系 $k=-\dfrac{(\log_{10}a)^{2}}{4}+2$，那么分解结果几乎接近完美。

　　因此，如果两个 AM-FM 分量的幅度和频率已知，那么根据上述条件 $[c\geqslant 4^{|\log_{10}a|}$，以及在 $k=-\dfrac{(\log_{10}a)^{2}}{4}+2$ 和 $k=2(\log_{10}a)^{2}$ 之间的区间]，辅助信号的频率可以在一个范围内进行选择，且可知实际工程中满足该条件的范围是比较宽松的。

　　另外，即使两个 AM-FM 分量在频域内具有重叠的频谱区域，在通常情况下，只要

$\omega_2(t) > \omega_{as}(t) > \omega_1(t) > 0$，那么这个分解也可以成功。

实际上，幅度比值不能太大，如果两个 AM-FM 分量的幅度比值过大甚至达到 $1000 \sim 1000000$ 的范围，那么可能就没有必要或者没有任何意义去分离二者。另外，根据误差大小可知：如果幅度比值过大，那么二者中幅度较大分量的较小分解误差会导致幅度较小分量分解误差过大。

由此可以得出结论：如果幅度比值不是太大，且频率比值在一个合理的范围内，多数情况下分量分解都是成功的。换句话说，日常工程中的信号分量大多数均满足给定的合理范围，所以都可以用这种方法进行有效的分量分解。

图 4.3 是基于 Hilbert 变换分量分解算法的一个典型突破案例。图 4.1 和图 4.2 中的实验结果证实了这种突破的有效性，并给出了两个分量可以有效分解的这种突破成立的理论边界条件。

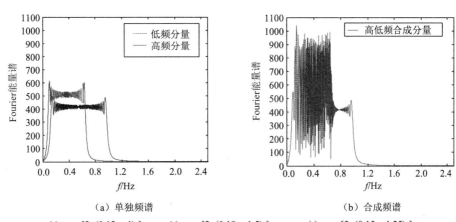

（a）单独频谱　　　　　　　　　　　　　　（b）合成频谱

$x_1(t) = \cos[2\pi(0.12t+1)t]$ ，　 $x_2(t) = \cos[2\pi(0.18t+1.5)t]$ ，　 $x_{as,cos}(t) = \cos[2\pi(0.15t+1.25)t]$ ，

$x_{as,sin}(t) = \sin[2\pi(0.15t+1.25)t]$ 。采样频率为 500Hz，时间支撑为 30s，最终 er < 0.001。

图 4.3　一个 AM-FM 二分量分解实例

对比 EMD 的局限性，基于 Hilbert 变换的分量分解算法对于分量分解来说是一个巨大的进步。也就是说，如果能够获得理想的辅助分量信号，工程中 AM-FM 分量分解就是可行的。

4.2　时变带通滤波器

4.2.1　时变带通滤波器概述

设 $x(t) = \sum_{l=1}^{3} x_l(t)$ （ $x_l(t) = a_l \cos[\omega_l(t)t]$ ）是一个表示时间的实数序列函数，其包含三个主频率（其中，幅度 $a_l > 0$ ，对于 $\forall t \in [0, T]$ 三个主频率满足 $\omega_1(t) > \omega_2(t) > \omega_3(t) \geqslant 0$ ）。下面探讨如何从 $x(t)$ 中获得目标分量 $x_{in}(t) = x_2(t)$ 。 $[x_{as,cos}^{(1)}(t), x_{as,sin}^{(1)}(t)]$ 及 $[x_{as,cos}^{(2)}(t), x_{as,sin}^{(2)}(t)]$ 为辅助分量信号对，此时有[276]

$$\begin{cases} x_{as,cos}^{(1)}(t) = \cos[\omega_{as}^{(1)}(t)] \\ x_{as,sin}^{(1)}(t) = \sin[\omega_{as}^{(1)}(t)] \end{cases} \quad (4.9)$$

其中，$\omega_1(t) > \omega_{as}^{(1)}(t) > \omega_2(t)$。

$$\begin{cases} x_{as,cos}^{(2)}(t) = \cos[\omega_{as}^{(2)}(t)] \\ x_{as,sin}^{(2)}(t) = \sin[\omega_{as}^{(2)}(t)] \end{cases} \quad (4.10)$$

其中，$\omega_2(t) > \omega_{as}^{(2)}(t) > \omega_3(t)$。那么，可以通过下面的时变带通滤波器（time-varying bandpass filter，TVBF）在大小误差为 δ 下获得目标分量 $x_{in}(t)$：

$$\tilde{s}_1(t) = x_{as,sin}^{(1)}(t) \cdot H\left\{x(t) \cdot x_{as,cos}^{(1)}(t)\right\} - x_{as,cos}^{(1)}(t) \cdot H\left\{x(t) \cdot x_{as,sin}^{(1)}(t)\right\} \quad (4.11)$$

$$\tilde{s}_2(t) = x_{as,sin}^{(2)}(t) \cdot H\left\{x(t) \cdot x_{as,cos}^{(2)}(t)\right\} - x_{as,cos}^{(2)}(t) \cdot H\left\{x(t) \cdot x_{as,sin}^{(2)}(t)\right\} \quad (4.12)$$

$$\tilde{x}_2(t) = \tilde{s}_1(t) - \tilde{s}_2(t) \quad 4.13）$$

其中，$0 \leqslant \delta = \dfrac{\left\|x_{in}(t) - \tilde{x}_2(t)\right\|_{L^2(T)}^2}{\left\|x_{in}(t)\right\|_{L^2(T)}^2} < 1$（$\delta$ 为一个很小的非负数值）。

这里最重要的是辅助函数 $[\omega_{as}^{(1)}(t), \omega_{as}^{(2)}(t)]$ 的选择。实际上，如果频率函数 $\omega_{in}(t) = \omega_2(t)$ 已知，设 $\omega_{as}^{(1)}(t) = [1+\lambda]\omega_{in}(t)$，$\omega_{as}^{(2)}(t) = [1-\lambda]\omega_{in}(t)(0 < \lambda < 1)$，当且仅当 $\omega_1(t) > \omega_{as}^{(1)}(t) > \omega_{in}(t)$，$\omega_{in}(t) > \omega_{as}^{(2)}(t) > \omega_3(t)$ 成立即可。

如果另外两个分量 $[x_1(t), x_3(t)]$ 属于噪声（如零均值的高斯白噪声），那么它们的带宽将占满整个频域。因此，λ 应尽可能地小。另外，如果 λ 太小，时变带通滤波器的性能就会明显下降，原因在于实际工程中由于采样量化和其他原因信号的分辨率不可能太高。

接下来讨论在不同的信噪比（或噪声方差）下，对于固定的频率函数 $\omega_{in}(t)$，应如何选择最优的参数 λ。

4.2.2　时变带通滤波器最优参数

本小节探讨给定频率函数 $f_{in}(t)$ 时不同噪声方差 σ 下的最优参数 λ 的选择问题。设 $x_{in}(t) = \cos[2\pi(0.002t^2 + 0.05t + 1)t]$，其中，频率函数 $f_{in}(t) = 0.002t^2 + 0.05t + 1$（时间支撑为 $t \in [0,30]$，采样频率为 500Hz）。根据式（4.11）～式（4.13），令

$$\begin{cases} x_{as,cos}^{(1)}(t) = \cos[2\pi(1+\lambda)f_{in}(t)t] \\ x_{as,sin}^{(1)}(t) = \sin[2\pi(1+\lambda)f_{in}(t)t] \end{cases} \quad (4.14)$$

$$\begin{cases} x_{as,cos}^{(2)}(t) = \cos[2\pi(1-\lambda)f_{in}(t)t] \\ x_{as,sin}^{(2)}(t) = \sin[2\pi(1-\lambda)f_{in}(t)t] \end{cases} \quad (4.15)$$

设 $x(t) = x_{in}(t) + nn(t)$，其中 $nn(t)$ 为零均值方差为 σ 的高斯白噪声。利用时变带通滤波器分离分量 $\tilde{x}_{in}(t)$（目标分量信号 $x_{in}(t)$ 的一个近似分量值），可以分析出在不同的噪声方差 σ 和参数 λ 下误差 δ 的变化情况。

如果没有其他分量的频率接近目标分量（计划分解的分量），那么当噪声方差较小

时，可以让参数 λ 大一些；相反，如果有其他分量的频率接近目标分量，则必须让参数 λ 尽可能小一些。另外，为了获得目标分量，λ 不能为零。

所以，在经过图 4.4（图 4.4 中的点线）的仿真和分析后，可以发现最优的参数 λ 的范围多数情况下会限定在 0.001～0.1。当然，实际工程应用中还需要充分考虑各种因素并进行综合，然后给出一个经验上最优的参数。

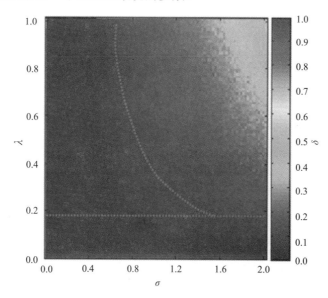

图 4.4　误差 δ 和噪声方差 σ 及参数 λ 之间的关系

1. 基于时频平面的参数估计

为了获得辅助分量及其频率函数，需要优化噪声中的时频分布来估计辅助分量的频率函数以满足时变带通滤波器的要求。

这里利用传统的时频分布工具[1,2]，如 Wigner-Ville 分布及伪 Wigner-Ville 分布、平滑伪 Wigner-Ville 分布和短时 Fourier 变换去优化时频分布，从而融合出最优的结果。融合过程如下。

1）计算标准化的 Wigner-Ville 分布 $I_{wv}(t,f)$、伪 Wigner-Ville 分布 $I_{pwv}(t,f)$、平滑伪 Wigner-Ville 分布 $I_{spwv}(t,f)$ 和短时 Fourier 变换 $I_{sft}(t,f)$。这里的"标准化"表示所有的时频分布平面图像的取值范围为 0～1。

2）计算第一次优化的时频分布 $I_1(t,f) = I_{wv}(t,f) \oplus I_{pwv}(t,f)$，其中，$\oplus$ 表示先进行加运算，然后二值量化为 0 和 1，若量化阈值为 th_1，则通常 $\text{th}_1 \in [0.1, 0.3]$。

3）计算第二次优化的时频分布 $I_2(t,f) = I_{spwv}(t,f) \oplus I_{sft}(t,f)$，其中，$\oplus$ 表示先进行加运算，然后二值量化为 0 和 1，若量化阈值为 th_2，则通常 $\text{th}_2 \in [0.01, 0.2]$。此外，如果这里有太多的小的隔离区间，则进行如下步骤：①去除独立块，去除原则为 $I_2(t,f)$ 中独立块像素个数小于 th_3（$\text{th}_3 \in [500, 2000]$）；②对图像 $I_2(t,f)$ 进行膨胀操作；③对图像 $I_2(t,f)$ 进行腐蚀操作。

4）计算优化的时频分布 $I_3(t,f) = I_1(t,f) \otimes I_2(t,f)$，其中，$\otimes$ 表示先进行像素之

间的相乘操作，然后采取如下步骤：①去除独立块，去除原则为独立块像素个数小于 th_4（通常 $th_4 \in [10, 1000]$）；②对图像进行膨胀操作；③对图像进行腐蚀操作。

实验表明，多数情况下上述操作均可以获得一个比较理想的优化时频分布。图 4.5～图 4.7 为上述操作下的时频分布优化实例。

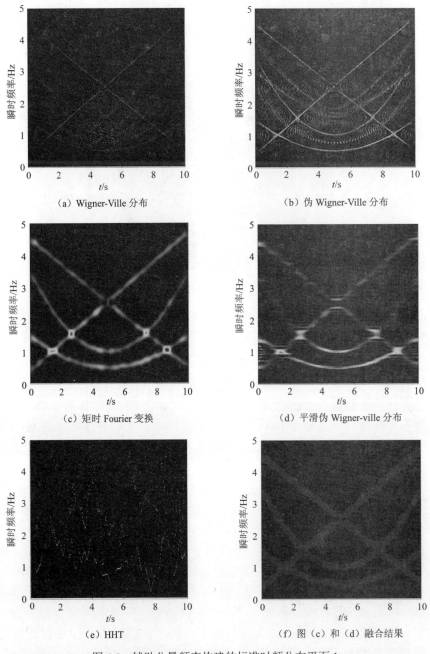

（a）Wigner-Ville 分布　　　　　　　　（b）伪 Wigner-Ville 分布

（c）短时 Fourier 变换　　　　　　　　（d）平滑伪 Wigner-ville 分布

（e）HHT　　　　　　　　　　　　　（f）图（c）和（d）融合结果

图 4.5　辅助分量频率构建的标准时频分布平面 1

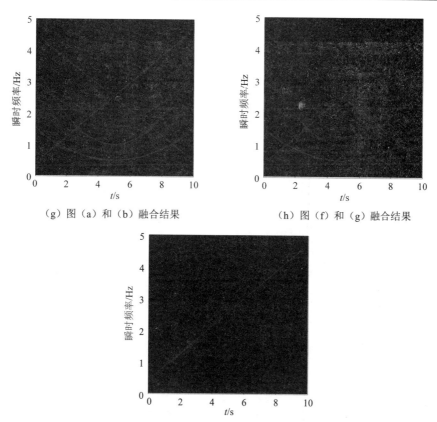

（g）图（a）和（b）融合结果　　　　　　　　（h）图（f）和（g）融合结果

（i）一个最终优化的时频分布平面以进行辅助分量的分解结果而构建

$x_1(t) = (1 + 0.01t)\cos[2\pi(0.1t^2 - t + 3.5)t]$，　$x_2(t) = \cos[2\pi(0.44t + 0.4)t]$，　$x_3(t) = \cos[2\pi(0.04t^2 - 0.4t + 1.5)t]$，　$\mathrm{th}_1 = 0.2$，

$\mathrm{th}_2 = 0.03$，　$\mathrm{th}_3 = 1000$，　$\mathrm{th}_4 = 20$，　$x_4(t) = (1 - 0.001t^2)\cos[2\pi(-0.4t + 4.5)t]$。零均值高斯白噪声的方差为 $\sigma = 1$，

采样频率为 100Hz。

图 4.5（续）

　　需要注意的是，时频分布优化不是最终目的，它仅仅是噪声中分量分离分解的一个中间步骤或过程。因此，即使时频分布优化结果相对较粗，不够精细理想，但通过最小二乘等算法依然可以把频率函数进行有效估计。

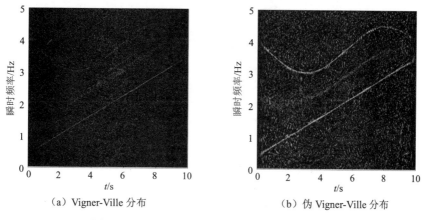

（a）Vigner-Ville 分布　　　　　　　　　　（b）伪 Vigner-Ville 分布

图 4.6　辅助分量频率构建的标准时频分布平面 2

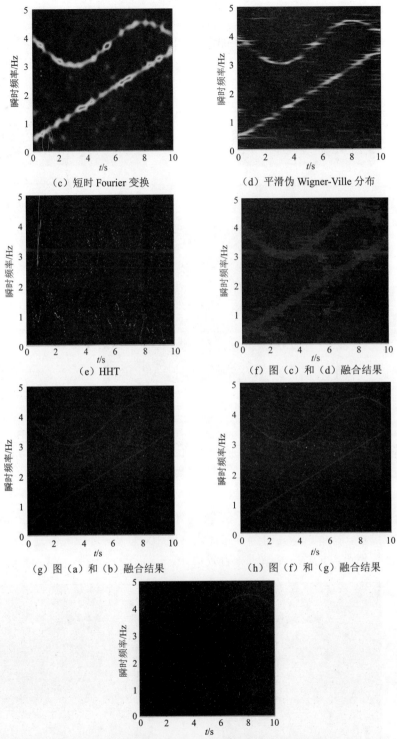

（c）短时 Fourier 变换　　　　　　　　　（d）平滑伪 Wigner-Ville 分布

（e）HHT　　　　　　　　　　　　（f）图（c）和（d）融合结果

（g）图（a）和（b）融合结果　　　　　　　（h）图（f）和（g）融合结果

（i）一个最终优化的时频分布平面以进行辅助分量的分解结果而构建

$x_1(t) = \cos\{2\pi[3 - 1.5\sin(0.2\pi t)]t\}$ ，　$x_2(t) = (0.02t + 1)\cos[2\pi(0.3t + 0.4)t]$ ，　$\text{th}_1 = 0.2$ ，　$\text{th}_2 = 0.03$ ，　$\text{th}_3 = 1000$ ，　$\text{th}_4 = 20$ 。
零均值高斯白噪声的方差为 $\sigma = \sqrt{2}$ ，采样频率为25Hz。

图 4.6（续）

例如，图 4.5（i）和图 4.6（i）中依然有一些离散的点或独立小块不在时频分布曲线的脊线上，但是它们却离散随机地分布在时频分布曲线的脊线两侧。

另外，根据 λ 的理论冗余程度和范围，辅助分量信号的频率函数可以在一个范围内取值（图 4.4），而不是在某一条曲线上，所以有一些离散的点或独立小块不在时频分布曲线的脊线上，对结果不会造成显著的影响。

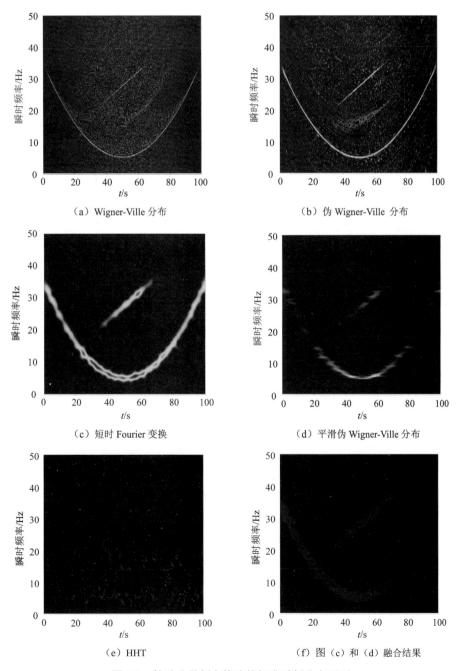

（a）Wigner-Ville 分布   （b）伪 Wigner-Ville 分布

（c）短时 Fourier 变换   （d）平滑伪 Wigner-Ville 分布

（e）HHT   （f）图（c）和（d）融合结果

图 4.7 辅助分量频率构建的标准时频分布平面

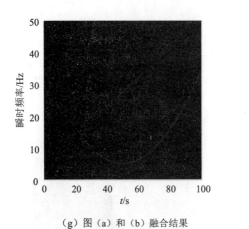 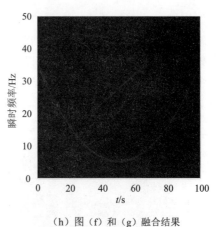

（g）图（a）和（b）融合结果　　　　　　（h）图（f）和（g）融合结果

$x_1(t) = 2\cos[2\pi(0.012t^2 - 1.2t + 35)t]$ ，$x_2(t) = 2\mathrm{e}^{-0.003(t-50)^2}\cos[2\pi(0.45t+5)t]$ ，$\mathrm{th}_1 = 0.2$ ，$\mathrm{th}_2 = 0.03$ ，$\mathrm{th}_3 = 1000$ ，$\mathrm{th}_4 = 20$ 。
零均值高斯白噪声的方差为 $\sigma = 1$ ，采样频率为250Hz。

图 4.7（续）

相似地，可以选择图 4.5 和图 4.6 中其他区域。这些选定的点 (t, f)［图 4.5（i）和图 4.6（i）中的实线等］可以通过最小二乘算法估计多项式频率函数，多项式频率函数进一步可以用来构建辅助分量信号。

由于实际的时频分布平面在噪声和交叉分量的影响下会过于复杂，因此很难自动有效地选取感兴趣的区域点，所以有时不得不人为地手工选择部分兴趣点作为辅助分量的频率估计点[274]。

2. 基于最小二乘法的多项式频率函数估计

假定选定区域的频率函数为 $f_{\mathrm{in}}(t) = \sum_{i=1}^{v} a_i t^i$ （ v 为函数系数个数），根据选定的区域可以获得非零像素点 $[t_l, f_{\mathrm{in}}(t_l)]$ （ $1 \leqslant l \leqslant L_\mathrm{s} \in \mathbf{Z}^+$ ， L_s 为选定区域非零像素点个数）。

设 $\boldsymbol{Y} = \begin{bmatrix} f(t_1) \\ f(t_2) \\ \vdots \\ f(t_s) \end{bmatrix}$ ， $\boldsymbol{A} = \begin{bmatrix} a_1 \\ a_2 \\ \vdots \\ a_n \end{bmatrix}$ ， $\boldsymbol{B} = \begin{bmatrix} 1 & t_1 & t_1^2 & \cdots & t_1^v \\ 1 & t_2 & t_2^2 & \cdots & t_2^v \\ \vdots & \vdots & \vdots & & \vdots \\ 1 & t_{L_\mathrm{s}} & t_{L_\mathrm{s}}^2 & \cdots & t_{L_\mathrm{s}}^v \end{bmatrix}$ ，那么通过最小二乘优化算法可得频率函数的系数优化结果：

$$A = (\boldsymbol{B}^\mathrm{T} \boldsymbol{B})^{-1} \boldsymbol{B}^\mathrm{T} \cdot \boldsymbol{Y} \tag{4.16}$$

式中，T 为矩阵转置算子。

多数情况下，需要做的就是在矩阵 $\boldsymbol{A}$ 中提供具体的数目 v 。实际上，在获得优化的时频平面后，每个频率函数的脊线是很明显的，所以可以通过频率函数的脊线给定一个先验数据，通常 $v = 5$ 在多数情况下很好用。

一旦频率函数 $f_{\mathrm{in}}(t) = \sum_{i=1}^{v} a_i t^i$ 确定，就可以获得对应的两个辅助信号的频率（频率的时变函数）：

$$f_{\text{as},1}(t) = (1+\lambda)\sum_{i=1}^{v} a_i t^i, \quad f_{\text{as},2}(t) = (1-\lambda)\sum_{i=1}^{v} a_i t^i$$

从而可以构建辅助分量：

$$x_{\text{as,cos}}^{(1)}(t) = \cos[2\pi f_{\text{as},1}(t)t], x_{\text{as,sin}}^{(1)} = \sin[2\pi f_{\text{as},1}(t)t] \tag{4.17}$$

$$x_{\text{as,cos}}^{(2)}(t) = \cos[2\pi f_{\text{as},2}(t)t], x_{\text{as,sin}}^{(2)} = \sin[2\pi f_{\text{as},2}(t)t] \tag{4.18}$$

进一步，从噪声信号 $x(t)$ 中可以获得目标信号分量 $\tilde{x}_{\text{in}}(t)$，形式如下：

$$\tilde{s}_1(t) = x_{\text{as,sin}}^{(1)}(t) \cdot H\left\{x(t) \cdot x_{\text{as,cos}}^{(1)}(t)\right\} - x_{\text{as,cos}}^{(1)}(t) \cdot H\left\{x(t) \cdot x_{\text{as,sin}}^{(1)}(t)\right\} \tag{4.19}$$

$$\tilde{s}_2(t) = x_{\text{as,sin}}^{(2)}(t) \cdot H\left\{x(t) \cdot x_{\text{as,cos}}^{(2)}(t)\right\} - x_{\text{as,cos}}^{(2)}(t) \cdot H\left\{x(t) \cdot x_{\text{as,sin}}^{(2)}(t)\right\} \tag{4.20}$$

$$\tilde{x}_{\text{in}}(t) = \tilde{s}_1(t) - \tilde{s}_2(t) \tag{4.21}$$

同时，信噪比

$$\text{SNR} = 10\log_{10}\frac{\|x_{\text{in}}(t)\|_{L^2(T)}^2}{\|x_{\text{in}}(t) - \tilde{x}_{\text{in}}(t)\|_{L^2(T)}^2} = -10\log_{10}\delta \tag{4.22}$$

式中，$x_{\text{in}}(t)$ 为对应目标分量的原始分量。

3. 端点边界效应

实际上，Hilbert 变换具有边界效应[1]，类似于 EMD 的边界效应[106-109]。其中最常用的解决方法就是图像（信号）的扩展，例如镜像扩展等均可以有效解决该问题。

4.2.3　实验分析

本小节利用上述算法进行噪声污染下多分量的分解，结果如图 4.5～图 4.7 所示。

这里共有八个分量，在这些实验中，对所有分量取 $\lambda=0.02$。对比的方法包括 EMD[106]、IEMD[116]、基于 mask 和 Fourier 变换的方法[119-121]，以及本节详细介绍的基于 Hilbert 变换的方法。

在 EMD 方法中，利用分解结果中与原始分量最相关（具有最多相似性）的结果作为原始分量对应的分解结果；在 IEMD 方法中，首先应用 EMD 进行简单的滤波操作摒弃前两个 IMF 分量（主要为噪声），然后把剩余的 IMF 分量作为分解结果；在基于 mask 和 Fourier 变换的方法[119]中，假定分量的数目已知，从而可以获得分量数目的先验信息，即个数。

分量分解的量化对比结果，即各自的信噪比（SNR）如表 4.1 所示。

表 4.1　噪声中分量分解的量化对比结果

方法	图 4.5				图 4.6		图 4.7	
	$x_1(t)$	$x_2(t)$	$x_3(t)$	$x_4(t)$	$x_1(t)$	$x_2(t)$	$x_1(t)$	$x_2(t)$
EMD[106]	1.2574	1.0001	—	3.4464	2.2574	2.3072	1.8894	—
IEMD[120]	—	—	4.3375	5.1247	4.1113	3.8879	—	—
Masking method[119]	3.6905	—	2.3467	2.9870	3.9802	—	6.4301	—
Method in[128]	3.8979	3.7021	2.2554	—	6.8794	3.3210	7.2578	—
本书方法[276]	**17.1615**	**18.4958**	**21.7105**	**14.6292**	**15.2934**	**14.3257**	**17.5273**	**19.3419**

注："—"表示该项为负，没有意义，从略。

从表 4.1 和图 4.5～图 4.7 可以看出，四种方法（EMD[106]、IEMD[116]、基于 mask 和 Fourier 变换的方法[119]、基于 Hilbert 变换的方法[276,277]）均会在分量交叉处出现分解失败的情况。同时，这些方法会被噪声严重干扰。基于 mask 和 Fourier 变换的方法需要利用 Fourier 频谱获得辅助分量，所以对于非平衡信号（频率函数为时变函数的情况）来说其会失效。

因此，可以得出结论：EMD、IEMD、基于 mask 和 Fourier 变换的方法、基于 Hilbert 变换的方法中，前三种方法的效果远低于最后一种方法。

在图 4.7 中，第二个分量是 $x_2(t)$ 间歇性的，这种情况下仍然能够获得理想的频率区域，主要包括 $x_2(t)$ 的与频率函数有关的像素。一旦频率区域选定，后面辅助分量信号的构造与前面非间歇性信号一致。

实际上，这里与非间歇性分量的最大区别就是针对不同的频率区域选择技巧。由于分量是间歇性的，那么它的有效时间支撑必定少于整个时间支撑，因此只需要在有效时间支撑上提取对应的分量即可。为了减少区域选择的扩大化，同时又不能引入过多噪声，可以通过下式提取分量：

$$\tilde{x}_{in}(t) = \begin{cases} \tilde{s}_1(t) - \tilde{s}_2(t), & t_1 - \Delta t \leqslant t \leqslant t_2 + \Delta t \\ 0, & \text{其他} \end{cases} \tag{4.23}$$

式中，$[t_1, t_2]$ 为分量的有效支撑，这里取 $\Delta t = (t_2 - t_1)/4$。

另一个需要考虑的问题是采样率。由于 Hilbert 变换受采样率和信号最大频率的影响，因此必须充分考虑采样频率和最大频率之间的比值问题。研究发现，随着采样频率和最大频率之间比值的增加，性能会有所提高，反之亦然。

图 4.8 是信噪比和采样频率及信号最大频率之间比值的关系，针对的是图 4.6 中的两个分量。采样频率和信号最大频率之间比值越大，信噪比就越高。而且，当采样频率和最大频率之间比值超过 10 时，信噪比增加速度放缓。

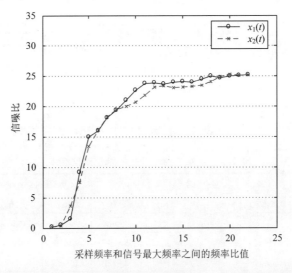

图 4.8　针对图 4.6 中分量分解过程中信噪比和采样频率及信号最大频率之间比值的关系

同理，这里也测试了图 4.5 和图 4.7 中的分量，以寻找信噪比和采样频率及最大频率之间比值的关系，得出了相同的结论：对于固定的噪声方差，当采样频率和信号最大频率之间比值超过 10 时，分量分解性能相对较好。而且理论上，采样频率和信号最大频率之间比值越大，分解效果越好；且当采样频率和信号最大频率之间比值超过 20 时，分解性能基本稳定在一个最高的水平上。另外，如果采样频率和信号最大频率之间比值大于 5 且小于 10，性能基本可以接受；当小于 5 时，性能不可接受。

本 章 小 结

　　本章基于一维 Hilbert 和 Bedrosian 定理理论，介绍了一种新的分量分解算法。其主要思想是：使用一维 Bedrosian 定理特性，即只有满足一定频率条件的分量信号变成了复数，而其他分量信号保持不变，因此只要对一维信号多次嵌套应用 Bedrosian 定理，实现分量信号的差异性变化，就可以根据分量信号的不同变化区分和剥离不同分量。

　　同时，针对 AM-FM 分量进行了本章方法的性能分析，给出了信号分量工程化中的性能边界，为 AM-FM 分量分解提供了依据；给出了几个实验分析，用实验结果证实了该算法理论上的合理性。

第 5 章　基于二维 Hilbert 变换的分量分解及应用

Hilbert 变换，自从 1946 年由 Gabor 提出以来[71]，已经得到了深入的研究。Hilbert 变换在信号处理领域具有重要的地位，是信号处理的基础理论之一[1,2,71-73]，它将实信号 $f(t)$ 转变为复数信号[71]，而信号的一些重要物理量必须通过信号的复数形式定义[1,2]，如瞬时相位、瞬时频率及瞬时幅度等。Hilbert 变换通过去除实信号的负频率频谱，并将正频率频谱的能量加倍，从而获取复数信号 $f_H(t)$，其实部为实信号，虚部为实信号的 Hilbert 变换。

Hilbert 变换具有很多优良特性，包括 Bedrosian 定理特性、变换前后信号能量不变、$\pi/2$ 相移、四次信号复原等，已成为信号处理的基础理论和重要工具[2-4]，并在信息通信、信号时频分析、特征识别及特征提取等方面[2-11,26-34]得到广泛应用。Hilbert 变换的基本思想是：对原实数信号进行 Fourier 变换得到 Fourier 频谱，在 Fourier 频谱中剔除负频率部分，加倍正频率部分的幅值，然后对频谱进行 Fourier 逆变换，得到复数信号。Hilbert 变换在时域内将原实数信号作为实部，原实数信号和 $1/\pi t$ 核函数的卷积作为虚部，从而由实数信号构造复数信号。可以看出，通过 Hilbert 变换将实数信号从实数域转换到复数域进行处理，可以充分利用复数信号的特有性质，为求解信号的幅度和相位信息提供了简洁、明了的方法，也为信号的进一步分析和处理打下了良好的基础。

特别地，一维 Hilbert 变换中有一个重要特性，即 Bedrosian 定理。Bedrosian 定理虽然是 Hilbert 变换的一个特性，但却是 Hilbert 变换的核心[71]，其表明：对于两个（或多个）实数信号相乘的形式，进行 Hilbert 变换后，只有满足一定条件的信号变成复数或发生相移，而其他信号保持不变，即 Bedrosian 定理决定了 Hilbert 变换的结果形式。

需要强调的是，以往人们在进行一维信号幅相求解和时频分析时只需要进行一维 Hilbert 变换即可（当然，变换前可能还要进行分解等其他操作）获得期望的复数形式，虽然很少谈及其中的条件，但却隐含使用了 Hilbert 变换得到复数信号时的理论（Bedrosian 定理）[1]。由于一维信号自由度少，相对简单，因此以往人们这样使用并没有造成不便。但是对于二维信号，维数的增加往往意味着一定概念和思想的突破。图像相对于一维信号增加了一个自由度后，既要考虑图像的自身结构特征和类型，又要考虑二维 Hilbert 变换的种类（如 5.1 节介绍的四种二维 Hilbert 变换），同时还要考虑应用的目的（即需求和目标是什么），其研究具有很大的挑战性。因此，二维 Bedrosian 定理在进行图像幅相求解和时频分析等应用时，必须进行充分的理论论证和相关的应用分析，既需要充分考虑图像结构类型、应用目的等各种因素，同时又要考虑二维 Hilbert 变换的不同种类。

本章给出标准二象 Hilbert 变换和非标准二象 Hilbert 变换的定义，推导二象 Hilbert 变换的函数表达式，讨论标准二象 Hilbert 变换的特性，并给出任意维信号的 Hilbert 变换及复数信号的通式；然后，将二维 Hilbert 变换拓展到（广义）分数阶 Fourier 域，并对其性质和物理解释进行讨论；最后给出基于 Hilbert 变换和 Bedrosian 定理的图像分量分解方法，并进行性能分析和实验对比。

5.1　二维 Hilbert 变换

目前，二维 Hilbert 变换典型的有总体 Hilbert 变换（total Hilbert transform，THT）[74]、方向 Hilbert 变换（partial Hilbert transform，PHT）[75]、单象 Hilbert 变换（single orthant Hilbert transform，SOHT）[76]和四元 Hilbert 变换（quaternionic Hilbert transform，QHT）[77]。其中，PHT 将二维信号分别在 x、y 坐标轴上进行一维 Hilbert 变换，它对纵横方向敏感。文献[77]在 SOHT 和超 Fourier 变换（hypercomplex Fourier transforms，HFT）[78,89]基础上提出了 QHT，并给出了上述四种变换的解析信号的关系。THT 和 PHT 称为基本 Hilbert 变换，SOHT 和 QHT 为基本 Hilbert 变换的线性组合。

设二维信号 $f(x,y)$（简记 f），i、j 和 k 为虚数单位，(u,v) 为频域上的点，$f(x,y)$ 的 Fourier 变换和 Hilbert 变换分别为 $F(u,v)$ 和 $f^H(x,y)$（记为 f^H），H^{T} 为 THT 算子，H^x 和 H^y 为横向和纵向的 PHT 算子，$H^{\mathrm{sol}}(l=1,2,3,4)$ 为 l 象限的 SOHT 算子，H^{q} 为 QHT 算子，Re 为实部算子，Im 为虚部算子。$f_{H^{\mathrm{T}}}(x,y)$、$f_{H^x}(x,y)$、$f_{H^y}(x,y)$、$f_{\mathrm{sol}}(x,y)$（$l=1,2,3,4$）及 $f_{H^{\mathrm{q}}}(x,y)$ 分别为 THT、横向/纵向 PHT、SOHT 及 QHT 的解析信号。

将频域划分成九个区域：第一区域/第一象限（$u>0,v>0$）、第二区域/第二象限（$u<0,v>0$）、第三区域/第三象限（$u<0,v<0$）、第四区域/第四象限（$u>0,v<0$）、第五区域/u 正半轴（$u>0,v=0$）、第六区域/v 正半轴（$u=0,v>0$）、第七区域/u 负半轴（$u<0$，$v=0$）、第八区域/v 负半轴（$u=0,v<0$）、第九区域/原点（$u=0,v=0$），如图 5.1 所示。

第二区域/第二象限	第六区域/v 正半轴	第一区域/第一象限
第七区域/u 负半轴	第九区域/原点	第五区域/u 正半轴
第三区域/第三象限	第八区域/v 负半轴	第四区域/第四象限

图 5.1　频域区域划分

5.1.1　总体 Hilbert 变换

THT 的卷积核为 $h^{\mathrm{T}}(x,y)=\dfrac{1}{\pi^2 xy}$，其卷积函数 $f^{H^{\mathrm{T}}}(x,y)$（记为 $f^{H^{\mathrm{T}}}$）为

$$f^{H^{\mathrm{T}}}(x,y)=f(x,y)*h(x,y)=\iint_{\mathbf{R}^2}\frac{f(\xi_1,\xi_2)}{\pi^2(x-\xi_1)(y-\xi_2)}\mathrm{d}\xi_1\mathrm{d}\xi_2 \tag{5.1}$$

$$H^{\mathrm{T}}(u,v)=(-\mathrm{j})^2\,\mathrm{sgn}(u)\,\mathrm{sgn}(v)$$

式中，$\mathrm{sgn}(s)=\begin{cases}1,s>0\\0,s=0\\-1,s<0\end{cases}$。

$$\begin{cases}F^{H^{\mathrm{T}}}(u,v)=(-\mathrm{j})^2 F(u,v)\,\mathrm{sgn}(u)\,\mathrm{sgn}(v)=-F(u,v)\,\mathrm{sgn}(u)\,\mathrm{sgn}(v)\\ f_{H^{\mathrm{T}}}(x,y)=f(x,y)+\mathrm{j}f^{H^{\mathrm{T}}}(x,y)\\ F_{H^{\mathrm{T}}}(u,v)=[1-\mathrm{j\,sgn}(u)\,\mathrm{sgn}(v)]F(u,v)\end{cases} \tag{5.2}$$

卷积函数的频域响应是一个"十"字形的带限滤波器，如图 5.2（a）所示，滤除两

个坐标轴和中心坐标上的信号，保留第二、四象限的信号，将第一、三象限的信号取反。其解析信号的频域响应如图 5.2（b）所示。

1	0	−1
0	0	0
−1	0	1

（a）H^{T} 的频域响应

$(1+\mathrm{j})F(u,v)$	$F(u,v)$	$(1-\mathrm{j})F(u,v)$
$F(u,v)$	$F(u,v)$	$F(u,v)$
$(1-\mathrm{j})F(u,v)$	$F(u,v)$	$(1+\mathrm{j})F(u,v)$

（b）$f_{H^{\mathrm{T}}}(x,y)$ 的频域响应

图 5.2　THT 的卷积函数和解析信号的频域响应

5.1.2　方向 Hilbert 变换

PHT 的卷积核分别为 $h^{x}(x,y)=\dfrac{1}{\pi x}$ 和 $h^{y}(x,y)=\dfrac{1}{\pi y}$，将二维信号在 x、y 坐标轴上进行一维 Hilbert 变换[75]，其卷积函数分别为 $f^{H^{x}}(x,y)$（记为 $f^{H^{x}}$）和 $f^{H^{y}}(x,y)$（记为 $f^{H^{y}}$）：

$$\begin{cases} f^{H^{x}}(x,y)=f(x,y)*\dfrac{1}{\pi x}=\displaystyle\int_{\mathbf{R}}\dfrac{f(\xi_{1},y)}{\pi(x-\xi_{1})}\mathrm{d}\xi_{1} \\ f^{H^{y}}(x,y)=f(x,y)*\dfrac{1}{\pi y}=\displaystyle\int_{\mathbf{R}}\dfrac{f(x,\xi_{2})}{\pi(y-\xi_{2})}\mathrm{d}\xi_{2} \end{cases} \tag{5.3}$$

$$\begin{cases} F^{H^{x}}(u,v)=-\mathrm{j}\,\mathrm{sgn}(u)F(u,v) \\ F^{H^{y}}(u,v)=-\mathrm{j}\,\mathrm{sgn}(v)F(u,v) \end{cases} \tag{5.4}$$

$$\begin{cases} f_{H^{x}}(x,y)=f(x,y)+\mathrm{j}f^{H^{x}}(x,y) \\ f_{H^{y}}(x,y)=f(x,y)+\mathrm{j}f^{H^{y}}(x,y) \end{cases} \tag{5.5}$$

$$\begin{cases} F_{H^{x}}(u,v)=F(u,v)[1+\mathrm{sgn}(u)] \\ F_{H^{y}}(u,v)=F(u,v)[1+\mathrm{sgn}(v)] \end{cases} \tag{5.6}$$

卷积函数的频域响应是一个带通滤波器，如图 5.3（a）和（b）所示，将频域内的信号能量对折加倍（左右对折或者上下对折），其解析信号的频域响应如图 5.3（c）和（d）所示。

j	0	−j
j	0	−j
j	0	−j

（a）H^{x} 的频域响应

−j	0	−j
0	0	0
j	0	j

（b）H^{y} 的频域响应

0	$F(u,v)$	$2F(u,v)$
0	$F(u,v)$	$2F(u,v)$
0	$F(u,v)$	$2F(u,v)$

（c）$f_{H^{x}}$ 的频域响应

$2F(u,v)$	$2F(u,v)$	$2F(u,v)$
$F(u,v)$	$F(u,v)$	$F(u,v)$
0	0	0

（d）$f_{H^{y}}$ 的频域响应

图 5.3　PHT 的卷积函数和解析信号的频域响应

5.1.3　单象 Hilbert 变换

SOHT 将第一象限的信号乘以四倍，其余象限的信号置为零，是典型的单象限（含原点）带通滤波器，其解析信号 $f_{\text{so}l}(x,y)$ $(l=1,2,3,4)$（记为 $f_{\text{so}l}$）为

$$\begin{cases} f_{\text{so}1}(x,y)=f(x,y)**\left\{\delta(x,y)-\dfrac{1}{\pi^2 xy}+\mathrm{j}\left[\dfrac{\delta(y)}{\pi x}+\dfrac{\delta(x)}{\pi y}\right]\right\} \\[3mm] f_{\text{so}2}(x,y)=f(x,y)**\left\{\delta(x,y)+\dfrac{1}{\pi^2 xy}-\mathrm{j}\left[\dfrac{\delta(y)}{\pi x}-\dfrac{\delta(x)}{\pi y}\right]\right\} \\[3mm] f_{\text{so}3}(x,y)=f(x,y)**\left\{\delta(x,y)+\dfrac{1}{\pi^2 xy}+\mathrm{j}\left[\dfrac{\delta(y)}{\pi x}-\dfrac{\delta(x)}{\pi y}\right]\right\} \\[3mm] f_{\text{so}4}(x,y)=f(x,y)**\left\{\delta(x,y)-\dfrac{1}{\pi^2 xy}-\mathrm{j}\left[\dfrac{\delta(y)}{\pi x}+\dfrac{\delta(x)}{\pi y}\right]\right\} \end{cases} \tag{5.7}$$

$$\begin{cases} F_{\text{so}1}(u,v)=F(u,v)[1+\text{sgn}(u)][1+\text{sgn}(v)] \\ F_{\text{so}2}(u,v)=F(u,v)[1-\text{sgn}(u)][1+\text{sgn}(v)] \\ F_{\text{so}3}(u,v)=F(u,v)[1+\text{sgn}(u)][1-\text{sgn}(v)] \\ F_{\text{so}4}(u,v)=F(u,v)[1-\text{sgn}(u)][1-\text{sgn}(v)] \end{cases} \tag{5.8}$$

式中，$**$ 表示两次卷积；$F_{\text{so}3}$、$F_{\text{so}4}$ 可由 $F_{\text{so}1}$ 和 $F_{\text{so}2}$ 导出[76]；$F_{\text{so}1}$ 与 $F_{\text{so}3}$ 对称，$F_{\text{so}2}$ 与 $F_{\text{so}4}$ 对称。

卷积函数和解析信号的频域响应如图 5.4 所示。

0	2	4
0	1	2
0	0	0

（a）$H^{\text{so}1}$ 的频域响应

0	$2F(u,v)$	$4F(u,v)$
0	$F(u,v)$	$2F(u,v)$
0	0	0

（b）$f_{\text{so}1}$ 的频域响应

4	2	0
2	1	0
0	0	0

（c）$H^{\text{so}2}$ 的频域响应

$4F(u,v)$	$2F(u,v)$	0
$2F(u,v)$	$F(u,v)$	0
0	0	0

（d）$f_{\text{so}2}$ 的频域响应

图 5.4　SOHT 的卷积函数和解析信号的频域响应

5.1.4　四元 Hilbert 变换

QHT 构造了一个四元数[77]

$$f_{H^q}(x,y)=f(x,y)+\mathrm{i}f^{H^x}(x,y)+\mathrm{j}f^{H^y}(x,y)+\mathrm{k}f^{H^{\text{T}}}(x,y)$$

将其进行三次旋转变换$(Q\mathrm{e}^{\mathrm{i}\phi}\mathrm{e}^{\mathrm{j}\varphi}\mathrm{e}^{\mathrm{k}\theta})$，得到

$$f_{H^q}(x,y)=f(x,y)+\mathrm{i}f^{H^x}(x,y)+\mathrm{j}f^{H^y}(x,y)+\mathrm{k}f^{H^{\text{T}}}(x,y)=Q\mathrm{e}^{\mathrm{i}\phi}\mathrm{e}^{\mathrm{j}\varphi}\mathrm{e}^{\mathrm{k}\theta} \tag{5.9}$$

式中，

$$Q = \sqrt{\left[f(x,y)\right]^2 + \left[f^x(x,y)\right]^2 + \left[f^y(x,y)\right]^2 + \left[f^{\mathrm{T}}(x,y)\right]^2}$$

$$\varphi = -\frac{1}{2}\arcsin\frac{2\left[f^x(x,y)f^y(x,y) - f(x,y)f^{\mathrm{T}}(x,y)\right]}{Q^2}$$

$$\theta = \frac{1}{2}\arctan\frac{2\left[f^x(x,y)f^{\mathrm{T}}(x,y) + f(x,y)f^y(x,y)\right]}{\left[f(x,y)\right]^2 + \left[f^x(x,y)\right]^2 - \left[f^y(x,y)\right]^2 - \left[f^{\mathrm{T}}(x,y)\right]^2}$$

如果 $\varphi = \pm\dfrac{\pi}{4}$，则

$$\phi = \frac{1}{2}\arctan\frac{2\left[f^x(x,y)f(x,y) - f^{\mathrm{T}}(x,y)f^y(x,y)\right]}{\left[f(x,y)\right]^2 - \left[f^x(x,y)\right]^2 - \left[f^y(x,y)\right]^2 + \left[f^{\mathrm{T}}(x,y)\right]^2}$$

否则

$$\phi = \frac{1}{2}\arctan\frac{2\left[f^x(x,y)f(x,y) + f^{\mathrm{T}}(x,y)f^y(x,y)\right]}{\left[f(x,y)\right]^2 - \left[f^x(x,y)\right]^2 + \left[f^y(x,y)\right]^2 - \left[f^{\mathrm{T}}(x,y)\right]^2}$$

QHT 将三次卷积变换的信号分配到复空间（i、j、k 空间），并叠加在不同空间的信号上，叠加后的四元卷积函数的频域响应如图 5.5（a）所示（其中，1_k 表示 k 空间内的数量 1），其解析信号的频域响应如图 5.5（b）所示。为了便于说明，将在同一坐标系表示 i、j、k 空间。

$1_k + i - j$	$-j$	$-1_k - i - j$
i	0	$-i$
$-1_k + i + j$	j	$1_k - i + j$

（a） H^q 的频域响应

$(1+i-j+k)F(u,v)$	$(1-j)\,F(u,v)$	$-(i+j+k-1)\,F(u,v)$
$(1+i)\,F(u,v)$	$F(u,v)$	$(1-i)\,F(u,v)$
$(1+i+j-k)\,F(u,v)$	$(1+j)\,F(u,v)$	$(1-i+j+k)\,F(u,v)$

（b） $f_{H^q}(x,y)$ 的频域响应

图 5.5　QHT 的卷积函数和解析信号的频域响应

上述二维 Hilbert 变换及其解析信号有不同的频域响应，它们的解析信号分别如下[131]：

$$\begin{cases} f_{H^{\mathrm{T}}}(x,y) = f(x,y) + \mathrm{i}\,f^{H^{\mathrm{T}}}(x,y) \\ f_{H^x}(x,y) = f(x,y) + \mathrm{j}\,f^{H^x}(x,y) \\ f_{H^y}(x,y) = f(x,y) + \mathrm{j}\,f^{H^y}(x,y) \end{cases} \quad (5.10)$$

$$\begin{cases} f_{\mathrm{so1}}(x,y) = \left[f(x,y) - f^{H^{\mathrm{T}}}(x,y)\right] + \mathrm{j}\left[f^{H^x}(x,y) + f^{H^y}(x,y)\right] \\ f_{\mathrm{so2}}(x,y) = \left[f(x,y) + f^{H^{\mathrm{T}}}(x,y)\right] - \mathrm{j}\left[f^{H^x}(x,y) - f^{H^y}(x,y)\right] \end{cases} \quad (5.11)$$

$$f_{H^q}(x,y) = f(x,y) + \mathrm{i}\,f^{H^x}(x,y) + \mathrm{j}\,f^{H^y}(x,y) + \mathrm{k}\,f^{H^{\mathrm{T}}}(x,y) \quad (5.12)$$

另外，文献[70]等给出了 Riesz 变换，该变换只适用于内部一维结构的信号和矢量图形，不具有通用性，且和 Hilbert 变换的思想有差异，本书不做讨论。

5.2　基于二维 Hilbert 变换联合的图像分解及应用

在计算机视觉和图像处理中，一个重要的问题就是知道图像中包含多少分量，即从

多分量中把各个单分量分离出来。到目前为止，正如本书第 1 章所述，可用的变换方法很多，如 Fourier 变换和小波变换等。最近，EMD 甚至获得了 Fourier 变换和小波变换等变换方法无法实现的分量分解。然而，不同于一维信号，二维图像具有更多的自由度和复杂性，分量分解难度更大。

研究分析表明，特别是采样率、截断阈值、分量夹角、分量频率倍数差异等因素造成了图像分量分解的困难。如表 5.1 所示，现有的对两个理想分量之和进行分离的方法很多时候无法实现。那么如何解决这些问题呢？特别是图像中分量相对理想的情况下，分量近似于二维正余弦信号时，应如何分离？

表 5.1　不同纹理模式下图像分量之和展示

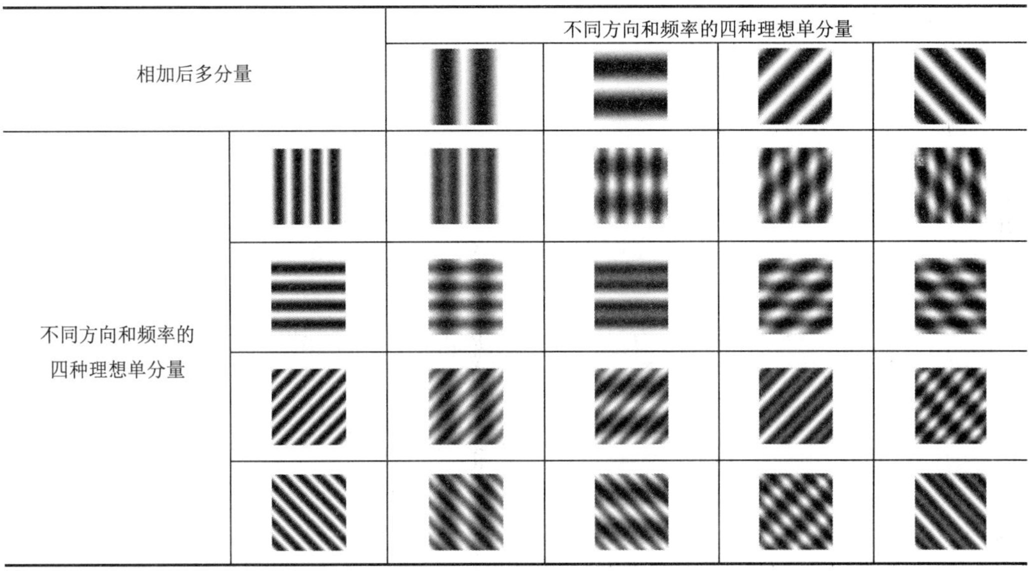

接下来，本节将利用 Hilbert 变换和 Bedrosian 定理进行此类图像的分解和分析[271]。

5.2.1　Hilbert 变换和 Bedrosian 定理

首先简单回顾一维 Bedrosian 定理。

引理 5.1（一维 Bedrosian 定理）　对于两个信号函数 $f_1(t)$ 和 $f_2(t)$，若 $|u|>a$ 有 $F_1(u)=0$，若 $|u|<b$ 有 $F_2(u)=0$，且已知 $b \geqslant a \geqslant 0$，那么

$$H\{f_1(t)f_2(t)\}=f_1(t)\cdot H\{f_2(t)\} \tag{5.13}$$

式中，$F_1(u)$ 和 $F_2(u)$ 为信号函数 $f_1(t)$ 和 $f_2(t)$ 的 Fourier 变换；$H(\ )$ 表示一维 Hilbert 变换。

Bedrosian 定理表明：对相乘的两个实数信号（如 $a(t)$ 和 $\cos\phi(t)$）进行 Hilbert 变换后，其中只有高频信号 $\cos\phi(t)$ 变成了复数或发生了相移，而低频信号 $a(t)$ 保持不变，即有

$$H\{a(t)\cos\phi(t)\}=a(t)H\{\cos\varphi(t)\}=a(t)\sin\varphi(t) \tag{5.14}$$

需要注意的是，Bedrosian 定理涉及的是全局变换，因为 Bedrosian 定理利用了具有全局变换特性的 Fourier 变换。实际上，对于 Bedrosian 定理而言，研究发现其具有局部特性。时变频率的分量信号同样具有上述特性：对相乘的两个实数信号（如 $a(t)$ 和

$\cos\phi(t)$）进行 Hilbert 变换后，其中只有高频信号 $\cos\phi(t)$ 变成了复数或发生了相移，而低频信号 $a(t)$ 保持不变。

所以，有如下引理。

引理 5.2［一维改进 Bedrosian 定理（1D refined Bedrosian theorem，1D RBT）］　对于两个具有正余弦形式的信号函数 $f_1(t)=\cos\varphi_1(t)$ 和 $f_2(t)=\cos\varphi_2(t)$，如果在任何时刻（$t\in\mathbf{R}^+$）有如下的频率关系 $\left|\dfrac{\mathrm{d}\varphi_2(t)}{\mathrm{d}t}\right|>\left|\dfrac{\mathrm{d}\varphi_1(t)}{\mathrm{d}t}\right|$，那么则有

$$H\{f_1(t)f_2(t)\}=f_1(t)\cdot H\{f_2(t)\}\tag{5.15}$$

证明：不失一般性，设 $\varphi_1(t)=\omega_1(t)t$，$\varphi_2(t)=\omega_2(t)t$。

为了简化表述，令 $\omega_1=\omega_1(t)>0$，$\omega_2=\omega_2(t)>0$。因此，有如下的三角函数关系等式：

$$\cos\omega_1 t\cos\omega_2 t=\frac{1}{2}[\cos(\omega_1 t+\omega_2 t)+\cos(\omega_1 t-\omega_2 t)]\tag{5.16}$$

所以，可得

$$
\begin{aligned}
H\{\cos\omega_1 t\cos\omega_2 t\} &= H\left\{\frac{1}{2}[\cos(\omega_1 t+\omega_2 t)+\cos(\omega_1 t-\omega_2 t)]\right\}\\
&= H\left\{\frac{1}{2}[\cos(\omega_1 t+\omega_2 t)+\cos(\omega_2 t-\omega_1 t)]\right\}\\
&=
\begin{cases}
\dfrac{1}{2}[\sin(\omega_1 t+\omega_2 t)+\sin(\omega_1 t-\omega_2 t)], & \omega_1\geqslant\omega_2\\[2mm]
\dfrac{1}{2}[\sin(\omega_1 t+\omega_2 t)+\sin(\omega_2 t-\omega_1 t)], & \omega_1\leqslant\omega_2
\end{cases}\\
&=
\begin{cases}
\sin\omega_1 t\cos\omega_2 t, & \omega_1\geqslant\omega_2\\
\cos\omega_1 t\sin\omega_2 t, & \omega_1\leqslant\omega_2
\end{cases}\\
&=
\begin{cases}
H\{\cos\omega_1 t\}\cos\omega_2 t, & \omega_1\geqslant\omega_2\\
\cos\omega_1 t H\{\cos\omega_2 t\}, & \omega_1\leqslant\omega_2
\end{cases}
\end{aligned}
$$

这样就以一种简单的方式证明了该引理。这里利用了关系式：$\cos(\omega_1 t-\omega_2 t)=\cos(\omega_2 t-\omega_1 t)$。

目前，针对二维信号提出的几种 Hilbert 变换主要包括 PHT、THT、SOHT、QHT、二象 Hilbert 变换及单基解析变换等[74-83]。PHT 视二维信号的横向和纵向不相关，处理方向性的图像效果较好；SOHT 将一维信号的卷积核进行简单扩展，直接应用于二维信号的卷积处理，它使某些特定信号实现了 $\pm\pi$ 相移，在频域内保留了关于原点对称的两个象限的能量，起到了"十"字形带限滤波器的作用，对于局部二维相关性强的图像分析效果较好；THT 克服了 SOHT、PHT 的不足，增强某些信号分量，而抑制其他信号分量，具有一定的压缩冗余功能[150]；QHT 构造的思想与 SOHT 基本一致，不同的是其采用更为复杂的四元 Fourier 变换，获得了信号的多元分析特性，即超复数信号分析特性；单基解析变换则采用矢量的形式，把 X、Y 方向 Hilbert 变换进行矢量组合，获得了具有良好特性的矢量 Hilbert 变换。上述几种变换继承了一维 Hilbert 变换的部分特性，但不包括 $\pi/2$ 相移的优良特性等，适用范围受到一定限制。为此，又提出了二象 Hilbert 变换，

二象 Hilbert 变换是 THT、SOHT、PHT 的非线性组合，集中了它们的优点，继承了一维 Hilbert 变换的全部性质。以上几种二维 Hilbert 变换具有各自不同的特性和适用范围[74-83]。

　　综合考虑一维和二维（包含多维）信号，Bedrosian 定理需要解决三个核心问题：①Bedrosian 定理理论形式的确定；②Hilbert 变换中 Bedrosian 定理确定什么条件下的信号发生变化而其他信号不变；③信号发生变化的数学依据及变化形式（产生了什么形式的复数和相移等）。

　　早在 2008 年，Venouziou 和 Zhang[278]首次给出了多维 Bedrosian 定理（包含二维）的一个数学表达式（PHT 对应的 Bedrosian 定理，简称方向 Bedrosian 定理），其通过对多维空间进行一维 Bedrosian 定理（在每一维空间中均作为一个一维信号处理）的多次组合，获得多维 Bedrosian 定理的理论条件和表达形式。Venouziou 和 Zhang[278]认为，要获得多维信号类似于一维函数的 Bedrosian 定理，可以通过分析不同维空间的一维 Bedrosian 定理进行讨论，把一维 Bedrosian 定理的理论条件在二维和多维空间内进行支撑范围的并集和交集运算。但是，Venouziou 和 Zhang[278]的方向 Bedrosian 定理并不是从信号处理的角度进行探讨的，也没有考虑多维信号（如二维图像）的特性（包括纹理结构特性、统计特性、自然特性等），因此对于方向相关的信号适应性较差，且其纯粹是从数学角度对一维 Bedrosian 定理在二维和多维空间的直接扩展。2009 年，文献[245]从频域的角度分析和理解复数信号，并对方向 Bedrosian 定理进行了深入分析，且扩展到广义分数阶域，给出了详细的参数讨论，从信号处理角度（分数阶 Fourier 变换）对二维 Bedrosian 定理开展分析研究。同时，该文献还讨论了 THT 的 Bedrosian 定理（简称交叉象 Bedrosian 定理），给出了详细的应用参数、理论条件和表达形式。但是，该工作中的理论也只适合广义域内的方向不相关的二维信号，并不适合其他类型的信号，且其在图像中的具体应用并没有详细论证。为了获得二维 Bedrosian 定理在信号处理中的应用，2012 年，文献[269]从二维图像信号单分量和多分量定义的角度使用了二维 Hilbert 变换对应的 Bedrosian 定理（简称二维 Bedrosian 定理），这是二维 Bedrosian 定理对图像进行应用的具体实例，通过二维 Bedrosian 定理界定了二维单分量和多分量的定义，为后续图像的分量分解提供了理论支撑。但遗憾的是，该工作只是应用了二象 Bedrosian 定理给出的概念，并没有给出二象 Bedrosian 定理具体的理论条件，更没有给出二象 Bedrosian 定理相应的理论证明。2014 年，Zhang 等[284]又在 Venouziou 和 Zhang[278]工作的基础上进一步对多维（包括二维）方向 Bedrosian 定理进行探讨，优化了 Venouziou 等提出的多维方向 Bedrosian 定理的理论条件，给出了更进一步的理论证明和分析，并将 Bedrosian 定理从实数和实数相乘扩展到实数和复数相乘、复数和复数相乘等更复杂的形式，且利用 Bedrosian 定理等式关系构造时频分析基函数，为多维信号的理论分析和应用提供了理论依据。但是，Zhang 与 Venouziou 等的工作一样，其理论对于具有方向相关性的信号适应性较差，且不是从信号处理角度而是纯粹从数学理论条件上加以分析，也没有给出在信号处理方面的具体应用。

　　综上所述，到目前为止，也只有 PHT 及 THT 有对应的二维 Bedrosian 定理，其余几种二维 Hilbert 变换对应的二维 Bedrosian 定理基本属于空白。而且，PHT 及 THT 的对应的二维 Bedrosian 定理只是一维 Bedrosian 定理在二维空间的直接扩展，没有过多地考虑图像结构特性。另外，基于一维 Bedrosian 定理的信号分解方法由于二维 Hilbert 变换的多样性和复杂性及图像的多样性和复杂性，目前也无法在图像分解中获得拓展性应用。同时，对于图像的幅相分析，人们也无法像一维信号那样直观、简单地进行幅相估算（直接应用二维 Hilbert 变换获取图像的幅度和相位时很多情况是不可行的，详细示例可参考后文表 5.4 的内容），而不得不开发其他更为复杂的、特定的或有针对性的方法（一般来说，这些方法普适性较差，制约了图像的时频分析）。因此，二维 Bedrosian 定理的开发从图像时频分析的角度来说也是迫切需要的。二维 Bedrosian 定理国内外研究现状如表 5.2 所示。

表 5.2　二维 Bedrosian 定理国内外研究现状

二维 Bedrosian 定理不同研究角度		Bedrosian 定理类型					
		方向 Bedrosian 定理	交叉象 Bedrosian 定理	单象 Bedrosian 定理	二象 Bedrosian 定理	四元 Bedrosian 定理	单基解析 Bedrosian 定理
传统域内 Bedrosian 定理理论研究		已有部分相关工作	已有部分相关工作	已有部分相关工作	已有我们前期部分工作	—	—
广义域内 Bedrosian 定理理论研究		已有我们前期部分工作	已有我们前期部分工作	—	—	—	—
应用研究	图像分解	已有我们前期部分工作	已有我们前期部分工作	—	—	—	—
	时频分析	已有部分相关工作	已有部分相关工作	—	—	—	—
高维 Bedrosian 定理研究		已有部分相关工作	—	—	—	—	—

注：为了简化描述，××二维 Hilbert 变换对应的 Bedrosian 定理直接简称为××Bedrosian 定理。传统域指的是一般意义上的时频域，广义域指的是分数阶 Fourier 变换域[27]。"—"表示该领域的相关工作还是空白。

5.2.2　联合二维 Bedrosian 定理

本节将利用现有的几种 Hilbert 变换进行组合，获得联合二维 Bedrosian 定理，从而开发出一些新的特性用于图像分量的分解[271]。

1. 二维 Bedrosian 定理

引理 5.3　对于二维实数图像信号 $f(x,y)$ 和 $g(x,y)$（$x,y \in \mathbf{R}$），若 $|u_1| > a$ 有 $F(u_1,v) = 0$ [这里 $F(u_1,v)$ 为 $f(x,y)$ 沿着 X 方向的一维 Fourier 变换]，若 $|u_2| < b$ 有 $G(u_2,v) = 0$ [这里 $G(u_2,v)$ 为 $g(x,y)$ 沿着 X 方向的一维 Fourier 变换]，$b \geqslant a \geqslant 0$，$H^x$ 为沿着 X 方向的二维 Hilbert 变换，那么有

$$H^x\{f(x,y)g(x,y)\} = f(x,y) \cdot H^x\{g(x,y)\} \tag{5.17}$$

证明：根据 PHT 的定义，有

$$H^x\{f(x,y)g(x,y)\} = \frac{1}{\pi}\int_{-\infty}^{\infty}\frac{f(\xi,y)g(\xi,y)}{x-\xi}\mathrm{d}\xi$$

$$= \frac{1}{\pi}\left(\sqrt{\frac{1}{2\pi}}\right)^2\int_{-\infty}^{\infty}\int_{-\infty}^{\infty}F(u_1,v)\left((-i)\,\mathrm{sgn}\left(\frac{u_1+u_2}{b_1}\right)\right)\mathrm{e}^{i(u_1+u_2)x}G(u_2,v)\mathrm{d}u_1\mathrm{d}u_2$$

由于 $|u_1| > a$ 时有 $F(u_1,v) = 0$，$|u_2| < b$ 时有 $G(u_2,v) = 0$，因此

$$H^x\{f(x,y)g(x,y)\} = \frac{1}{\pi}\left(\sqrt{\frac{1}{2\pi}}\right)^2 \int_{-\infty}^{\infty}\int_{-\infty}^{\infty} F(u_1,v)\mathrm{e}^{\mathrm{i}u_1 x}\mathrm{d}u_1[(-\mathrm{i})\mathrm{sgn}(u_2)\mathrm{e}^{\mathrm{i}u_2 x}G(u_2,v)]\mathrm{d}u_2$$

由于

$$\frac{1}{\pi}\left(\sqrt{\frac{1}{2\pi}}\right)\int_{-\infty}^{\infty} F(u_1,v)\mathrm{e}^{\mathrm{i}u_1 x}\mathrm{d}u_1 = f(x,y)$$

因此

$$H^x\{f(x,y)g(x,y)\} = f(x,y)\sqrt{\frac{1}{2\pi}}\int_{-\infty}^{\infty}(-\mathrm{i})\mathrm{sgn}(u_2)\mathrm{e}^{\mathrm{i}u_2 x}G(u_2,v)\mathrm{d}u_2$$

$$= f(x,y)\left(\sqrt{\frac{1}{2\pi}}\int_{-\infty}^{\infty}(-\mathrm{i})\mathrm{sgn}(u_2)\mathrm{e}^{\mathrm{i}u_2 x}G(u_2,v)\mathrm{d}u_2\right)$$

根据 PHT 的定义，可得

$$\sqrt{\frac{1}{2\pi}}\int_{-\infty}^{\infty}(-\mathrm{i})\mathrm{sgn}(u_2)\mathrm{e}^{\mathrm{i}u_2 x}G(u_2,v)\mathrm{d}u_2 = H^x\{g(x,y)\}$$

所以

$$H^x\{f(x,y)g(x,y)\} = f(x,y)\cdot H^x\{g(x,y)\}$$

引理 5.4 对于两个实数图像信号 $f(x,y)$ 和 $g(x,y)$ $(x,y\in\mathbf{R})$，若 $|v_1| > a$ 有 $F(u,v_1) = 0$［这里 $F(u,v_1)$ 为 $f(x,y)$ 沿着 Y 轴方向的一维 Fourier 变换］，若 $|v_2| < b$ 有 $G(u,v_2) = 0$［这里 $G(u,v_2)$ 为 $g(x,y)$ 沿着 Y 轴方向的一维 Fourier 变换］，$b \geqslant a \geqslant 0$，$H^y$ 为沿着 Y 方向的二维 Hilbert 变换，那么有

$$H^y\{f(x,y)g(x,y)\} = f(x,y)\cdot H^y\{g(x,y)\} \tag{5.18}$$

该引理证明和引理 5.3 类似，此处省略。

引理 5.5 对于两个实数图像信号 $f(x,y)$ 和 $g(x,y)$ $(x,y\in\mathbf{R})$，若 $|u| > a_{01}$ 且 $|v| > b_{01}$ 有 $F(u,v) = 0$［这里 $F(u,v)$ 为 $f(x,y)$ 的二维 Fourier 变换］，若 $|w| < a_{02}$ 且 $|z| < b_{02}$ 有 $G(w,z) = 0$［这里 $G(w,z)$ 为 $g(x,y)$ 的二维 Fourier 变换］，$a_{02} \geqslant a_{01} \geqslant 0$，$b_{02} \geqslant b_{01} \geqslant 0$，$H^{\mathrm{T}}$ 为 THT 算子，那么有

$$H^{\mathrm{T}}\{f(x,y)g(x,y)\} = f(x,y)\cdot H^{\mathrm{T}}\{g(x,y)\} \tag{5.19}$$

证明：由 THT 和 PHT 的定义可知

$$H^{\mathrm{T}}\{f(x,y)g(x,y)\} = H^y\{H^x\{f(x,y)g(x,y)\}\}$$

所以有

$$H^x\{f(x,y)g(x,y)\} = H^x\{f(x,y)g(x,y)\} = H^x\{f(x,y)g(x,y)\}$$

根据上述几个引理和 THT 的定义，显然有

$$H^{\mathrm{T}}\{f(x,y)g(x,y)\} = f(x,y)\cdot H^{\mathrm{T}}\{g(x,y)\}$$

引理 5.6 对于两个实数图像信号 $f(x,y)$ 和 $g(x,y)$ $(x,y\in\mathbf{R})$，若 $u_1 < -a$ 有 $F(u_1,v) = 0$［这里 $F(u_1,v)$ 为 $f(x,y)$ 沿着 X 轴的一维 Fourier 变换］，若 $u_2 < b$ 有 $G(u_2,v) = 0$［这里 $G(u_2,v)$ 为 $g(x,y)$ 沿着 X 轴的一维 Fourier 变换］，$b \geqslant a \geqslant 0$，那么有

$$H^x \{f(x,y)g(x,y)\} = f(x,y) \cdot H^x \{g(x,y)\} \qquad (5.20)$$

证明：根据 PHT 的定义可得

$$H^x \{f(x,y)g(x,y)\} = \frac{1}{\pi} \left(\sqrt{\frac{1}{2\pi_1}} \right)^2 \int_{-\infty}^{\infty} \int_{-\infty}^{\infty} F(u_1,v)[(-i)\operatorname{sgn}(u_1+u_2)e^{i(u_1+u_2)x}]G(u_2,v)du_1 du_2$$

由于 $u_1 < -a$ 时有 $F(u_1,v)=0$，$u_2 < b$ 时有 $G(u_2,v)=0$，结合条件 $b \geqslant a \geqslant 0$，可得 $\operatorname{sgn}(u_1+u_2)=\operatorname{sgn}(u_2)$，所以

$$H^x \{f(x,y)g(x,y)\} = \frac{1}{\pi} \left(\sqrt{\frac{1}{-2\pi}} \right)^2 \int_{-\infty}^{\infty} \int_{-\infty}^{\infty} F(u_1,v)e^{iu_1 x}du_1[(-i)\operatorname{sgn}(u_2)e^{iu_2 x}G(u_2,v)]du_2$$

其他证明类似，从略。

最终，可得

$$H^x \{f(x,y)g(x,y)\} = f(x,y) \cdot H^x \{g(x,y)\}$$

引理 5.7　对于两个实数图像信号 $f(x,y)$ 和 $g(x,y)$（$x,y \in \mathbf{R}$），若 $v_1 < -a$ 有 $F(u,v_1)=0$［这里 $F(u,v_1)$ 为 $f(x,y)$ 沿着 Y 轴的一维 Fourier 变换］，若 $v_2 < b$ 有 $G(u,v_2)=0$ ［这里 $G(u,v_2)$ 为 $g(x,y)$ 沿着 Y 轴的一维 Fourier 变换］，$b \geqslant a \geqslant 0$，那么有

$$H^y \{f(x,y)g(x,y)\} = f(x,y) \cdot H^y \{g(x,y)\} \qquad (5.21)$$

该引理证明类似于引理 5.6，此处从略。

引理 5.8　对于两个实数图像信号 $f(x,y)$ 和 $g(x,y)$（$x,y \in \mathbf{R}$），若 $u < -a_{01}$ 且 $v < -b_{01}$ 有 $F(u,v)=0$［这里 $F(u,v)$ 为 $f(x,y)$ 的二维 Fourier 变换］，若 $w < a_{02}$ 且 $z < b_{02}$ 有 $G(w,z)=0$［这里 $G(w,z)$ 为 $g(x,y)$ 的二维 Fourier 变换］，$a_{02} \geqslant a_{01} \geqslant 0$，$b_{02} \geqslant b_{01} \geqslant 0$，$H^T$ 为 THT 算子，那么有

$$H^T \{f(x,y)g(x,y)\} = f(x,y) \cdot H^T \{g(x,y)\} \qquad (5.22)$$

证明：根据 PHT 和 THT 的定义，可得

$$H^T \{f(x,y)g(x,y)\} = H^y \{H^x \{f(x,y)g(x,y)\}\}$$

因此有

$$H^x \{f(x,y)g(x,y)\} = H^x \{f(x,y)g(x,y)\} = H^x \{f(x,y)g(x,y)\}$$

根据上述引理，可得

$$H^x \{f(x,y)g(x,y)\} = H^x \{f(x,y)g(x,y)\} = f(x,y) \cdot H^x \{g(x,y)\}$$

因此有

$$H^T \{f(x,y)f(x,y)\} = H^y \{f(x,y) \cdot H^x \{g(x,y)\}\}$$

所以，根据上述引理可得

$$H^T \{f(x,y)g(x,y)\} = f(x,y) \cdot H^T \{g(x,y)\}$$

上述几个 Bedrosian 定理表明：对于两个图像信号 $a(x,y)$ 和 $\cos\phi(x,y)$，其中，$a(x,y)$ 为低频分量，$\cos\phi(x,y)$ 为高频分量，那么根据 Hilbert 变换，可得

$$H^l \{a(x,y)\cos\phi(x,y)\} = a(x,y)H^l \{\cos\phi(x,y)\} = a(x,y)\sin\phi(x,y)，\quad l = x,y,(x,y)$$

同样地，需要注意的是，Bedrosian 定理涉及的是全局变换，因为 Bedrosian 定理

利用了具有全局变换特性的 Fourier 变换。实际上，对于 Bedrosian 定理而言，研究发现其具有局部特性，针对时变频率的二维图像分量信号同样具有上述特性。因此，有如下定理。

　　定理 5.1（X 方向的二维改进 Bedrosian 定理）　对于两个具有正余弦形式的二维实数图像函数 $f_1(x,y) = \cos\varphi_1(x,y)$ 和 $f_2(x,y) = \cos\varphi_2(x,y)$，如果任何像素点 $(x,y) \in \mathbf{R}^+$ 上具有如下频率不等式关系：$\left|\dfrac{\partial\varphi_2(x,y)}{\partial x}\right| \geqslant \left|\dfrac{\partial\varphi_1(x,y)}{\partial x}\right|$，那么有

$$H^x\{f_1(x,y)f_2(x,y)\} = f_1(x,y) \cdot H^x\{f_2(x,y)\} \tag{5.23}$$

　　定理 5.2（Y 方向的二维改进 Bedrosian 定理 1）　对于两个具有正余弦形式的二维实数图像函数 $f_1(x,y) = \cos\varphi_1(x,y)$ 和 $f_2(x,y) = \cos\varphi_2(x,y)$，如果任何像素点 $(x,y) \in \mathbf{R}^+$ 上具有如下频率不等式关系：$\left|\dfrac{\partial\varphi_2(x,y)}{\partial y}\right| \geqslant \left|\dfrac{\partial\varphi_1(x,y)}{\partial y}\right|$，那么有

$$H^y\{f_1(x,y)f_2(x,y)\} = f_1(x,y) \cdot H^y\{f_2(x,y)\} \tag{5.24}$$

　　定理 5.3（THT 的二维改进 Bedrosian 定理）　对于两个具有正余弦形式的二维实数图像函数 $f_1(x,y) = \cos\varphi_1(x,y)$ 和 $f_2(x,y) = \cos\varphi_2(x,y)$，如果任何像素点 $(x,y) \in \mathbf{R}^+$ 上具有如下频率不等式关系：$\left|\dfrac{\partial\varphi_2(x,y)}{\partial x}\right| \geqslant \left|\dfrac{\partial\varphi_1(x,y)}{\partial x}\right|$ 及 $\left|\dfrac{\partial\varphi_2(x,y)}{\partial y}\right| \geqslant \left|\dfrac{\partial\varphi_1(x,y)}{\partial y}\right|$，那么有

$$H^T\{f_1(x,y)f_2(x,y)\} = f_1(x,y) \cdot H^T\{f_2(x,y)\} \tag{5.25}$$

或者有如下频率不等式关系：$\left|\dfrac{\partial\varphi_2(x,y)}{\partial x}\right| \leqslant \left|\dfrac{\partial\varphi_1(x,y)}{\partial x}\right|$ 及 $\left|\dfrac{\partial\varphi_2(x,y)}{\partial y}\right| \leqslant \left|\dfrac{\partial\varphi_1(x,y)}{\partial y}\right|$，则有

$$H^T\{f_1(x,y)f_2(x,y)\} = f_2(x,y) \cdot H^T\{f_1(x,y)\} \tag{5.26}$$

　　定理 5.4（THT 的二维改进 Bedrosian 定理 2）　对于两个具有正余弦形式的二维实数图像函数 $f_1(x,y) = \cos\varphi_1(x,y)$ 和 $f_2(x,y) = \cos\varphi_2(x,y)$，如果任何像素点 $(x,y) \in \mathbf{R}^+$ 上具有如下频率不等式关系：$\left|\dfrac{\partial\varphi_2(x,y)}{\partial x}\right| \geqslant \left|\dfrac{\partial\varphi_1(x,y)}{\partial x}\right|$ 及 $\left|\dfrac{\partial\varphi_2(x,y)}{\partial y}\right| \leqslant \left|\dfrac{\partial\varphi_1(x,y)}{\partial y}\right|$，那么有

$$H^T\{f_1(x,y)f_2(x,y)\} = H^y\{f_1(x,y)\} \cdot H^x\{f_2(x,y)\} \tag{5.27}$$

　　证明：不失一般性，令

$$\begin{cases} \varphi_1(x,y) = \omega_{1,1}(x,y)x + \omega_{1,2}(x,y)y \\ \varphi_2(x,y) = \omega_{2,1}(x,y)x + \omega_{2,2}(x,y)y \end{cases}$$

　　为了简化表述，设 $\omega_{1,1} = \omega_{1,1}(x,y) \geqslant 0$，$\omega_{1,2} = \omega_{1,2}(x,y) \geqslant 0$，$\omega_{2,1} = \omega_{2,1}(x,y) \geqslant 0$，$\omega_{2,2} = \omega_{2,2}(x,y) \geqslant 0$。同时，假定 $(\omega_{1,1})^2 + (\omega_{1,2})^2 \neq 0$，$(\omega_{2,1})^2 + (\omega_{2,2})^2 \neq 0$。所以，可得如下三角函数关系等式：

$$\cos[\omega_{1,1}(x,y)x + \omega_{1,2}(x,y)y]\cos[\omega_{2,1}(x,y)x + \omega_{2,2}(x,y)y]$$

$$= \cos(\omega_{1,1}x + \omega_{1,2}y)\cos(\omega_{2,1}x + \omega_{2,2}y)$$

$$= \frac{1}{2}[\cos(\omega_{1,1}x + \omega_{1,2}y + \omega_{2,1}x + \omega_{2,2}y) + \cos(\omega_{1,1}x + \omega_{1,2}y - \omega_{2,1}x - \omega_{2,2}y)] \tag{5.28}$$

所以，在式（5.28）中沿着 X 轴方向取 PHT，可得

$$H^x\left\{\cos(\omega_{1,1}x+\omega_{1,2}y)\cos(\omega_{2,1}x+\omega_{2,2}y)\right\}$$

$$=H^x\left\{\frac{1}{2}\left[\cos(\omega_{1,1}x+\omega_{1,2}y+\omega_{2,1}x+\omega_{2,2}y)+\cos(\omega_{1,1}x+\omega_{1,2}y-\omega_{2,1}x-\omega_{2,2}y)\right]\right\}$$

$$=\begin{cases}\dfrac{1}{2}\left[\sin(\omega_{1,1}x+\omega_{1,2}y+\omega_{2,1}x+\omega_{2,2}y)+\sin(\omega_{1,1}x+\omega_{1,2}y-\omega_{2,1}x-\omega_{2,2}y)\right],\ \omega_{1,1}\geqslant\omega_{2,1}\\[2mm]\dfrac{1}{2}\left[\sin(\omega_{1,1}x+\omega_{1,2}y+\omega_{2,1}x+\omega_{2,2}y)+\sin(\omega_{2,1}x+\omega_{2,2}y-\omega_{1,1}x-\omega_{1,2}y)\right],\ \omega_{1,1}\leqslant\omega_{2,1}\end{cases}$$

$$=\begin{cases}\sin(\omega_{1,1}x+\omega_{1,2}y)\cos(\omega_{2,1}x+\omega_{2,2}y),\ \omega_{1,1}\geqslant\omega_{2,1}\\[2mm]\cos(\omega_{1,1}x+\omega_{1,2}y)\sin(\omega_{2,1}x+\omega_{2,2}y),\ \omega_{1,1}\leqslant\omega_{2,1}\end{cases}$$

$$=\begin{cases}H^x\left[\cos(\omega_{1,1}x+\omega_{1,2}y)\right]\cdot\cos(\omega_{2,1}x+\omega_{2,2}y),\ \omega_{1,1}\geqslant\omega_{2,1}\\[2mm]\cos(\omega_{1,1}x+\omega_{1,2}y)\cdot H^x\left[\cos(\omega_{2,1}x+\omega_{2,2}y)\right],\ \omega_{1,1}\leqslant\omega_{2,1}\end{cases}$$

这里的证明利用了如下关系式：

$$\cos(\omega_{1,1}x+\omega_{1,2}y-\omega_{2,1}x-\omega_{2,2}y)=\cos(\omega_{2,1}x+\omega_{2,2}y-\omega_{1,1}x-\omega_{1,2}y) \tag{5.29}$$

同理可得

$$H^y\left\{\cos\left(\omega_{1,1}x+\omega_{1,2}y\right)\cos\left(\omega_{2,1}x+\omega_{2,2}y\right)\right\}$$

$$=\begin{cases}\sin\left(\omega_{1,1}x+\omega_{1,2}y\right)\cos(\omega_{2,1}x+\omega_{2,2}y),\ \omega_{1,2}\geqslant\omega_{2,2}\\[2mm]\cos\left(\omega_{1,1}x+\omega_{1,2}y\right)\sin(\omega_{2,1}x+\omega_{2,2}y),\ \omega_{1,2}\leqslant\omega_{2,2}\end{cases}$$

$$=\begin{cases}H^y\left[\cos\left(\omega_{1,1}x+\omega_{1,2}y\right)\right]\cdot\cos(\omega_{2,1}x+\omega_{2,2}y),\ \omega_{1,2}\geqslant\omega_{2,2}\\[2mm]\cos\left(\omega_{1,1}x+\omega_{1,2}y\right)\cdot H^y\left[\cos(\omega_{2,1}x+\omega_{2,2}y)\right],\ \omega_{1,2}\leqslant\omega_{2,2}\end{cases}$$

类似地，综合上述两个过程，可得

$$H^T\left\{\cos(\omega_{1,1}x+\omega_{1,2}y)\cos(\omega_{2,1}x+\omega_{2,2}y)\right\}$$

$$=\begin{cases}H^T\left[\cos(\omega_{1,1}x+\omega_{1,2}y)\right]\cdot\cos(\omega_{2,1}x+\omega_{2,2}y),\ \omega_{1,1}\geqslant\omega_{2,1}且\omega_{1,2}\geqslant\omega_{2,2}\\[2mm]\cos(\omega_{1,1}x+\omega_{1,2}y)\cdot H^T\left[\cos(\omega_{2,1}x+\omega_{2,2}y)\right],\ \omega_{1,1}\leqslant\omega_{2,1}且\omega_{1,2}\leqslant\omega_{2,2}\\[2mm]H^x\left[\cos(\omega_{1,1}x+\omega_{1,2}y)\right]\cdot H^y\left[\cos(\omega_{2,1}x+\omega_{2,2}y)\right],\ \omega_{1,1}\geqslant\omega_{2,1}且\omega_{1,2}\leqslant\omega_{2,2}\\[2mm]H^y\left[\cos(\omega_{1,1}x+\omega_{1,2}y)\right]\cdot H^x\left[\cos(\omega_{2,1}x+\omega_{2,2}y)\right],\ \omega_{1,1}\leqslant\omega_{2,1}且\omega_{1,2}\geqslant\omega_{2,2}\end{cases}$$

定理证毕。

现在考虑表 5.3 中的各种理想合成纹理的情况。假定每种合成纹理都由两种纹理相乘得到，然后应用不同的二维 Hilbert 变换（实际上起作用的是对应的 Bedrosian 定理）进行分析，可以很清晰地确定哪些分量产生了 π/2 相移，具体结果如表 5.4 所示。在表 5.4 中，failure 表明该乘积得到的合成图像中没有任何一种分量产生合理的 π/2 相移。另外，表 5.4 中也有部分乘积产生两幅图像均有 π/2 相移的情况。

表 5.3　不同纹理模式下图像分量之积

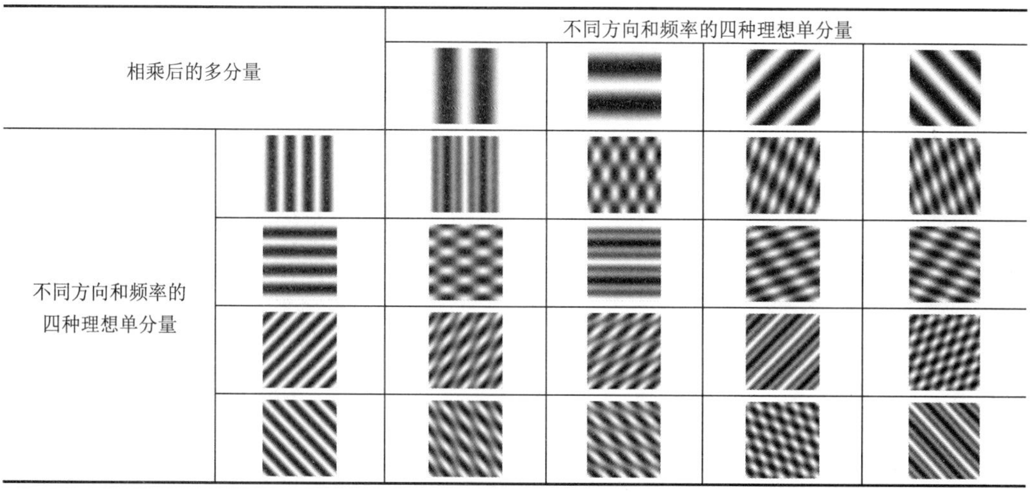

相乘后的多分量	不同方向和频率的四种理想单分量			
不同方向和频率的四种理想单分量				

表 5.4　不同纹理图像相乘时不同二维 Hilbert 变换对应的信号相移结果

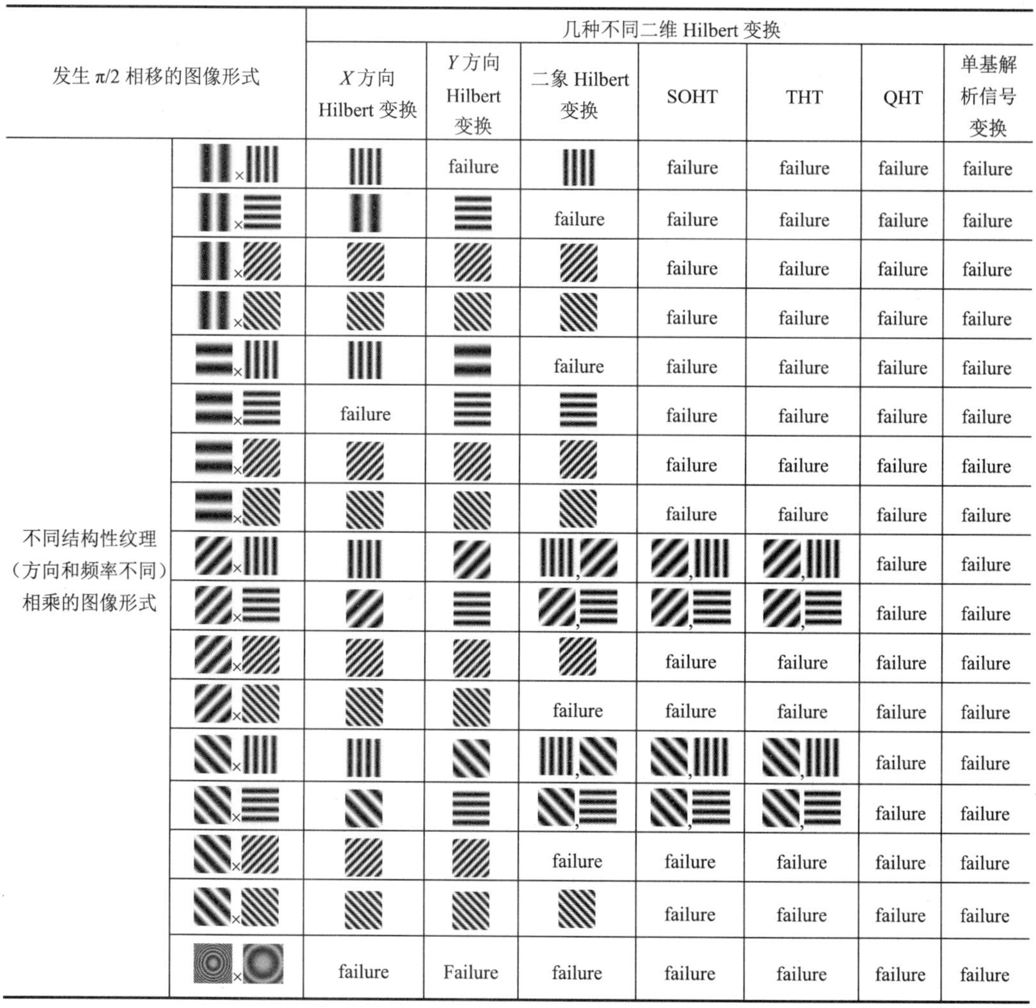

发生 π/2 相移的图像形式	几种不同二维 Hilbert 变换						
	X 方向 Hilbert 变换	Y 方向 Hilbert 变换	二象 Hilbert 变换	SOHT	THT	QHT	单基解析信号变换
		failure		failure	failure	failure	failure
			failure	failure	failure	failure	failure
				failure	failure	failure	failure
				failure	failure	failure	failure
		failure		failure	failure	failure	failure
	failure			failure	failure	failure	failure
				failure	failure	failure	failure
			failure	failure	failure	failure	failure
不同结构性纹理（方向和频率不同）相乘的图像形式						failure	failure
						failure	failure
				failure	failure	failure	failure
			failure	failure	failure	failure	failure
						failure	failure
						failure	failure
			failure	failure	failure	failure	failure
				failure	failure	failure	failure
	failure	Failure	failure	failure	failure	failure	failure

表 5.4 的结论表明：如果分析解析图像信号，必须考虑图像的类型和所使用的 Bedrosian 定理，从而确定会得到什么样的结果。只有如此，才能得到想要的复数信号进而获得更准确的幅相分析，否则将会产生错误的结果。例如，对于 🀄×𝄚 类型，如果打算让 🀄 产生 π/2 相移，那么必须进行 H^x 算子的 Hilbert 变换；如果打算让 𝄚 产生 π/2 相移，那么必须执行 H^y 算子的 Hilbert 变换操作。

另一个结论是：最终结果与执行 H^y 算子和执行 H^x 算子的顺序无关；同时，执行 H^y 算子后再执行 H^x 算子操作（顺序变化后相同）等价于执行 THT 操作 $H^{T[271]}$。该结论对于 Hilbert 在图像中的应用提供了一定的指导意义，可以实现不同的操作。

2. 基于二维 Hilbert 变换和 Bedrosian 定理的二维多分量到单分量分解理论

为了便于分析二维图像分量的幅度、相位及频率信息，本小节把重点集中到内蕴一维单分量（intrinsic one-dimensional monocomponent）情况。此时，任意二维内蕴单分量（intrinsic two-dimensional monocomponent）均可以看作两个内蕴一维单分量的和（或多分量）。不同于一维情况，二维情况下必须同时充分考虑图像的方向和频率（结构特征）。

另外，根据 Fourier 级数展开理论，任何图像都可以看作若干正余弦函数的和。这样，理论上就是讨论具有正余弦形式的二维分量。同时，假定图像满足表 5.3 和表 5.4 中的某种模式。

接下来，给出基于 Bedrosian 定理的图像多分量到单分量分解方法，包括多种情况。

定理 5.5　对于两个正余弦形式的二维实数分量信号 $f_1(x,y)=\cos\varphi_1(x,y)$ 和 $f_2(x,y)=\cos\varphi_2(x,y)$，如果在任意像素点 $(x,y)\in \mathbf{R}^+$ 有如下频率不等式关系：$\left|\dfrac{\partial\varphi_2(x,y)}{\partial x}\right|>\omega>\left|\dfrac{\partial\varphi_1(x,y)}{\partial x}\right|$，同时 $f(x,y)=f_1(x,y)+f_2(x,y)$，这里 ω_x 为辅助频率，$s_{c,x}(x,y)=\cos\omega_x x\,[s_{s,x}(x,y)=\sin\omega_x x]$为辅助分量，那么有

$$\begin{cases} f_1(x,y)=s_{s,x}(x,y)H^x\{f(x,y)s_{c,x}(x,y)\}-s_{c,x}(x,y)H^x\{f(x,y)s_{s,x}(x,y)\} \\ f_2(x,y)=f(x,y)-f_1(x,y) \end{cases} \tag{5.30}$$

定理 5.6　对于两个正余弦形式的二维实数分量信号 $f_1(x,y)=\cos\varphi_1(x,y)$ 和 $f_2(x,y)=\cos\varphi_2(x,y)$，如果在任意像素点 $(x,y)\in \mathbf{R}^+$ 有如下频率不等式关系：$\left|\dfrac{\partial\varphi_2(x,y)}{\partial y}\right|>\omega>\left|\dfrac{\partial\varphi_1(x,y)}{\partial y}\right|$，同时 $f(x,y)=f_1(x,y)+f_2(x,y)$，这里 ω_y 为辅助频率，$s_{c,y}(x,y)=\cos\omega_y y\,[s_{s,y}(x,y)=\sin\omega_y y]$为辅助分量，那么有

$$\begin{cases} f_1(x,y)=s_{s,y}(x,y)H^y\{f(x,y)s_{c,y}(x,y)\}-s_{c,y}(x,y)H^y\{f(x,y)s_{s,y}(x,y)\} \\ f_2(x,y)=f(x,y)-f_1(x,y) \end{cases} \tag{5.31}$$

定理 5.7　对于两个正余弦形式的二维实数分量信号 $f_1(x,y)=\cos\varphi_1(x,y)$ 和 $f_2(x,y)=\cos\varphi_2(x,y)$，如果在任意像素点 $(x,y)\in \mathbf{R}^+$ 有如下频率不等式关系：$\left|\dfrac{\partial\varphi_2(x,y)}{\partial x}\right|>$

$\omega_x>\left|\dfrac{\partial\varphi_1(x,y)}{\partial x}\right|\geq 0$ 及 $\left|\dfrac{\partial\varphi_2(x,y)}{\partial y}\right|>\omega_y>\left|\dfrac{\partial\varphi_1(x,y)}{\partial y}\right|\geq 0$，同时 $f(x,y)=f_1(x,y)+f_2(x,y)$，这里 ω_l 为辅助频率，$s_c(x,y)=\cos\omega_l l\,[s_s(x,y)=\sin\omega_l l,\ l=x,y]$为辅助分量，那么有

$$\begin{cases} f_1(x,y) = s_s(x,y)H^l\{f(x,y)s_c(x,y)\} - s_c(x,y)H^l\{f(x,y)s_s(x,y)\} \\ f_2(x,y) = f(x,y) - f_1(x,y) \end{cases} \quad (5.32)$$

定理 5.8   对于两个正余弦形式的二维实数分量信号 $f_1(x,y) = \cos\phi_1(x,y)$ 和 $f_2(x,y) = \cos\phi_2(x,y)$ ，如果在任意像素点 $(x,y) \in \mathbf{R}^+$ 有如下频率不等式关系：$\left| \dfrac{\partial \varphi_2(x,y)}{\partial x} \right| > \omega_x > \left| \dfrac{\partial \varphi_1(x,y)}{\partial x} \right| \geqslant 0$ 及 $0 \leqslant \left| \dfrac{\partial \varphi_2(x,y)}{\partial y} \right| < \omega_y < \left| \dfrac{\partial \varphi_1(x,y)}{\partial y} \right|$，同时 $f(x,y) = f_1(x,y) + f_2(x,y)$ ，这里 ω_x/ω_y 为辅助频率， $s_{c,x}(x,y) = \cos\omega_x x/s_{c,y}(x,y) = \cos\omega_y y$ $[s_{s,x}(x,y) = \sin\omega_x x/s_{s,y}(x,y) = \sin\omega_y y]$ 为辅助分量，那么有

$$\begin{cases} f_1(x,y) = s_{s,x}(x,y)H^x\{f(x,y)s_{c,x}(x,y)\} - s_{c,x}(x,y)H^x\{f(x,y)s_{s,x}(x,y)\} \\ f_2(x,y) = f(x,y) - f_1(x,y) \end{cases} \quad (5.33)$$

或

$$\begin{cases} f_2(x,y) = s_{s,y}(x,y)H^y\{f(x,y)s_{c,y}(x,y)\} - s_{c,y}(x,y)H^y\{f(x,y)s_{s,y}(x,y)\} \\ f_1(x,y) = f(x,y) - f_2(x,y) \end{cases} \quad (5.34)$$

定理 5.9   对于四个正余弦形式的二维实数分量信号 $f_1(x,y) = \cos\varphi_1(x)$ 、 $f_2(x,y) = \cos\varphi_2(y)$ 、 $f_3(x,y) = \cos\varphi_3(x,y)$ 及 $f_4(x,y) = \cos\varphi_4(x,y)$ ，且有 $\dfrac{\partial\varphi_3(x,y)}{\partial x} \cdot \dfrac{\partial\varphi_3(x,y)}{\partial y} > 0$ 和 $\dfrac{\partial\varphi_4(x,y)}{\partial x} \cdot \dfrac{\partial\varphi_4(x,y)}{\partial y} < 0$ ，如果 $f(x,y) = f_1(x,y) + f_2(x,y) + f_3(x,y) + f_4(x,y)$ ， $\dfrac{(H^x)^4}{(H^y)^4}$ 表示先后连续执行 Hilbert 变换算子 $\dfrac{H^x}{H^y}$ 四次，则有

$$\begin{cases} f_1(x,y) = (H^x)^4\left(f(x,y) - H^T\{H^T[f(x,y)]\}\right) \\ f_2(x,y) = (H^y)^4\left(f(x,y) - H^T\{H^T[f(x,y)]\}\right) \\ f_3(x,y) = \dfrac{H^T\{H^T[f(x,y)]\} - H^T[f(x,y)]}{2} \\ f_4(x,y) = \dfrac{H^T\{H^T[f(x,y)]\} + H^T[f(x,y)]}{2} \end{cases} \quad (5.35)$$

需要注意的是，这里只讨论两个或四个分量情况，对于更多的分量情况，同理可得，可以依此类推。所以，有如下推论。

推论 5.1   对于四个正余弦形式的二维实数分量信号 $p_1(x,y) = \displaystyle\sum_{l1}^{L1}\cos\varphi_{l1}(x)$ 、 $p_2(x,y) = \displaystyle\sum_{l2}^{L2}\cos\varphi_{l2}(y)$ 、 $p_3(x,y) = \displaystyle\sum_{l3}^{L3}\cos\varphi_{l3}(x,y)$ 和 $p_4(x,y) = \displaystyle\sum_{l4}^{L4}\cos\varphi_{l4}(x,y)$ ，且有 $\dfrac{\partial\varphi_{l3}(x,y)}{\partial x} \cdot \dfrac{\partial\varphi_{l3}(x,y)}{\partial y} > 0$ 和 $\dfrac{\partial\varphi_{l4}(x,y)}{\partial x} \cdot \dfrac{\partial\varphi_{l4}(x,y)}{\partial y} < 0$ $(1 \leqslant L_1, L_2, L_3, L_4 < +\infty)$ ，如果 $p(x,y) = p_1(x,y) + p_2(x,y) + p_3(x,y) + p_4(x,y)$ ， $\dfrac{(H^x)^4}{(H^y)^4}$ 表示先后连续执行 Hilbert 变换算子 $\dfrac{H^x}{H^y}$ 四次，则有

$$
\begin{cases}
p_1(x,y) = (H^x)^4 \left(p(x,y) - H^{\mathrm{T}}\{H^{\mathrm{T}}[p(x,y)]\} \right) \\[2mm]
p_2(x,y) = (H^y)^4 \left(p(x,y) - H^{\mathrm{T}}\{H^{\mathrm{T}}[p(x,y)]\} \right) \\[2mm]
p_3(x,y) = \dfrac{H^{\mathrm{T}}\{H^{\mathrm{T}}[p(x,y)]\} - H^{\mathrm{T}}\{p(x,y)\}}{2} \\[4mm]
p_4(x,y) = \dfrac{H^{\mathrm{T}}\{H^{\mathrm{T}}[p(x,y)]\} + H^{\mathrm{T}}\{p(x,y)\}}{2}
\end{cases}
\tag{5.36}
$$

也就是说，给定多个单分量的和，如果要获得每个独立可分的单分量，那么需要采用合适的二维 Hilbert 变换并借助辅助分量来完成。

5.2.3　图像分量分解

如前所述，如果要获得每个独立可分的单分量，需要采用合适的二维 Hilbert 变换并借助辅助分量来完成。但是，在真实的工程中，图像本身是非常复杂的，并不是上述几个或多个理想正余弦函数的叠加。所以，为了更好地分析单分量，应用上述定理首先把图像按照方向划分为四部分，然后应用 Hilbert 变换和 Bedrosian 定理对不同方向上的单分量进行逐个剥离。下面给出分量分解的具体操作。

1. 辅助分量构建

假定图像 $p(x,y)$ 尺寸为 $M \times N$，见推论 5.1。现在给出四个方向上的辅助分量的具体构建方法。

（1）$p_1(x,y)$ 的辅助分量构建

1）对 $p_1(x,y)$ 进行 Fourier 变换，得到 Fourier 频谱 $|P_1(u,v)|^2$。

2）计算 Fourier 频谱 $|P_1(u,v)|^2$ 的投影，即边缘函数，获得边缘频谱函数

$$
\mathrm{MP}_1(u) = \int_0^N |P_1(u,v)|^2 \mathrm{d}v
$$

3）在频域支撑 $[0, M]$ 内搜索寻找 $\mathrm{MP}_1(u)$ 的所有极值点，获得极值点位置集合 $U = \{u_{\max,1}, u_{\min,2}, u_{\max,3}, \cdots, u_{\max,l-1}, u_{\min,l}, u_{\max,l+1}, \cdots, u_{\min,\mathrm{num}}\} = U_{\min} \bigcup U_{\max}$（其中，num 为频谱域内极值点个数）。不失一般性，假定极值点顺序是先极大后极小，即 $U_{\min} = \{u_{\min,2}, \cdots, u_{\min,l}, \cdots, u_{\min,\mathrm{num}}\}$，$U_{\max} = \{u_{\max,1}, u_{\max,3}, \cdots, u_{\max,l-1}, u_{\max,l+1}, \cdots, u_{\max,\mathrm{num}-1}\}$，$u_{\max,l} \geqslant \delta \cdot \sup[\mathrm{MP}_1(u)]$。

4）在极值点集合 $U_{\min}$ 内搜索点 $u_{\mathrm{med}}(u_{\mathrm{med}} \in U_{\min})$，且这些点需要满足如下关系式：

$$
u_{\mathrm{med}} = \arg\left\{ \sup_{u_{\min,l} \in U_{\min}} \left[\frac{\displaystyle\int_{u_{\max,l-1}}^{u_{\max,l+1}} |L_1(u) - \mathrm{MP}_1(u)| \mathrm{d}u}{u_{\max,l+1} - u_{\max,l-1}} \right] \right\}
\tag{5.37}
$$

式中，

$$
L_1(u) = \frac{\mathrm{MP}_1(u_{\max,l+1}) - \mathrm{MP}_1(u_{\max,l-1})}{u_{\max,l+1} - u_{\max,l-1}} \cdot u + \frac{\mathrm{MP}_1(u_{\max,l-1}) \cdot u_{\max,l+1} - \mathrm{MP}_1(u_{\max,l+1}) \cdot u_{\max,l-1}}{u_{\max,l+1} - u_{\max,l-1}}
$$

5）通过公式 $s_x(x,y) = \cos\left(\dfrac{2\pi \cdot u_{\text{med}}}{M} \cdot x\right)$ 构建辅助分量。

接着利用辅助分量 $s_x(x,y)$ 的正余弦形式分解 $p_1(x,y)$，获得低频部分和高频部分。

（2）$p_2(x,y)$ 的辅助分量构建

1）对 $p_2(x,y)$ 进行 Fourier 变换，得到 Fourier 频谱 $|P_2(u,v)|^2$。

2）计算 Fourier 频谱 $|P_2(u,v)|^2$ 的投影，即边缘函数，获得边缘频谱函数 $\mathrm{MP}_2(v) = \int_0^N |P_2(u,v)|\,\mathrm{d}u$。

3）在频域支撑 $[0, N]$ 内搜索寻找 $\mathrm{MP}_2(v)$ 的所有极值点，获得极值点位置集合 $V = \{v_{\text{max},1}, v_{\text{min},2}, v_{\text{max},3}, \cdots, v_{\text{max},l-1}, v_{\text{min},l}, v_{\text{max},l+1}, \cdots, v_{\text{min,num}}\} = V_{\text{min}} \bigcup V_{\text{max}}$（其中 num 为频谱域内极值点个数）。不失一般性，假定极值点顺序是先极大后极小，即 $V_{\text{min}} = \{v_{\text{min},2}, \cdots, v_{\text{min},l}, \cdots, v_{\text{min,num}}\}$，$V_{\text{max}} = \{v_{\text{max},1}, v_{\text{max},3}, \cdots, v_{\text{max},l-1}, v_{\text{max},l+1}, \cdots, v_{\text{max,num}-1}\}$，$v_{\text{max},l} \geq \delta \cdot \sup[\mathrm{MP}_2(v)]$。

4）在极值点集合 V_{min} 内搜索点 $v_{\text{med}}(v_{\text{med}} \in V_{\text{min}})$，且这些点需要满足如下关系式：

$$v_{\text{med}} = \arg\left\{ \underset{v_{\text{min},l} \in V_{\text{min}}}{\sup} \left[\frac{\int_{v_{\text{max},l-1}}^{v_{\text{max},l+1}} |L_2(v) - \mathrm{MP}_2(v)|\,\mathrm{d}v}{v_{\text{max},l+1} - v_{\text{max},l-1}} \right] \right\} \qquad (5.38)$$

式中，

$$L_2(v) = \frac{\mathrm{MP}_2(v_{\text{max},l+1}) - \mathrm{MP}_2(v_{\text{max},l-1})}{v_{\text{max},l+1} - v_{\text{max},l-1}} \cdot v + \frac{\mathrm{MP}_2(v_{\text{max},l-1}) \cdot v_{\text{max},l+1} - \mathrm{MP}_2(v_{\text{max},l+1}) \cdot v_{\text{max},l-1}}{v_{\text{max},l+1} - v_{\text{max},l-1}}$$

5）通过公式 $s_y(x,y) = \cos\left(\dfrac{2\pi \cdot v_{\text{med}}}{N} \cdot y\right)$ 构建辅助分量。

接着利用辅助分量 $s_y(x,y)$ 的正余弦形式分解 $p_2(x,y)$，获得低频部分和高频部分。

（3）$p_3(x,y)$ 的辅助分量构建

1）对 $p_3(x,y)$ 进行 Fourier 变换，得到 Fourier 频谱 $|P_3(u,v)|^2$。

2）计算 Fourier 频谱 $|P_3(u,v)|^2$ 的投影，即边缘函数，获得边缘频谱函数 $\mathrm{MP}_3^{(1)}(u) = \int_0^N |P_3(u,v)|^2\,\mathrm{d}v$ 及 $\mathrm{MP}_3^{(2)}(u) = \int_0^M |P_3(u,v)|^2\,\mathrm{d}u$。

3）在频域支撑 $[0, M]$ 内搜索寻找 $\mathrm{MP}_3^{(1)}(u)$ 的所有极值点，获得极值点位置集合 $U = \{u_{\text{max},1}, u_{\text{min},2}, u_{\text{max},3}, \cdots, u_{\text{max},l-1}, u_{\text{min},l}, u_{\text{max},l+1}, \cdots, u_{\text{min,num}}\} = U_{\text{min}} \bigcup U_{\text{max}}$（其中，num 为频谱域内极值点个数）。不失一般性，假定极值点顺序是先极大后极小，即 $U_{\text{max}} = \{u_{\text{max},1}, u_{\text{max},3}, \cdots, u_{\text{max},l-1}, u_{\text{max},l+1}, \cdots, u_{\text{max,num}-1}\}$，$U_{\text{min}} = \{u_{\text{min},2}, \cdots, u_{\text{min},l}, \cdots, u_{\text{min,num}}\}$，$u_{\text{max},l} \geq \delta \cdot \sup[\mathrm{MP}_3^{(1)}(u)]$。

4）在频域支撑 $[0, N]$ 内搜索寻找 $\mathrm{MP}_3^{(2)}(v)$ 的所有极值点，获得极值点位置集合 $V = \{v_{\text{max},1}, v_{\text{min},2}, v_{\text{max},3}, \cdots, v_{\text{max},l-1}, v_{\text{min},l}, v_{\text{max},l+1}, \cdots, v_{\text{min,num}}\} = V_{\text{min}} \bigcup V_{\text{max}}$（其中，num 为频谱域内极值点个数）。不失一般性，假定极值点顺序是先极大后极小，即 $V_{\text{max}} = \{v_{\text{max},1}, v_{\text{max},3}, \cdots, v_{\text{max},l-1}, v_{\text{max},l+1}, \cdots, v_{\text{max,num}-1}\}$，$V_{\text{min}} = \{v_{\text{min},2}, \cdots, v_{\text{min},l}, \cdots, v_{\text{min,num}}\}$，$v_{\text{max},l} \geq \delta \cdot \sup[\mathrm{MP}_3^{(2)}(v)]$。

5）在极值点集合 U_{min} 内搜索点 $u_{\text{med}}(u_{\text{med}} \in U_{\text{min}})$，且这些点需要满足如下关系式：

$$u_{\mathrm{med}} = \arg\left\{ \underbrace{\sup}_{u_{\min,l}\in U_{\min}}\left[\frac{\int_{u_{\max,l-1}}^{u_{\max,l+1}}\left|L_3^{(1)}(u)-\mathrm{MP}_3^{(1)}(u)\right|\mathrm{d}u}{u_{\max,l+1}-u_{\max,l-1}}\right]\right\} \qquad (5.39)$$

式中，

$$L_3^{(1)}(u)=\frac{\mathrm{MP}_3^{(1)}(u_{\max,l+1})-\mathrm{MP}_3^{(1)}(u_{\max,l-1})}{u_{\max,l+1}-u_{\max,l-1}}\cdot u+\frac{\mathrm{MP}_3^{(1)}(u_{\max,l-1})\cdot u_{\max,l+1}-\mathrm{MP}_3^{(1)}(u_{\max,l+1})\cdot u_{\max,l-1}}{u_{\max,l+1}-u_{\max,l-1}}$$

6）在极值点集合 $V_{\min}$ 内搜索点 v_{med}（$v_{\mathrm{med}}\in V_{\min}$），且这些点需要满足如下关系式：

$$v_{\mathrm{med}} = \arg\left\{ \underbrace{\sup}_{v_{\min,l}\in V_{\min}}\left(\frac{\int_{v_{\max,l-1}}^{v_{\max,l+1}}\left|L_3^{(2)}(v)-\mathrm{MP}_3^{(2)}(v)\right|\mathrm{d}v}{v_{\max,l+1}-v_{\max,l-1}}\right)\right\} \qquad (5.40)$$

式中，

$$L_3^{(2)}(v)=\frac{\mathrm{MP}_3^{(2)}(v_{\max,l+1})-\mathrm{MP}_3^{(2)}(v_{\max,l-1})}{v_{\max,l+1}-v_{\max,l-1}}\cdot v+\frac{\mathrm{MP}_3^{(2)}(v_{\max,l-1})\cdot v_{\max,l+1}-\mathrm{MP}_3^{(2)}(v_{\max,l+1})\cdot v_{\max,l-1}}{v_{\max,l+1}-v_{\max,l-1}}$$

7）通过以下公式构建辅助分量：

$$s(x,y)=\begin{cases}\cos\left(\dfrac{2\pi\cdot u_{\mathrm{med}}}{M}\cdot x\right), & u_{\mathrm{med}}\geqslant v_{\mathrm{med}}\\[2mm]\cos\left(\dfrac{2\pi\cdot v_{\mathrm{med}}}{N}\cdot y\right), & 其他\end{cases}$$

接着利用辅助分量 $s(x,y)$ 的正余弦形式分解 $p_4(x,y)$，获得低频部分和高频部分。注意：上述辅助分量构建中，参数 δ 的取值范围为 $[0.01,1]$。

2. 多尺度分解算法

针对多分量图像 $p(x,y)$，本小节给出具体的多尺度分解算法。

1）首先利用上述式（5.36）获得四个方向的分解：$p_1(x,y)$、$p_2(x,y)$、$p_3(x,y)$ 及 $p_4(x,y)$。

2）利用迭代算法分解 $p_1(x,y)$。

3）利用迭代算法分解 $p_2(x,y)$。

4）利用迭代算法分解 $p_3(x,y)$。

5）利用迭代算法分解 $p_4(x,y)$。

6）利用幅相估计算法分析分解后的各个单分量。

实际工程中，获得的单分量在很多情况下未必是理想的单分量。但是，此时通过分析仍可以获得内蕴本质特征。值得强调的是，获得频率接近单分量信号的分离未必是图像处理中的最优结果，因为有时某些图像包含了过于复杂的时变性和频率非线性特性，强制性地分解成单分量未必有利于图像特征的分析。但是，本书的目的是从单分量、多分量的角度探讨图像分解，故而不考虑上述问题，所以从多分量中分离单分量是本节主要目标。

显然，还可以发现，这种分解隶属于多尺度分解，因为不同的单分量至少包含了不同频率的信息。

5.2.4　相位幅度分析

在单分量分解后，接下来就是单分量信号的幅相分析。如前所述，目前有多种二维 Hilbert 变换可以用来对信号进行幅相分析。不考虑这些 Hilbert 变换的各自优点，对于信号 $a(x,y)\cos\varphi(x,y)$ 来说，假定幅度调制分量 $a(x,y)$ 具有比频率调制分量 $\cos\varphi(x,y)$ 更低的频率，这里也只是获得幅度调制分量和频率调制分量。因此，如果 Hilbert 变换能够为合适的复数信号提供较好的形式，如 $a(x,y)\mathrm{e}^{\mathrm{j}\varphi(x,y)}$，这样就可以直接获得对应的幅度和相位信息：

幅度：

$$A(x,y)=\left|a(x,y)\mathrm{e}^{\mathrm{j}\varphi(x,y)}\right|=\left|a(x,y)\right| \tag{5.41}$$

相位：

$$\Phi(x,y)=-\mathrm{j}\ln\frac{a(x,y)\mathrm{e}^{\mathrm{j}\varphi(x,y)}}{A(x,y)} \tag{5.42}$$

频率：

$$\omega_x=\left|\frac{\partial\Phi(x,y)}{\partial x}\right|,\quad \omega_y=\left|\frac{\partial\Phi(x,y)}{\partial y}\right| \tag{5.43}$$

基于前面推导的 Bedrosian 定理及幅度相位计算需求，能够获得表 5.5［不失一般性，该表中把幅度调制函数 $a(x,y)$ 改写成 $\cos\varphi_1(x,y)$，把频率调制函数 $\cos\varphi(x,y)$ 改写成 $\cos\varphi_2(x,y)$］。表 5.5 给出了现有几种 Hilbert 变换对几种不同多分量模式的幅相分析情况。

表 5.5　现有几种 Hilbert 变换对几种不同多分量模式的幅相分析状况一览表

	AM $\cos\varphi_1(x,y)$	FM $\cos\varphi_2(x,y)$	Hilbert 变换				
			H^x	H^y	H^{T}	H^x (H^{T})	H^y (H^{T})
不同方向和频率的不同乘积形式纹理			√	×	×	×	×
			×	√	×	×	×
			√	√	×	√	√
			√	√	×	×	√
			√	×	×	×	×
			×	√	×	×	×
			√	√	×	√	√
			√	√	×	√	√
			√	×	×	√	×
			×	√	×	×	×
			√	√	×	√	√
			√	×	×	√	×
			√	×	×	×	√

续表

不同方向和频率的不同乘积形式纹理	AM $\cos\varphi_1(x,y)$	FM $\cos\varphi_2(x,y)$	Hilbert 变换				
			H^x	H^y	H^T	H^x (H^T)	H^y (H^T)
			×	√	×	√	×
			√	√	×	√	√
			√	√	×	√	√

表 5.5 中的符号 "√" 代表进行相应的 Hilbert 变换后可以直接获得对应的幅度和相位信息，符号 "×" 表明不能在 Hilbert 变换后直接获得对应的幅度和相位信息。同时，假定 $\left(\left|\dfrac{\partial\varphi_2}{\partial x}\right|,\left|\dfrac{\partial\varphi_2}{\partial y}\right|\right) > \left(\left|\dfrac{\partial\varphi_1}{\partial x}\right|,\left|\dfrac{\partial\varphi_1}{\partial y}\right|\right)$。

5.2.5　纹理分析

为了验证算法的有效性，本小节对合成问题和真实纹理图像进行分析，并与其他算法进行比较验证。本小节给出三个实验。

同时，为了评价这些算法的性能，这里采用了误差均值平方（mean square error，MSE）的量化测度。

$$\text{MSE}_l = \frac{\left\| f_l(x,y) - \text{imf}_l(x,y)\right\|^2_{L^2(R,R)}}{\left\| f_l(x,y)\right\|^2_{L^2(R,R)}} \tag{5.44}$$

式中，$f_l(x,y)$ 为第 l 个原真实分量；$\|\ \|_{L^2(R)}$ 为 2-范数；$\text{imf}_l(x,y)$ 为不同方法分解得到的分量。

实验 5.1　该实验用一个合成纹理图像（量化地）验证不同算法。合成纹理包括八个单分量：

$$\begin{cases}
f_1(x,y) = \cos\left[\dfrac{2\pi\cdot 50(x+0.0001x^2)}{512}\right] \\[2mm]
f_2(x,y) = \cos\left[\dfrac{2\pi\cdot 50(y+0.0001y^2)}{512}\right] \\[2mm]
f_3(x,y) = \cos\left[\dfrac{2\pi\cdot 20(x+0.0002x^2)}{512}\right] \\[2mm]
f_4(x,y) = \cos\left[\dfrac{2\pi\cdot 20(y+0.0002y^2)}{512}\right] \\[2mm]
f_5(x,y) = \cos\left(\dfrac{2\pi\cdot 15x}{512}+\dfrac{2\pi\cdot 15y}{512}\right) \\[2mm]
f_6(x,y) = \cos\left(\dfrac{2\pi\cdot 15x}{512}-\dfrac{2\pi\cdot 15y}{512}\right) \\[2mm]
f_7(x,y) = \cos\left(\dfrac{2\pi\cdot 25x}{512}+\dfrac{2\pi\cdot 30y}{512}\right) \\[2mm]
f_8(x,y) = \cos\left(\dfrac{2\pi\cdot 25x}{512}-\dfrac{2\pi\cdot 30y}{512}\right)
\end{cases} \tag{5.45}$$

显然，这些分量含有不同的频率和方向信息。这里对比的算法是传统的 BMED。由于其他一些改进型 BMED 具有和传统的 BMED 相似的分解机理，因此这里只与传统的 BMED 对比，即可获得对比结果。显然，基于 Hilbert 变换和 Bedrosian 定理的分解方法具有更好的分解性能（图 5.6）。这里传统的 BMED 中采用了三次插值技术（详见 MATLAB 中插值函数），此外，还进行了量化的比较（表 5.6）。基于 Hilbert 变换和 Bedrosian 定理的分解方法具有最好的分解性能，注意这里还加入了量化比较的另外一种方法 ASBEMD。

（a）八分量组成的合成纹理（尺寸：512×512 像素）

（b）基于 Hilbert 变换和 Bedrosian 定理的分解方法获得的分量分解结果

（c）BEMD[142] 获得的分量分解结果

图 5.6　基于 Hilbert 变换和 Bedrosian 定理的分解方法和 BEMD 分量分解对比

表 5.6　基于 Hilbert 变换和 Bedrosian 定理的分解方法与 BEMD 方法及 ASBEMD 方法对比

函数及变换方法	MSE		
	基于 Hilbert 变换的方法	BEMD[142]	ASBEMD[246]
$f_1(x,y)$	0.0211	0.5987	0.2609
$f_2(x,y)$	0.0239	0.4042	0.5761
$f_3(x,y)$	0.0207	0.4655	0.4705
$f_4(x,y)$	0.0197	0.4654	0.3541
$f_5(x,y)$	0.0287	0.3547	0.3297
$f_6(x,y)$	0.0301	0.4908	0.3341
$f_7(x,y)$	0.0266		0.2296
$f_8(x,y)$	0.0214		0.3674

实验5.2　　该实验中用六个单分量合成一个纹理。六个单分量分别为

$$\begin{cases} f_1(x,y) = \cos\left(\dfrac{2\pi \cdot 50x}{512}\right) \\[2mm] f_2(x,y) = \cos\left(\dfrac{2\pi \cdot 50y}{512}\right) \\[2mm] f_3(x,y) = \cos\left(\dfrac{2\pi \cdot 25x}{512} + \dfrac{2\pi \cdot 25y}{512}\right) \\[2mm] f_4(x,y) = \cos\left(\dfrac{2\pi \cdot 15x}{512} + \dfrac{2\pi \cdot 15y}{512}\right) \\[2mm] f_5(x,y) = \cos\left(\dfrac{2\pi \cdot 20x}{512} - \dfrac{2\pi \cdot 20y}{512}\right) \\[2mm] f_6(x,y) = \cos\left(\dfrac{2\pi \cdot 40x}{512} - \dfrac{2\pi \cdot 40y}{512}\right) \end{cases} \tag{5.46}$$

这里除了把各个单分量分解出来外，更重要的是分析纹理中所包含的的不同尺度上的幅度和相位信息（图5.7）。

（a）合成多分量纹理和模板（尺寸：512×512 像素）

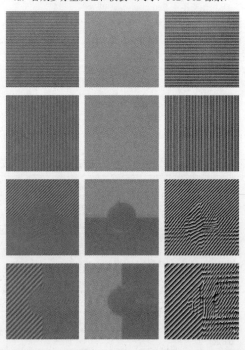

图 5.7　基于 Hilbert 变换和 Bedrosian 定理的分量分解和幅相分析

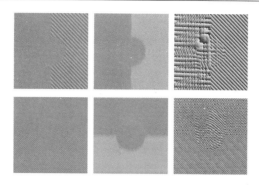

（b）六个分解分量（左）、幅度（中间）及相位（右）（从上到下）

图 5.7（续）

　　实验 5.3　该实验对一个真实的纹理（一块布料纹理，如图 5.8 所示）进行分析。显然该纹理主要是布料的波状纹理，其中有两个瑕疵块。本实验的任务主要是把该纹理分解成多个单分量的形式，从而分解纹理中所包含的幅相信息。从幅相信息可以确定瑕疵块的位置及大小，这对于下一步的其他应用（包括故障和瑕疵探测）具有一定的价值。

（a）原始布料纹理（尺寸：700×700 像素）

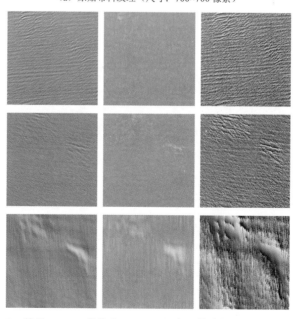

图 5.8　基于 Hilbert 变换和 Bedrosian 定理的分量分解和幅相分析

（b）六个分解分量（左）、幅度（中）及相位（右）（从上到下）

图 5.8（续）

本 章 小 结

与一维解析信号的 Hilbert 变换不同，多维解析信号一直没有明确和公认的定义，限制了解析分析在二维图像处理领域的应用。本章给出了几种二维 Hilbert 变换的定义，介绍了它们的函数表达式，并给出了基于联合二维 Hilbert 变换的图像分解方法，包括相关的理论推导证明和图像分解实例，为图像分解提供了一种新的视角。

第6章　其他分量分解的新型变换及应用

6.1　图像分解的一般概述

自然界的图像信号多是非平稳、时变、多尺度的信号，在不同尺度上包含大量的特征目标（如直线、形状、模式及边缘等）、方向及空间位置等。现已有很多的变换方法可以把图像分解成一系列的分量，如第 1 章提到的 Fourier 变换、余弦变换等，以及多种多尺度分解（multi-scale decomposition，MSD）方法。MSD 可以描述图像的多尺度特性并具有时间与频率分辨率的互补性，它已广泛应用于图像处理[173,197-199,209,210]。经典的小波变换[154,155,157,158,161]及其改进算法[181,196,211]是目前应用最为广泛的 MSD 方法，但是一旦基函数确定，它就会失去自适应的特性，而且引起图像边缘模糊并产生振铃现象[209]。另一类 MSD 方法是边缘保留的非线性多尺度分解算子，如各向异性扩散（anisotropic diffusion，ASD）[212,213]、（加权）最小二乘［（weighted）least squares，WLS][209,214,215]、双边滤波（bilateral filter，BLF）[197,198]等。BLF 对边缘保留的大尺度分解无能为力，其结果在边缘上会含有大量明显的颗粒状噪声。

ASD[212,213]将高斯模糊函数解释为热传导偏微分方程（partial differential equation，PDE），即将每个像素亮度值看成可以沿着四个邻域方向传递的热量。Perona 和 Malik 引入边缘停止函数，根据图像的梯度决定"传导"方向和"传导"的停止位置。尽管 ASD[212,213]及其改进算法具有很好的边缘保留的平滑和滤波性能，但是其得到的细节分量（detail layer，DL）在边缘上会含有大量明显的颗粒状噪声[图 6.1（c）]，而且比 BLF 还严重。另外，ASD 不能有效保留图像的完整边缘。还有，对于亮度对比度大且稠密性细节的图像，ASD 不能有效多尺度分解。

文献[209]介绍了基于加权最小二乘边缘保留多尺度分解算法（weighted least square decompesition，WLSD），它适合渐进式细节提取和多尺度分解，且在图像增强、色调调整及图像卡通化等应用方面具有优势，特别是减小了边缘振铃。但是，WLSD 不能一次完整提取亮度对比度大的稠密性细节，只能渐进式提取[图 6.1（d）]。

图 6.1 给出了常见边缘保留多尺度算子的结果。其中，W_s 为 BLF 水平和垂直方向的窗口最大尺寸，σ_s 为平滑高斯核的空间方差，σ_{lum} 为平滑高斯核的亮度方差；num_iter 为 ASD 的迭代次数，delta_t 为 ASD 的积分常数，kappa 为 ASD 的梯度模阈值，β 为 WLSD 的原始图像和分解图像的平衡参数，α 为 WLSD 用于控制梯度和非线性尺度的参数。

从图 6.1 中可以清晰地看出以往各种多尺度分解的缺陷。BLF 对于小尺度的分解可以取得较好的 BSL（base layer，基图像）结果，随着尺度增大，BSL 变得模糊，而且 BSL 边缘越好，在细节图像的边缘附近颗粒状扰动越严重。

（a）测试图像（缩小版）

（b）BLF 在参数 $W_s=6$，$\sigma_s=15$，$\sigma_{\text{lum}}=0.1$ 下的 DL 和 BSL

（c）ASD 在参数 num_iter = 50，delta_t = 1/7，kappa = 15/255 下的 DL 和 BSL

（d）WLSD 在参数 $\beta=1$，$\alpha=2$ 下的 DL 和 BSL

图 6.1　一些边缘保留多尺度分解方法的结果（仅给出两个分量：DL 和 BSL）

ASD 对于空间一致性强的图像分解结果较好，如图 6.1（c）所示，但其在细节图像的边缘附近会产生视觉上的颗粒状扰动，比 BLF 还明显[图 6.1（b）]。另外，对于亮度对比度大的高密度细节信息，ASD 会产生"传导"的硬停止，使分解结果本应整体的内容产生分离。

WLSD 对细节进行渐进性分解，其产生的颗粒状扰动较少。但是， WLSD 只按照亮度差进行全局性分解，没有考虑到局部亮度对比度大的细节信息，失去了空间尺度控制能力。

本章将以 DL 和 BSL 分别替代 IMF 和剩余量，把边缘和梯度作为广义极值，介绍广义经验模式分解算法，并对其性能进行对比分析；同时，给出多种分解方法的统一框架和统一数学优化方程，引出新的分解方法[272]。

6.2　基于边缘的多尺度分解

图像的边缘可通过边缘特征参数[206,207,218]加以描述，主要包括边缘亮度差（edge luminance difference，ELD）、边缘宽度（edge width，EW）、边缘间距（edge distance between neighbored edges，ED）、边缘中心（edge center，EC）、下边缘（edge shadow side，ESS）、上边缘（edge eutropic side，EES）、边缘亮度变化（edge changing ratio，ECR）等。图 6.2 所示为图像的边缘和细节实例。

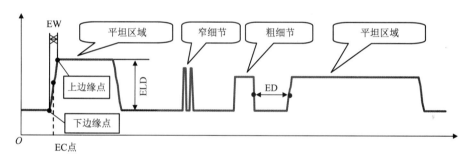

（a）理想情况

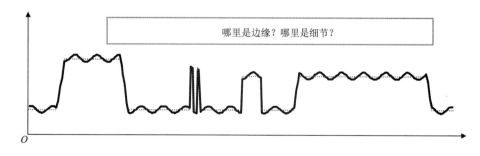

（b）实际情况（点状线对应为理想情况）

图 6.2　边缘和细节实例

在理想情况下，EC、EW 和 EC 的确切位置很明确，如图 6.2（a）所示；但在实际情况下，细节和边缘会产生混淆，如图 6.2（b）所示。

6.2.1　定义

尽管有些概念已经存在[206,207,218]，但是为了方便阐述，这里对一些基本概念给出如下定义。

ELD：上边缘和下边缘点的亮度差绝对值。

EW：上边缘和下边缘点之间的空间最短距离。

EC：上边缘和下边缘点之间的中间点。

边缘中心亮度（edge center light，ECL）：EC 点的灰度大小。

ESS：灰度值小于 ECL 的边缘部分。

EES：灰度值大于 ECL 的边缘部分。

ECR：ELD/EW 单位尺度上亮度变化值。

ED：两条边缘线之间的最小距离。

由于噪声和扰动的存在，这些参数难以确定，而且对其细节尚没有明确定义[218]，细节和边缘难以区别。

在谱分析中，细节应该是高频的信息。然而脉冲信号 $\delta(t)$ 包含所有的频率成分。

$$F\{\delta(t)\}=1 \tag{6.1}$$

其中，$\int_{-\infty}^{\infty}\delta(t)\mathrm{d}t=1$，$\delta(t)=\begin{cases}0,\ t\neq 0\\\infty,\ t=0\end{cases}$。

理想脉冲的一个简单扩展就是窄幅方波或者样条信号，包含有大量的频率信息和较大的带宽，频率从低频到高频。由于在空间尺度占有较小的尺寸，因此可以把它们归结为细节信息，但是严格按照频谱来划分，并不纯粹属于细节信息。从这个角度来说，在图像的多尺度分解中，尤其是边界保留的多尺度分解中，不妨从空间尺寸和频率占有的带宽共同考虑。但是根据时频不相容原理，这类窄带宽的空间小尺寸细节是不存在的，因此需要根据需要进行取舍。如果细节亮度差特别大[如图 6.2（a）和（b）所示中间的两个尖脉冲]，大多边缘算子会把它们作为边缘处理，而不是单纯作为细节信息。值得注意的是，多尺度边缘算子[218-220]的多尺度边缘检测与本书的多尺度分解是两个相反的过程，且最终目标也不同。

6.2.2　边缘点与多尺度表示

对图 6.2（a）进行调整，形成图 6.3 和图 6.4。在图 6.3 中，首先确定其边缘及它们的所有上下边缘点。在图 6.3（a-1）中，去除小于选定的小空间尺度的两个尖脉冲边缘点，并对上下边缘点进行分段线性插值，可以得到图 6.3（a-2）的 BSL。由图 6.3（a-1）的信号减去图 6.3（a-2）的信号，可以得到图 6.3（a-3）的 DL。同理，选定空间尺度，对图 6.3（b-1）进行类似的操作，得到图 6.3（b-2）的 BSL 及图 6.3（b-3）的 DL。

如图 6.4 所示，上述分解过程相当于一次低通滤波，任何线性低通滤波器都无法获得这样的理想结果。通过控制插值边缘点的尺寸，就可以得到不同尺度上的分量。

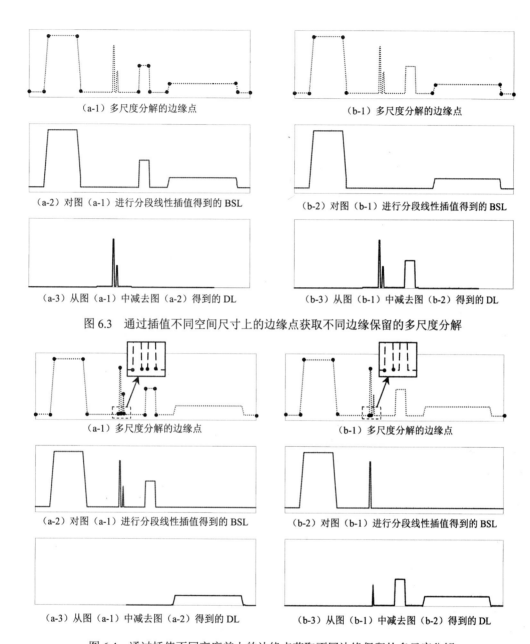

（a-1）多尺度分解的边缘点　　　　　　　　　（b-1）多尺度分解的边缘点

（a-2）对图（a-1）进行分段线性插值得到的 BSL　　　（b-2）对图（b-1）进行分段线性插值得到的 BSL

（a-3）从图（a-1）中减去图（a-2）得到的 DL　　　（b-3）从图（b-1）中减去图（b-2）得到的 DL

图 6.3　通过插值不同空间尺寸上的边缘点获取不同边缘保留的多尺度分解

（a-1）多尺度分解的边缘点　　　　　　　　　（b-1）多尺度分解的边缘点

（a-2）对图（a-1）进行分段线性插值得到的 BSL　　　（b-2）对图（b-1）进行分段线性插值得到的 BSL

（a-3）从图（a-1）中减去图（a-2）得到的 DL　　　（b-3）从图（b-1）中减去图（b-2）得到的 DL

图 6.4　通过插值不同亮度差上的边缘点获取不同边缘保留的多尺度分解

以 ELD 作为分解的控制参数，可获得不同的分解结果，如图 6.4（a）所示。在图 6.4（a）中，去除最小 ELD 以下的边缘点，只保留大于最小 ELD 的边缘点，并对图 6.4（a-1）的边缘点进行分段线性插值，得到图 6.4（a-2）的 BSL。由图 6.4（a-1）的信号减去图 6.4（a-2）的信号，得到图 6.4（a-3）中的 OL。同理，选定更大的 ELD，并去除选定 ELD 以下的边缘点，保留选定 ELD 以上的边缘点，进行同样的操作，获得图 6.4（b）。

对图 6.2（a）进行变换得到图 6.5。在图 6.5（a）中，将下边缘点和边缘中点作为插值点，去除窄脉冲点。在图 6.5（b）中，将下边缘点和到下边缘点亮度差值为 ELD/3

的边缘点作为插值点，去除较大脉冲和窄脉冲点。并进行与图 6.3 和图 6.4 类似的插值操作，得到多尺度的分量信号。可见，通过不同参数选择待插值的边缘点，可以获取不同的多尺度分解结果。

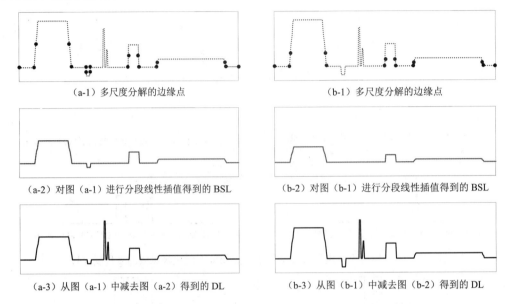

（a-1）多尺度分解的边缘点　　　　　　　（b-1）多尺度分解的边缘点

（a-2）对图（a-1）进行分段线性插值得到的 BSL　　　　　（b-2）对图（b-1）进行分段线性插值得到的 BSL

（a-3）从图（a-1）中减去图（a-2）得到的 DL　　　　　（b-3）从图（b-1）中减去图（b-2）得到的 DL

图 6.5　通过插值任意给定的边缘点获取不同边缘保留的多尺度分解

选择其他边缘参数，如 EW 和 ECR，也可用于多尺度分解的控制参数。其中，空间尺寸和 ELD 是主要的两个控制参数。不管采用哪种参数控制，最终都是选取插值边缘点。通过边缘点的位置及其灰度值大小，可以获取多种类型的多尺度分解。

基于边缘的多尺度分解充分利用了边缘信息，而边缘可看作图像的广义极值点，那么基于边缘的多尺度分解可称为广义经验模式分解，它是 BEMD 的拓展。BEMD 需要多次筛选及上下两个包络；而广义经验模式分解理论上不需要筛选，只需要一次插值的包络。

6.2.3　边缘检测及参数估计

1. 边缘检测

基于微分的边缘算子是一阶低通滤波模块的模板操作。低通滤波器和微分经常作为独立算子应用，如 Sobel 算子、Prettin 算子和 Roberts 算子等[218]。基于线性滤波器的边缘算子，如 Dickey 和 Shanmugam[221,222]介绍的算子、Marr 和 Hildreth[223]介绍的算子、Canny[219]算子等[224-229]，常用于提高边缘检测效果。

与确定边缘线[218-229]和定位边缘不同，本章的边缘检测是确定适合多尺度分解的边缘参数。现实中，定位边缘不可避免地存在误差，多数边缘算子，如 Sobel 算子、Prettin 算子、Roberts 算子、Canny 算子等，可提供初始边缘信息，关键是精确估计图像的边缘参数。

2. 分解有效边缘

对于图像 $f(m,n)$（$1 \leqslant m \leqslant M$；$1 \leqslant n \leqslant N$），令 $E_f(m,n)$ 为检测到的边缘图像，假定

图像边缘的最大宽度为 7 像素，且边缘亮度差是线性增减的，$\text{EBL}(m,n)$ 为 $E_f(m,n)$ 以边缘点 (m,n) 为中心的 3×3 图像子块，$\text{Nml}(x,y)=0$ 为边缘点 (m,n) 处的法线方程，$\text{Tng}(x,y)=0$ 为边缘点 (m,n) 处的切线方程，$\text{Nml}(x,y)\perp\text{Tng}(x,y)$。

图 6.6 包含 20 种 3×3 的边缘模式，其中圆点代表边缘，赋值 1；非边缘处为空白，赋值 0。3×3 图像块的中心点为待确定的边缘点。边缘模式可由下式确定：

$$\underset{l=1,2,\cdots,20}{\arg}\left\{\left[\sum\text{Md}(l)\bigcap\text{EBL}(m,n)\right]=3\right\} \tag{6.2}$$

$(m-1,n-1)$	$(m-1,n)$	$(m-1,n+1)$
$(m,n-1)$	(m,n)	$(m,n+1)$
$(m+1,n-1)$	$(m+1,n)$	$(m+1,n+1)$

（a）以 (m,n) 为中心的 3×3 图像块

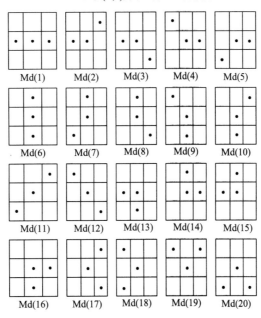

（b）以 (m,n) 为中心的 3×3 图像边缘模式

图 6.6　边缘模式

根据法线方向和边缘参数估计，可将上述 20 种边缘模式归并为四大类：

$$\begin{cases}\{\text{Md}(l),l=1,2,3,4,5,19,20\}\\ \{\text{Md}(l),l=6,7,8,9,10,17,18\}\\ \{\text{Md}(l),l=11,15,16\}\\ \{\text{Md}(l),l=12,13,14\}\end{cases}$$

其中，$\{\text{Md}(l),l=1,2,3,4,5,19,20\}$ 和 $\{\text{Md}(l),l=6,7,8,9,10,17,18\}$ 可进一步细分，但是实验结果表明这并不会提高参数的估计性能。

边缘参数都是沿着法线方向的，也有一些特例。例如，在 3×3 模块中，可能只有两个边缘点或者四个边缘点，而不是三个边缘点。20 种模式包含了四个边缘点的情况，但

不考虑包含两个边缘点的情况，因为这种情况很少，影响不大。

下面讨论四类边缘模式参数的估计算法。

1）$\{\mathrm{Md}(l), l = 1,2,3,4,5,19,20\}$ 的边缘亮度差、边缘中心亮度和边缘宽度估计。

边缘亮度差：

$$\mathrm{ELD}(m,n) = \max\left\{|f(m,l_1) - f(m,l_2)|\right\} \tag{6.3}$$

其中，$E_f(s_1,n)E_f(s_2,n)=1$，$l_1 = \max(n-3,s_1),\cdots,\min(n+2,s_2)$，$l_2 = \max(n-2,s_1),\cdots,$ $\min(n+3,s_2)$，$l_1 \leqslant l_2$。

边缘中心亮度：

$$\mathrm{ECL}(m,n) = \frac{\left\{\underset{l}{\max}\{f(l,n)\} + \underset{l}{\min}\{f(l,n)\}\right\}}{2} \tag{6.4}$$

其中，$l = \max(m-3,s_1),\cdots,\min(m+3,s_2)$，$E_f(s_1,n)E_f(s_2,n)=1$。

边缘宽度：

$$\mathrm{EW}(m,n) = \underset{u_1,u_2}{\min}\{|u_1 - u_2|\} \tag{6.5}$$

其中，u_1,u_2 满足 $\dfrac{|f(u_1,n) - f(u_2,n)|}{\mathrm{ELD}(m,n)} \in [0.9,1]$，$u_1 = \max(m-3,s_1),\cdots,m$，$u_2 = m,\cdots,$ $\min(m+3,s_2)$，$E_f(s_1,n)E_f(s_2,n)=1$。

2）$\{\mathrm{Md}(l), l = 6,7,8,9,10,17,18\}$ 的边缘亮度差、边缘中心亮度和边缘宽度估计。

边缘亮度差：

$$\mathrm{ELD}(m,n) = \max\left\{|f(l_1,n) - f(l_2,n)|\right\} \tag{6.6}$$

其中，$l_1 = \max(m-3,s_1),\cdots,\min(m+2,s_2)$，$l_2 = \max(m-2,s_1),\cdots,\min(m+3,s_2)$，$E_f(m,s_1)$ $E_f(m,s_2)=1$，$l_1 \leqslant l_2$。

边缘中心亮度：

$$\mathrm{ECL}(m,n) = \frac{\left\{\underset{l}{\max}\{f(m,l)\} + \underset{l}{\min}\{f(m,l)\}\right\}}{2} \tag{6.7}$$

其中，$l = \max(n-3,s_1),\cdots,\min(n+3,s_2)$，$E_f(m,s_1)E_f(m,s_2)=1$。

边缘宽度：

$$\mathrm{EW}(m,n) = \underset{u_1,u_2}{\min}\{|u_1 - u_2|\} \tag{6.8}$$

其中，u_1,u_2 满足 $\dfrac{|f(m,u_1) - f(m,u_2)|}{\mathrm{ELD}(m,n)} \in [0.9,1]$，$u_1 = \max(n-3,s_1),\cdots,n$，$u_2 = n,\cdots,$ $\min(n+3,s_2)$，$E_f(m,s_1)E_f(m,s_2)=1$。

3）$\{\mathrm{Md}(l), l = 11,15,16\}$ 的边缘亮度差、边缘中心亮度和边缘宽度估计。

边缘亮度差：

$$\mathrm{ELD}(m,n) = \max\left\{|f(m+\mathrm{lp}_1,n+\mathrm{lp}_1) - f(m+\mathrm{lp}_2,n+\mathrm{lp}_2)|\right\} \tag{6.9}$$

其中，$\mathrm{lp}_1 = \max(-3, v_1), \cdots, \min(2, v_2)$ ，$\mathrm{lp}_2 = \max(-2, v_1), \cdots, \min(3, v_2)$ ，$E_f(m + v_1, n + v_1)$ $E_f(m + v_2, n + v_2) = 1$ ，$\mathrm{lp}_1 \leqslant \mathrm{lp}_2$ 。

边缘中心亮度：

$$\mathrm{ECL}(m, n) = \frac{\left\{ \underset{l}{\max}\{f(m + l, n + l)\} + \underset{l}{\min}\{f(m + l, n + l)\} \right\}}{2} \tag{6.10}$$

其中，$l = \max(-3, s_1), \cdots, \min(3, s_2)$ ，$E_f(m + s_1, n + s_1)E_f(m + s_2, n + s_2) = 1$ 。

边缘宽度：

$$\mathrm{EW}(m, n) = \underset{u_1, u_2}{\min}\{|u_1 - u_2|\} \tag{6.11}$$

其中，u_1, u_2 满足 $\dfrac{|f(m + u_1, n + u_1) - f(m + u_2, n + u_2)|}{\mathrm{ELD}(m, n)} \in [0.9, 1]$ ，$u_1 = \max(-3, s_1), \cdots, 0$ ，$u_2 = 0, \cdots, \min(3, s_2)$ ，$E_f(m + s_1, n + s_1)E_f(m + s_2, n + s_2) = 1$ 。

4）$\{\mathrm{Md}(l), l = 12, 13, 14\}$ 的边缘亮度差、边缘中心亮度和边缘宽度估计。

边缘亮度差：

$$\mathrm{ELD}(m, n) = \max\{|f(m - \mathrm{lp}_1, n + \mathrm{lp}_1) - f(m - \mathrm{lp}_2, n + \mathrm{lp}_2)|\} \tag{6.12}$$

其中，$\mathrm{lp}_1 = \max(-3, v_1), \cdots, \min(2, v_2)$ ，$\mathrm{lp}_2 = \max(-2, v_1), \cdots, \min(3, v_2)$ ，$\mathrm{lp}_1 \leqslant \mathrm{lp}_2$ ，$E_f(m - v_1, n + v_1)E_f(m - v_2, n + v_2) = 1$ 。

边缘中心亮度：

$$\mathrm{ECL}(m, n) = \frac{\left\{ \underset{l}{\max}\{f(m - l, n + l)\} + \underset{l}{\min}\{f(m - l, n + l)\} \right\}}{2} \tag{6.13}$$

其中，$l = \max(-3, s_1), \cdots, \min(3, s_2)$ ，$E_f(m - v_1, n + v_1)E_f(m - v_2, n + v_2) = 1$ 。

边缘宽度：

$$\mathrm{EW}(m, n) = \underset{u_1, u_2}{\min}\{|u_1 - u_2|\} \tag{6.14}$$

其中，u_1, u_2 满足 $\dfrac{|f(m - u_1, n + u_1) - f(m - u_2, n + u_2)|}{\mathrm{ELD}(m, n)} \in [0.9, 1]$ ，$u_1 = \max(-3, s_1), \cdots, 0$ ，$u_2 = 0, \cdots, \min(3, s_2)$ ，$E_f(m - v_1, n + v_1)E_f(m - v_2, n + v_2) = 1$ 。

5）其他参数的估计。

边缘亮度变化率：

$$\mathrm{ECR}(m, n) = \frac{\mathrm{ELD}(m, n)}{\mathrm{EW}(m, n)} \tag{6.15}$$

边缘间距：

$$\mathrm{ED}(m, n) = \max\{\mathrm{ds}_1, \mathrm{ds}_2, \mathrm{ds}_3, \mathrm{ds}_4\} \tag{6.16}$$

其中，

$$\begin{cases} \mathrm{ds}_1 = \underset{E_f(u_1,n)=1}{\min} \left\{ |m-u_1| \right\} \\ \mathrm{ds}_2 = \underset{E_f(m,u_2)=1}{\min} \left\{ |n-u_2| \right\} \\ \mathrm{ds}_3 = \underset{E_f(m+u_3,n+u_3)=1}{\min} \left\{ |u_3| \right\} \\ \mathrm{ds}_4 = \underset{E_f(m-u_4,n+u_4)=1}{\min} \left\{ |u_4| \right\} \end{cases}$$

式（6.16）为单边缘点的距离，没有考虑连接在一起的整条边缘线之间的距离。实际上，边缘线应该整体作为一个个体 Ω_{ed} 处理。这样，$\mathrm{ed}(w_m,w_n)\ [(w_m,w_n)\in\Omega_{\mathrm{ed}}]$ 边缘间距定义为

$$\mathrm{ED}(\Omega_{\mathrm{ed}}) = \mathrm{med}\left\{ \mathrm{ED}(w_m,w_n) \right\}, \quad (w_m,w_n)\in\Omega_{\mathrm{ed}} \tag{6.17}$$

式中，med 为中值算子。

中心边缘点位置：该位置由 $E_f(m,n)$ 确定。

中心边缘点亮度：

$$\mathrm{ECL}(m,n) = \frac{\left\{ \underset{l}{\max}\left\{ f(m-l,n+l) \right\} + \underset{l}{\min}\left\{ f(m-l,n+l) \right\} \right\}}{2} \tag{6.18}$$

其中，$l=\max(-3,s_1),\cdots,\min(3,s_2)$，$E_f(m-v_1,n+v_1)E_f(m-v_2,n+v_2)=1$。

上边缘点 $(m_{\mathrm{up}},n_{\mathrm{up}})$ 的位置：

$$\begin{cases} f(m_{\mathrm{up}},n_{\mathrm{up}}) > f(m,n) \\ \mathrm{Nml}(m_{\mathrm{up}},n_{\mathrm{up}}) = 0 \\ |m_{\mathrm{up}}-m| = \dfrac{\mathrm{EW}(m,n)}{2} \\ |n_{\mathrm{up}}-n| = \dfrac{\mathrm{EW}(m,n)}{2} \end{cases} \tag{6.19}$$

上边缘点 $(m_{\mathrm{up}},n_{\mathrm{up}})$ 的亮度：

$$\mathrm{lum}(m_{\mathrm{up}},n_{\mathrm{up}}) = \mathrm{ECL}(m,n) + \mathrm{ELD}(m,n)/2 \tag{6.20}$$

下边缘点 $(m_{\mathrm{dw}},n_{\mathrm{dw}})$ 的位置：

$$\begin{cases} f(m_{\mathrm{dw}},n_{\mathrm{dw}}) < f(m,n) \\ \mathrm{Nml}(m_{\mathrm{dw}},n_{\mathrm{dw}}) = 0 \\ |m_{\mathrm{dw}}-m| = \dfrac{\mathrm{EW}(m,n)}{2} \\ |n_{\mathrm{dw}}-n| = \dfrac{\mathrm{EW}(m,n)}{2} \end{cases} \tag{6.21}$$

下边缘点 $(m_{\mathrm{dw}},n_{\mathrm{dw}})$ 的亮度：

$$\mathrm{lum}(m_{\mathrm{dw}},n_{\mathrm{dw}}) = \mathrm{ECL}(m,n) - \frac{\mathrm{ELD}(m,n)}{2} \tag{6.22}$$

3. 多尺度控制中边缘点的选取

现实世界中，绝大多数的目标和物体具有封闭的边界。如果目标尺寸小，其边缘具

有较少的边缘像素点，反之亦然。一般情况下，根据边缘像素点的多少就可以确定目标的尺寸。因此，理论上通过计算边缘像素的数量，可以实现图像的空间多尺度操作。在图 6.7 中，封闭连接的边缘线有大有小，去除边缘像素个数少的边缘线，可依据尺度大小控制得到不同空间尺度的边缘图像，如图 6.7 所示。

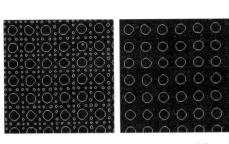

图 6.7　边缘尺度控制

然而，在多数情况下，目标并没有封闭的边缘线，因此可根据图像边缘密度的不同实现空间多尺度操作。边缘密度大，说明信号的局部细节多，反之亦然。边缘密度与边缘间距有关，边缘间距小的区域密度大，边缘间距大的区域密度小。通过边缘间距调节尺度可实现空间多尺度操作，其中的关键是形态学操作算子[218]。

对于图像，主要包括如下形态操作。

1）应用边缘检测算子获取边缘图像 $E_f(m,n)$。

2）用式（6.16）计算边缘间距。

3）去除边缘间距小于给定阈值 thd 的边缘点，得到新边缘图像 $E_{f,\text{scaling}}(m,n)$。

4）对 $E_{f,\text{scaling}}(m,n)$ 进行膨胀，然后腐蚀，重复 2～3 次，得到 $E_{f,\text{morp}}(m,n)$。

5）获得保留边缘 $E_{f,\text{opt}}(m,n) = E_{f,\text{morp}}(m,n)\overline{\bigcap}E_f(m,n)$，其中 "$\overline{\bigcap}$" 为次交算子：

$$E_{f,\text{morp}}(m,n)\overline{\bigcap}E_f(m,n) = \bigcup_{(l_m,l_n)}\left[E_{f,\text{morp}}(l_m,l_n)\bigcap E_f(m,n)\right], \quad (l_m,l_n)\in\Omega_{(m,n)} \quad (6.23)$$

式中，$\Omega_{(m,n)}$ 为 (m,n) 的邻域。

显然，边缘检测是一个由粗及细的过程。

图 6.7 给出了通过边缘间距进行尺度控制的实例，去除了图像高密度边缘（边缘间距小的边缘），保留了低密度边缘，即去除了小尺度边缘，保留了大尺度边缘。

4. 分解深度控制

在多尺度分解中，除了对空间尺度进行操作外，还可以基于亮度信息对图像进行亮度多尺度提取和分解[209]，它在 LDR 和 HDR 色调调制及图像增强等方面[162-181]具有重要的应用潜力。本小节给出绝对亮度提取和相对亮度提取的两种方法。

（1）绝对亮度提取方法

给定一个亮度绝对量 $\delta\in[0,1]$，提取图像的细节，具体操作步骤如下。

1）由 $E_f(m,n)$ 确定边缘中心点的位置。

2）计算边缘中心点的亮度：

$$\text{ECL}(m,n) = \text{avg}(m,n)$$

式中，$\mathrm{avg}(m,n)=\dfrac{1}{MN}\displaystyle\sum_{l_m}^{M}\sum_{l_n}^{N}f(l_m,l_n)$。

3）由下式确定上边缘点 $(m_{\mathrm{up}},n_{\mathrm{up}})$ 的位置：

$$\begin{cases} f(m_{\mathrm{up}},n_{\mathrm{up}})\geqslant f(m,n) \\ \mathrm{Nml}(m_{\mathrm{up}},n_{\mathrm{up}})=0 \\ |m_{\mathrm{up}}-m|=\dfrac{\mathrm{EW}(m,n)}{2}\cdot\dfrac{\delta_{\mathrm{up}}}{\dfrac{\mathrm{ELD}(m,n)}{2}} \\ |n_{\mathrm{up}}-n|=\dfrac{\mathrm{EW}(m,n)}{2}\cdot\dfrac{\delta_{\mathrm{up}}}{\dfrac{\mathrm{ELD}(m,n)}{2}} \end{cases}$$

式中，$\delta_{\mathrm{up}}=\begin{cases}\delta,\delta<\dfrac{\mathrm{ELD}(m,n)}{2} \\ 0,\delta\geqslant\dfrac{\mathrm{ELD}(m,n)}{2}\end{cases}$。

4）计算上边缘点 $(m_{\mathrm{up}},n_{\mathrm{up}})$ 的亮度：

$$\mathrm{lum}(m_{\mathrm{up}},n_{\mathrm{up}})=\delta_{\mathrm{up}}+\mathrm{ECL}(m,n)$$

5）确定下边缘点 $(m_{\mathrm{dw}},n_{\mathrm{dw}})$ 的位置：

$$\begin{cases} f(m_{\mathrm{dw}},n_{\mathrm{dw}})\leqslant f(m,n) \\ \mathrm{Nml}(m_{\mathrm{dw}},n_{\mathrm{dw}})=0 \\ |m_{\mathrm{dw}}-m|=\dfrac{\mathrm{EW}(m,n)}{2}\cdot\dfrac{\delta_{\mathrm{dw}}}{\dfrac{\mathrm{ELD}(m,n)}{2}} \\ |n_{\mathrm{dw}}-n|=\dfrac{\mathrm{EW}(m,n)}{2}\cdot\dfrac{\delta_{\mathrm{dw}}}{\dfrac{\mathrm{ELD}(m,n)}{2}} \end{cases}$$

式中，$\delta_{\mathrm{dw}}=\begin{cases}\delta,\delta<\dfrac{\mathrm{ELD}(m,n)}{2} \\ 0,\delta\geqslant\dfrac{\mathrm{ELD}(m,n)}{2}\end{cases}$。

6）计算下边缘点 $(m_{\mathrm{dw}},n_{\mathrm{dw}})$ 的亮度：

$$\mathrm{lum}(m_{\mathrm{dw}},n_{\mathrm{dw}})=\mathrm{ECL}(m,n)-\delta_{\mathrm{dw}}\tag{6.24}$$

根据 $\mathrm{ECL}(m,n)=\mathrm{avg}(m,n)$ 可知，随着 δ 的增加，最终 BSL 收敛于图像的均值。

（2）相对亮度提取方法

给定参数 $\lambda\in[0,1]$，提取图像的细节，具体操作步骤如下。

1）由边缘图像 $E_f(m,n)$ 确定边缘中心点的位置。

2）由式（6.18）计算边缘中心点亮度。

3）确定上边缘点 $(m_{\mathrm{up}},n_{\mathrm{up}})$ 的位置：

$$\begin{cases} f(m_{\mathrm{up}},n_{\mathrm{up}}) \geqslant f(m,n) \\ \mathrm{Nml}(m_{\mathrm{up}},n_{\mathrm{up}}) = 0 \\ |m_{\mathrm{up}} - m| = \dfrac{\mathrm{EW}(m,n)}{2} \cdot (1-\lambda) \\ |n_{\mathrm{up}} - n| = \dfrac{\mathrm{EW}(m,n)}{2} \cdot (1-\lambda) \end{cases}$$

4）计算上边缘点 $(m_{\mathrm{up}},n_{\mathrm{up}})$ 的亮度：

$$\mathrm{lum}(m_{\mathrm{up}},n_{\mathrm{up}}) = \frac{(1-\lambda)\cdot \mathrm{ELD}(m,n)}{2} + \mathrm{ECL}(m,n)$$

5）确定下边缘点 $(m_{\mathrm{dw}},n_{\mathrm{dw}})$ 的位置：

$$\begin{cases} f(m_{\mathrm{dw}},n_{\mathrm{dw}}) \leqslant f(m,n) \\ \mathrm{Nml}(m_{\mathrm{dw}},n_{\mathrm{dw}}) = 0 \\ |m_{\mathrm{dw}} - m| = \dfrac{\mathrm{EW}(m,n)}{2} \cdot (1-\lambda) \\ |n_{\mathrm{dw}} - n| = \dfrac{\mathrm{EW}(m,n)}{2} \cdot (1-\lambda) \end{cases}$$

6）计算下边缘点 $(m_{\mathrm{dw}},n_{\mathrm{dw}})$ 的亮度：

$$\mathrm{lum}(m_{\mathrm{dw}},n_{\mathrm{dw}}) = \mathrm{ECL}(m,n) - \frac{(1-\lambda)\cdot \mathrm{ELD}(m,n)}{2}$$

随着 λ 的增加，BSL 不会收敛于图像的均值。为了确保 BSL 收敛于图像的均值，在相对亮度提取中，规定边缘中心点的亮度如下：

$$\mathrm{ECL}(m,n) = \mathrm{avg}(m,n) \tag{6.25}$$

式中，$\mathrm{avg}(m,n) = \dfrac{1}{MN}\sum_{l_m}^{M}\sum_{l_n}^{N} f(l_m,l_n)$。

图 6.8 给出了一个相对理想的图像分解实例。在图 6.8（a）中存在一个边缘斜坡，其余区域为平坦区域，整幅图像包含一定量的噪声扰动。

（a）测试图像

图 6.8　不同分解方法的分解对比一维示例

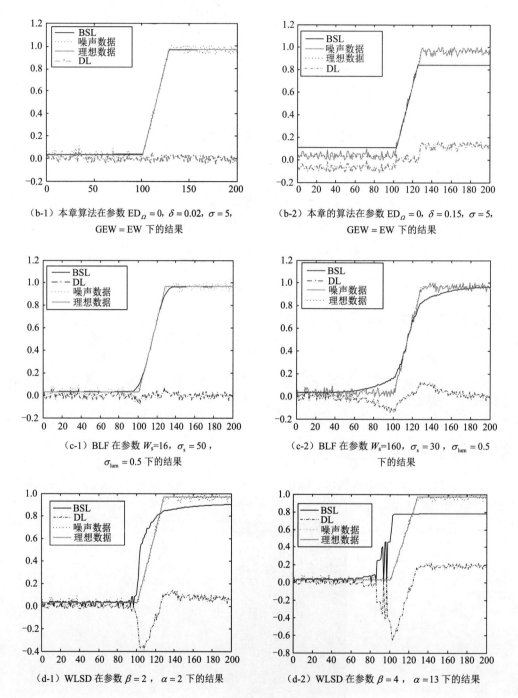

（b-1）本章算法在参数 $ED_\Omega = 0$, $\delta = 0.02$, $\sigma = 5$,
GEW = EW 下的结果

（b-2）本章的算法在参数 $ED_\Omega = 0$, $\delta = 0.15$, $\sigma = 5$,
GEW = EW 下的结果

（c-1）BLF 在参数 W_s=16, $\sigma_s = 50$,
$\sigma_{lum} = 0.5$ 下的结果

（c-2）BLF 在参数 W_s=160, $\sigma_s = 30$, $\sigma_{lum} = 0.5$
下的结果

（d-1）WLSD 在参数 $\beta = 2$, $\alpha = 2$ 下的结果

（d-2）WLSD 在参数 $\beta = 4$, $\alpha = 13$ 下的结果

图 6.8（续）

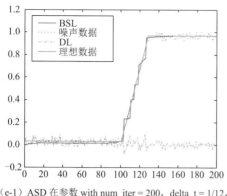 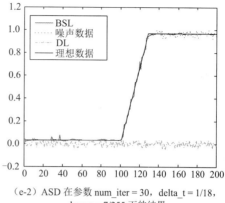

（e-1）ASD 在参数 with num_iter = 200，delta_t = 1/12，
kappa = 10/255 下的结果　　　　（e-2）ASD 在参数 num_iter = 30，delta_t = 1/18，
kappa = 7/255 下的结果

图 6.8（续）

随着空间窗口增大，BLF 模糊了图像边缘，不能进行边缘保留的大尺度分解，如图 6.8（c-2）所示。WLSD 保留边缘的效果较好，但是 BSL 对于亮度对比度大的边缘不能有效保留，在 DL 中产生巨大的"亮度翻转"，如图 6.8（d）所示。ASD 在 BSL 边缘处产生明显的"阶梯效应"，不能进行边缘保留的大尺度分解。相比之下，本章介绍的算法可做到边缘保留的大尺度分解，BSL 收敛于图像均值，如图 6.8（b）所示。

6.2.4　基于边缘的多尺度分解

很多时候，从自然界生成的图像没有理想的边缘线，由边缘检测算子检测得到的边缘与实际的情况存在偏差。另外，图像的生成设备（如相机）经常会引入一些扰动，扭曲真实的场景，BSL 和 DL 的边缘会产生视觉上的扰动。本章介绍的多尺度分解算法如下。

1）提取 $f(m,n)$ 的边缘 $E_f(m,n)$。

2）估计边缘参数。

3）计算边缘中心点、上边缘点和下边缘点的亮度和位置。

4）构建图像 $g(m,n)$，其中，$g(m_{up},n_{up}) = \text{lum}(m_{up},n_{up})$、$g(m_{dw},n_{dw}) = \text{lum}(m_{dw},n_{dw})$、$g(m,n) = 0$。

5）将随机零均值方差为 σ 的高斯白噪声序列 $n_j(x,y)(j = 1,2,\cdots,J)$ 叠加到 $g(m,n)$：

$$\begin{cases} gn_j^+(m,n) = n_j(m,n) + g(m,n), (m,n) \in \left\{(m_{up},n_{up})\right\} \bigcup \left\{(m_{dw},n_{dw})\right\} \\ gn_j^+(m,n) = g(m,n), \text{其他} \end{cases}$$

6）将随机零均值方差为 σ 的高斯白噪声序列 $-n_j(x,y)(j = 1,2,\cdots,J)$ 叠加到 $g(m,n)$：

$$\begin{cases} gn_j^-(m,n) = g(m,n) - n_j(m,n), (m,n) \in \left\{(m_{up},n_{up})\right\} \bigcup \left\{(m_{dw},n_{dw})\right\} \\ gn_j^+(m,n) = g(m,n), \text{其他} \end{cases}$$

7）求极值点。当 $(m,n) \in \{(m_{up},n_{up})\}$，$gn_j^+(m,n) \geqslant gn_j^+(m_{c1},n_{c1})$，$gn_j^+(m,n) \geqslant gn_j^+(m_{c2},n_{c2})$ 时，则 (m,n) 为极大值点。其中，(m_{c1},n_{c1}) 和 (m_{c2},n_{c2}) 为 (m,n) 的最近连接。当 $(m,n) \in \{(m_{dw},n_{dw})\}$，$gn_j^+(m,n) \leqslant gn_j^+(m_{c1},n_{c1})$，$gn_j^+(m,n) \leqslant gn_j^+(m_{c2},n_{c2})$ 时，(m,n)

为极小值点。其中，(m_{c1}, n_{c1}) 和 (m_{c2}, n_{c2}) 为 (m,n) 的最近连接。

8）对上述极值点进行插值，得到 $\text{enp}n_j^+(m,n)$。

9）同理，求得 $gn_j^-(m,n)$ 的 $\text{enp}n_j^-(m,n)$。

10）计算 $\text{enp}n_j(m,n) = [\text{enp}n_j^+(m,n) + \text{enp}n_j^-(m,n)]/2$。

11）计算 $\text{enp}(m,n) = \dfrac{1}{\text{NJ}}\sum_{n_j}^{\text{NJ}} \text{enp}n_j(m,n)$。

12）计算 $\text{DL}(m,n) = f(m,n) - \text{enp}(m,n)$。

13）令 $f(m,n) = \text{enp}(m,n)$，重复步骤 1）～12），直到分解完成，最终得到

$$f(m,n) = \sum_{l=1}^{L} \text{DL}_l(m,n) + \text{BSL}(m,n) \tag{6.26}$$

通过控制参数，实现图像的多尺度分解。事先设定分解层数 NJ，其经验取值取决于 $\text{NJ} \cong \sqrt{255\sigma}$。NJ 过大，则时间耗费过多；NJ 过小，则分解结果会残留辅助信号噪声。

辅助噪声可平滑边缘内的斜坡，也可衰减边缘处引入的扰动。但是，平滑应限于边缘内的斜坡，而不是模糊边缘，边缘内的斜坡越平滑，边缘处的视觉扰动就越少，而 σ 越大，边缘扰动衰减越大，越利于边缘内斜坡的平滑，反之亦然。经过大量实验，取 $\sigma \in [0, 20/255]$ 比较合理。当 $\sigma = 0$ 时，图像边缘处会包含大量的颗粒状视觉噪声。

与 BEMD[136-150] 类似，基于边缘的插值，如果图像边界处插值点缺乏会造成边界效应。如果边界附近没有待插值的边缘线，可采用镜像扩展方法[230]，通过对图像 lena 的镜像扩展，边缘线也相应得到扩展，可避免产生边界效应，其中镜像扩展尺寸可做调整，如图 6.9 所示。

(a) 镜像扩展后的图像　　　　　(b) 镜像扩展后图像的边缘

图 6.9　图像及其边缘的镜像扩展

6.2.5　实验分析

本节给出了多尺度分解的实验结果，验证本章算法的有效性，直观展示各个参数的作用，如图 6.10 所示。

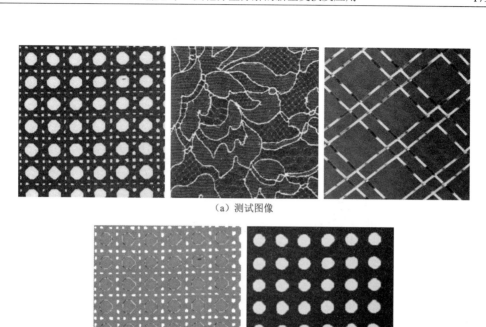

（a）测试图像

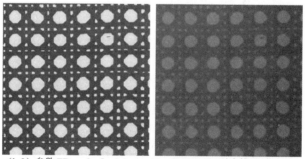

（b-1）参数 $\mathrm{ED}_\Omega = 35$，$\delta = 0.02$，$\sigma = 5$，$\mathrm{GEW} = 0.8\mathrm{EW}$ 对应的 DL 和 BSL

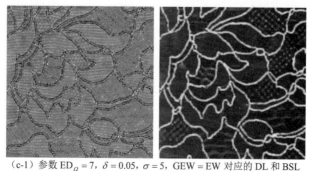

（b-2）参数 $\mathrm{ED}_\Omega = 3$，$\delta = 0.4$，$\sigma = 10$，$\mathrm{GEW} = \mathrm{EW}$ 对应的 DL 和 BSL

（c-1）参数 $\mathrm{ED}_\Omega = 7$，$\delta = 0.05$，$\sigma = 5$，$\mathrm{GEW} = \mathrm{EW}$ 对应的 DL 和 BSL

图 6.10　本章算法在不同参数下的多尺度分解结果

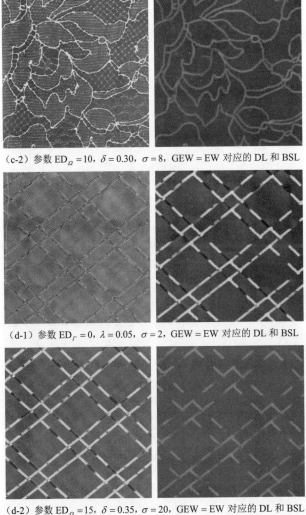

（c-2）参数 $ED_\Omega = 10$，$\delta = 0.30$，$\sigma = 8$，GEW = EW 对应的 DL 和 BSL

（d-1）参数 $ED_\Gamma = 0$，$\lambda = 0.05$，$\sigma = 2$，GEW = EW 对应的 DL 和 BSL

（d-2）参数 $ED_\Omega = 15$，$\delta = 0.35$，$\sigma = 20$，GEW = EW 对应的 DL 和 BSL

图 6.10（续）

上述结果表明，方差为 σ 的高斯白噪声可平滑边缘内的斜坡，并可衰减边缘处的扰动，噪声方差大小导致的视觉差别并不明显。广义边缘宽度（generalized edge width，GEW）不同于 EW，GEW 控制 BSL 边缘的模糊或保留。如果 GEW = EW，则边缘保留性能最好。当 GEW > EW 时，BSL 的边缘被模糊。随着 GEW 增大，BSL 的边缘模糊越严重，GEW → ∞，边缘没有任何保留。当 GEW < EW 时，BSL 的边缘虽不模糊，但是引入"亮度翻转"的扰动。因此，在 GEW > EW 和 GEW < EW 情况下，细节分量边缘处都会产生视觉扰动。

ED_Ω 和 ED_Γ 用以控制空间尺度，如图 6.10 所示，小尺度物体的边缘被去除，BSL 的分量便不包含小尺度的圆周物体，而在图（b-1）和（b-2）的 DL 却包含了这些小尺度圆周物体。如果不采取尺度控制，则 DL 和 BSL 均含有小尺度的圆周物体，只不过幅度发生了改变。特别是当亮度差很大时，如果不采取尺度控制，则 DL 和 BSL 会包含细小的细节信息。

δ 和 λ 控制细节分量和基图像的分配能量。随着 δ 和 λ 的增大，DL 能量增大，BSL 能量减小且收敛于图像的平均值。WLSD 将信号通过能量分割逐步分解给分量。本章介绍的方法通过控制参数也可实现 WLSD 的所有功能，如图 6.10 所示。

6.3　与其他边缘保留多尺度分解算法的关系

在图 6.11 中，被填充的方格表示边缘点，空白方格表示待估计的非边缘点。采用分段线性插值，"·"处的像素值只能由黑方格内的边缘点确定（假定为上边缘点），而与下边缘点（图中的灰色方格假定为下边缘点）无关。目前已有的一些自适应滤波算子可以对该类像素点的亮度进行估计，如自适应平滑滤波器、BLF、ASD 等。下面将讨论 ASD 和 BLF 与本章介绍的多尺度分解算子的关系。

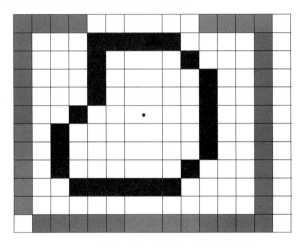

图 6.11　根据边缘点确定一个像素点值

6.3.1　与 ASD 的关系

如图 6.11 所示，"·"点状像素的亮度值由下式确定：

$$f(m,n)=\frac{\sum\limits_{i=I_1}^{I_2}\sum\limits_{j=J_1}^{J_2}f(m+i,n+j)\omega(m+i,n+j)}{\sum\limits_{i=I_1}^{I_2}\sum\limits_{j=J_1}^{J_2}\omega(m+i,n+j)} \tag{6.27}$$

且有

$$\omega(m+i,n+j)=d[(m,n),(m+i,n+j)]\cdot \mathrm{SW}(m+i,n+j) \tag{6.28}$$

式中，$d\left(\vec{x_1},\vec{x_2}\right)=g\left(\left\|\vec{x_1}-\vec{x_2}\right\|\right)$，为空间距离函数。

$$\mathrm{SW}(m+i,n+j)=\begin{cases}1, & E_f(m+i,n+j)=1\\0, & \text{其他}\end{cases} \tag{6.29}$$

$[m+I_1,m+I_2]\times[n+J_1,n+J_2]$ 为以 $(m,\ n)$ 为中心的最小的非边缘区域。

通过对梯度 $\|\nabla f\|$ 截取阈值得到的边缘，它可以把 $\mathrm{SW}(m+i,n+j)$ 描述为

$$SW(m+i,n+j) = S(\|\nabla f\|) \tag{6.30}$$

式中，$S(x) = \begin{cases} 1, x \geqslant \text{thd} \\ 0, \text{其他} \end{cases}$。

式（6.30）是硬"边缘停止"函数，类似于非线性各向异性扩散方程的函数。但是，本章方法采用插值函数平滑边缘之间的区域，而 ASD 是根据传导方程的"热能""传递"进行平滑。采用迭代的插值过程[206]，本章的多尺度分解也是一种各向异性滤波器，以"热能"在点与点之间传导来描述也很贴切。

上述两种方法的物理解释相一致，但是其结果却不一样。本章方法事先确定并可进行优化，因此其结果明显优于 ASD。

6.3.2　与 BLF 的关系

在 BLF[197,198]中，像素亮度由下式确定：

$$f(m,n) = \frac{\sum_{i=-I}^{I} \sum_{j=-J}^{J} f(m+i,n+j)\omega(m+i,n+j)}{\sum_{i=-I}^{I} \sum_{j=-J}^{J} \omega(m+i,n+j)} \tag{6.31}$$

式中，

$$\begin{cases} \omega(m+i,n+j) = \omega_1(m+i,n+j) \cdot \omega_2(m+i,n+j) \\ \omega_1(m+i,n+j) = \exp\left(\dfrac{-\|(m+i,n+j)-(m,n)\|^2}{2\sigma_D^2}\right) \\ \omega_2(m+i,n+j) = \exp\left(\dfrac{-\|f(m+i,n+j)-f(m,n)\|^2}{2\sigma_{lu}^2}\right) \end{cases}$$

取 $\sigma_D = \infty$，$\omega_1(m+i,n+j) = 1$，且令
$$[m-I,m+I] \times [n-J,n+J] = [m+I_1,m+I_2] \times [n+J_1,n+J_2]$$

并改软阈值函数

$$\omega_2(m+i,n+j) = \exp\left(\frac{-\|f(m+i,n+j)-f(m,n)\|^2}{2\sigma_{lu}^2}\right)$$

为硬阈值函数：

$$\omega_{2'}(m+i,n+j) = \begin{cases} \omega_2(m+i,n+j), \|f(m+i,n+j)-f(m,n)\| \geqslant \text{thd} \\ 0, \text{其他} \end{cases}$$

则式（6.31）为

$$f(m,n) = \frac{\sum_{i=I_1}^{I_2} \sum_{j=J_1}^{J_2} f(m+i,n+j)\omega_2(m+i,n+j)}{\sum_{i=I_1}^{I_2} \sum_{j=J_1}^{J_2} \omega_{2'}(m+i,n+j)} \tag{6.32}$$

假定只有边缘上的点满足 $\|f(m+i,n+j)-f(m,n)\| \geqslant \text{thd}$，那么式（6.32）与本章算法结果一致，BLF 是本章算法的特例。WLS 与 ASD 的关系可以参考文献[209]。

6.4　多尺度分解的统一框架

如果图像包含大量的灰度谷和灰度脊，图像的边缘就不明显，这时可采用局部极值点的插值包络计算分量信号，第 3 章对这一问题进行了详细的讨论。设定参数 envp，当 envp = 1 时，上下包络不需要计算，如本章的多尺度分解算法；当 envp = 2 时，表示需要计算上下包络，如 BEMD 方法。下面将本章介绍的多尺度分解、BEMD 方法、MSD 等集成形成统一框架，如图 6.12 所示。

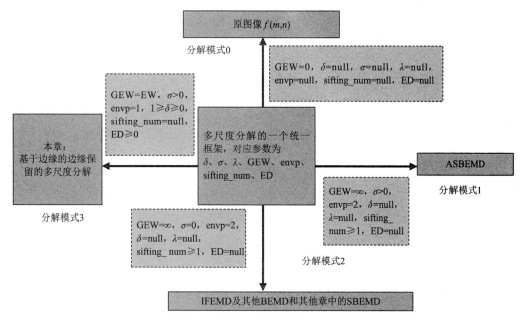

图 6.12　多尺度分解的统一框架（null 表示该参数不起作用）

在这个统一框架中，有四种分解模式。当 GEW=0 时，图像没有边缘，图像不需要处理；当 GEW=EW 时，表示只有边缘被考虑，图像边缘保留得最好；当 GEW < EW 时，BSL 边缘被模糊，而且随着 GEW 的增大，BSL 的边缘模糊越严重；当 GEW = ∞ 时，表明没有任何图像边缘得以保留；相反，当 GEW < EW 时，BSL 的边缘虽然不会模糊，但是 DL 的边缘处产生大量的"亮度翻转"等扰动。总之，GEW > EW 和 GEW < EW 都会在 DL 的边缘处产生视觉扰动。

方差为 σ 的辅助噪声起到两个作用：平滑边缘内的斜坡和衰减边缘处引入的扰动。另外，噪声方差大小导致的视觉差别并不明显。当 $\sigma = 0$ 时，表示辅助信号没有效果，应采用分解模式 2 的 BEMD[136-150] 方法；当 $\sigma > 0$ 时，表明选择分解模式 1 和分解模式 3。分解模式 1 已经在 3.4 节进行了详细讨论。分解模式 3 在 6.2 节也已进行了详细讨论。

分解模式 1 和分解模式 2 属于 BEMD 算法的范畴，它们都采用极值点的插值获取上下包络（envp = 2），图像边缘没有被保留。相反，分解模式 3（envp = 1）表示只需要对边缘上的点进行插值，不需要求解上下包络。另外，分解模式 3 不需要筛选过程，可控的参数也多，如 δ、λ、ED。

6.5 应 用 实 例

6.5.1 图像增强

对于彩色图像，由 RGB 空间转换到 HSV 空间，只需对亮度 V 进行处理，然后由 HSV 空间转换回 RGB 空间。下面采用分解模式 3 对图像进行增强处理（$\delta \geqslant 1$），其操作如下：

$$f_{en}(x,y) = \rho \cdot DL(x,y) + \mu \cdot BSL(x,y) + (0.9 - \mu) \tag{6.33}$$

式中，$0.5 \leqslant \mu \leqslant 2$；像素的灰度值归一化处理。

如图 6.13 所示，本章算法取得了与文献[209]几乎完全一致的结果，即在视觉上边缘处没有产生振铃现象。图 6.14 和图 6.15 所示为 Curvelet 算法[181]结果与本章算法结果的对比。

（a）原图像　　　　　　（b）文献[209]结果　　　　　　（c）本章结果

图 6.13　图像增强对比一

（a）原图像　　（b）文献[209]结果　　（c）文献[181]结果　　（d）本章结果

图 6.14　图像增强对比二

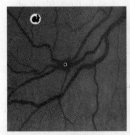 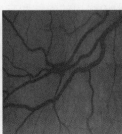 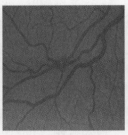 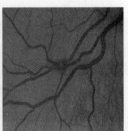

（a）原图像　　（b）文献[209]结果　　（c）文献[181]结果　　（d）本章结果

图 6.15　图像增强对比三

显然，本章算法给出了与目前最好的算法一致的结果。

6.5.2　图像卡通化

图像卡通化的过程滤除了图像的大多数细节，保留了必要的轮廓信息，而且图像的边缘不模糊。由图 6.16 可以看出，BLF 不仅不能滤除细节，同时还模糊了边缘；而 WLSD 边缘虽然保留得比较好，但是细节信息没有滤除；本章给出的算法既滤除了细节，又保留了边缘。

（a）原图像　　　　　　　　　　　　　（b）本章结果

（c）WLSD在参数 $\beta = 1.5$，$\alpha = 0.8$ 下的结果　　　（d）BLF在参数 $W_s = 5$，$\sigma_s = 2$，$\sigma_{lum} = 0.5$ 下的结果

图 6.16　图像卡通化

6.6　多尺度分解的数学解释

本节通过给出统一的数学优化方程，建立边缘保留的多尺度分解和非边缘保留的多尺度分解统一框架。

6.6.1　统一的数学优化方程

对于图像 $f(x, y)$，设其梯度为 $G(x, y)$，细节图像为 $D(x, y)$，粗糙图像为 BL(x, y)，且

$$f(x, y) = D(x, y) + \mathrm{BL}(x, y) \tag{6.34}$$

设

$$\sum_{(x,y)} |G(x, y)|^2 = G_0 \tag{6.35}$$

求解式（6.36）和式（6.37）所示的多尺度分解优化方程，得到 $\mathrm{BL}(x, y)$ 和 $D(x, y)$。

$$\sum_{(x,y)} |\nabla \mathrm{BL}(x, y)|^2 = \alpha \cdot G_0,\ 0 \leqslant \alpha \leqslant 1 \tag{6.36}$$

$$\min \left\{ \sum_{(x,y)} |f(x, y) - \mathrm{BL}(x, y)|^2 \right\} \tag{6.37}$$

显然，对于给定一个 α，其 $\mathrm{BL}(x, y)$ 和 $D(x, y)$ 不是唯一的。

对 $G(x, y)$ 进行阈值处理和梯度变换，得到一个新的梯度

$$G_{\mathrm{new}}(x, y) = S\{G(x, y)\} \tag{6.38}$$

式中，S 为梯度变换算子。

求解 $\mathrm{BL}(x, y)$，使其满足

$$\nabla \mathrm{BL}(x, y) = G_{\mathrm{new}}(x, y) \tag{6.39}$$

$$\min \left\{ \sum_{(x,y)} |f(x, y) - \mathrm{BL}(x, y)|^2 \right\} \tag{6.40}$$

给定梯度 $G_{\mathrm{new}}(x, y)$，求解式（6.39）和式（6.40）获取需要的粗糙分量 $\mathrm{BL}(x, y)$，进而得到细节分量 $D(x, y)$。式（6.39）和式（6.40）可以通过泊松方程[173,248]获得最优解。

6.6.2　梯度变换算子及其物理解释

梯度变换算子 S 决定了分解的类型，通过给定不同的 S，可以获得非边缘保留的多尺度分解和边缘保留的分解。其中，边缘保留的分解可分为边缘保留无细节选择性分解和边缘保留有细节选择性分解。

边缘保留无细节选择性分解对梯度信息不做处理，直接求解数学优化方程，如 WLSD；边缘保留有细节选择性分解先对梯度信息进行处理，如额外地消除小尺度梯度、衰减高密度的小幅度梯度等，然后求解数学优化方程，如 6.2 节讨论的分解。

1. 非边缘保留的多尺度分解

获取图像 $f(x, y)$ 的梯度 $G(x, y)$，对 $G(x, y)$ 进行 NLEMD（也可以应用其他多尺度分解算子进行），将获得的各个梯度 IMF 分量作为 $\nabla \mathrm{BL}(x, y) = G_{\mathrm{new}}(x, y)$ 进行处理，然后通过泊松方程[173,248]获得式（6.39）和式（6.40）的最优解。不失一般性，下面以一层分解（图 6.17）为例进行阐述。

因此，梯度具有边缘保留特性，其是决定图像分解是否有边缘保留的关键。

  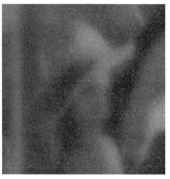

（a）原图 　　　　　（b）细节分量 $D(x,y)$ 　　　　　（c）粗糙分量 BL(x,y)

图 6.17 　非边缘保留的多尺度分解

2. 边缘保留有细节选择的多尺度分解

如果选择为大梯度保留、小梯度衰减甚至去除的算子，则可获取边缘保留的有细节选择的多尺度分解。从数学上，这样的梯度变换算子很多，这里给出一种梯度变换算子。

1）搜索图像 $f(x,y)$ 的梯度 $G(x,y)$ 的所有极值点（含极大和极小值点）。

2）在梯度 $G(x,y)$ 中，搜索极值点的最邻近过零点，将其过零点形成一个封闭的区间 Ω，即极值点在封闭区间 Ω 内。

3）给定一个阈值 thd>0，如果极值点的绝对值不大于该阈值，那么将包含该极值点的封闭区间 Ω 内的所有像素的梯度置零。

4）把处理后的梯度作为 $\nabla \mathrm{BL}(x,y) = G_{\mathrm{new}}(x,y)$，优化处理获取图像的粗糙分量 $\mathrm{BL}(x,y)$，进而得到细节分量 $D(x,y)$。

对于图像增强，最简单的方法是对细节分量 $D(x,y)$ 加倍处理，保留粗糙分量 $\mathrm{BL}(x,y)$ 不变，将粗糙分量 $\mathrm{BL}(x,y)$ 和加倍处理的细节分量 $D(x,y)$ 相加构成增强图像。

经过大量实验，阈值 thd 可取值 0.01～0.3。

本章算法可以实现微细小纹理的分解提取而不产生边缘模糊（图 6.18 和图 6.19），目前还没有其他分解算法能够达到本章算法的效果。另外，本章算法可以有效增强微细小纹理，而图像的其他部分几乎不受任何影响，这些是以往的算法无法实现的。

  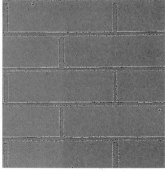

（a）原图 　　　　　（b）原图的梯度 　　　　　（c）处理后的梯度

图 6.18 　边缘保留有细节选择性分解及增强应用 1

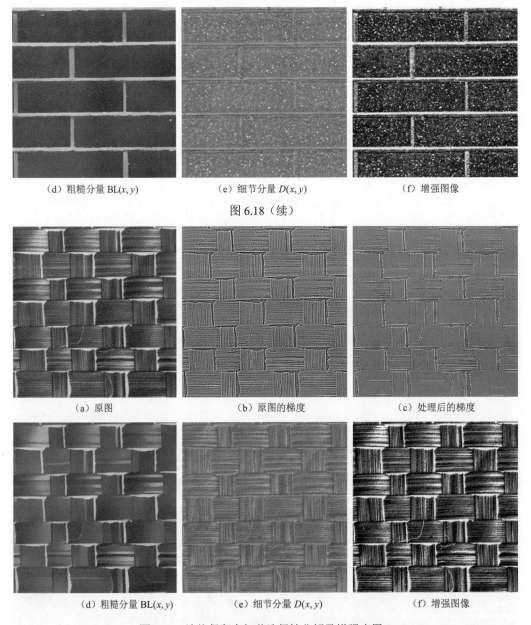

（d）粗糙分量 BL(x, y)　　　　（e）细节分量 $D(x, y)$　　　　（f）增强图像

图 6.18（续）

（a）原图　　　　　　（b）原图的梯度　　　　　　（c）处理后的梯度

（d）粗糙分量 BL(x, y)　　　　（e）细节分量 $D(x, y)$　　　　（f）增强图像

图 6.19　边缘保留有细节选择性分解及增强应用 2

　　本章算法还可以一次性地把高对比度的稠密细节信息进行有效的提取和分离，这对于图像卡通化非常有益，而 WLSD 是无法实现的。

　　另外，本章算法也可以有效提取微细小纹理，这对于纹理分析和分割具有重要的潜在应用价值。

3. 边缘保留无细节选择的多尺度分解

　　式（6.38）的梯度变换算子 S 采用下式求出：

$$G_{\text{new}}(x, y) = S\{G(x, y)\} = G(x, y) \cdot \Phi(x, y) \tag{6.41}$$

式中，

$$\Phi(x,y)=\left\{\min\left[1,\left(\frac{\alpha}{|G(x,y)|}\right)\cdot\left(\frac{|G(x,y)|}{\alpha}\right)^{\beta(s)}\right]\right\}\cdot\gamma \tag{6.42}$$

其中，$0<\alpha\leqslant1,\beta(s)\geqslant1,\ 0\leqslant\gamma\leqslant1$。

$\beta(s)$ 是和 $\beta_0(\beta_0\geqslant1)$ 有关的函数：

$$\beta(s)=\begin{cases}\beta_0\cdot\left(\dfrac{s_{\max}}{s}\right)^{\beta_0},s\geqslant s_{\max}\\[2mm]\beta_0,\text{其他}\\[2mm]\beta_0\cdot\left(\dfrac{s_{\min}}{s}\right)^{\beta_0},s\leqslant s_{\min}\end{cases}$$

α 为给定的常数，满足 $\alpha\in\underset{[0,1]}{\arg}\left\{d_1\leqslant\dfrac{\displaystyle\int_{-\alpha}^{\alpha}H(t)\mathrm{d}t}{\displaystyle\int_{-1}^{1}H(t)\mathrm{d}t}\leqslant d_2\right\}$，一般 $d_1=0.1$，$d_2=0.8$；γ 为

亮度调整因子。

求解 $\mathrm{BL}(x,y)$，使其满足

$$\nabla\mathrm{BL}(x,y)=G_{\mathrm{new}}(x,y) \tag{6.43}$$

$$\min\left\{\sum_{(x,y)}|f(x,y)-\mathrm{BL}(x,y)|^2\right\} \tag{6.44}$$

对式（6.41）～式（6.44）进行泊松方程求解，其结果和 WLSD 的结果是一致的，因此这里不做赘述。其中，采用的微分形式如下：

$$\frac{\partial f(x,y)}{\partial x}=f(x+1,y)-f(x,y)$$

$$\frac{\partial f(x,y)}{\partial y}=f(x,y+1)-f(x,y)$$

$$\frac{\partial^2\mathrm{BL}(x,y)}{\partial x^2}=\mathrm{BL}(x+1,y)+\mathrm{BL}(x-1,y)-2f(x,y)$$

$$\frac{\partial^2\mathrm{BL}(x,y)}{\partial y^2}=\mathrm{BL}(x,y+1)+\mathrm{BL}(x,y-1)-2f(x,y)$$

WLSD 不同参数下的结果可以参考图 6.1，本章算法不同参数对应的结果如图 6.20 所示。

（a）测试图像

图 6.20　本章算法不同参数对应的结果

（b）$\alpha = 0.035$，$\beta_0 = 7$，$\gamma = 1$，$s_{\max} = 5$，$s_{\min} = 1$

（c）$\alpha = 0.05$，$\beta_0 = 7$，$\gamma = 0.95$，$s_{\max} = 5$，$s_{\min} = 1$

（d）$\alpha = 0.15$，$\beta_0 = 3$，$\gamma = 0.9$，$s_{\max} = 15$，$s_{\min} = 1$

（e）$s_{\max} = 5$，其他参数与图（d）相同（注意图像左侧）

图 6.20（续）

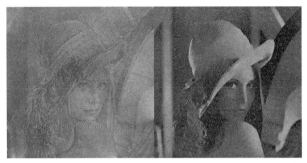

（f） $\alpha = 0.18$, $\beta_0 = 1.5$, $\gamma = 1$, $s_{max} = 5$, $s_{min} = 3$

（g） $s_{min} = 1$, 其他参数与图（f）相同（注意图像中的头发）

（h） $\alpha = 0.3$, $\beta_0 = 2$, $\gamma = 0.8$, $s_{max} = 25$, $s_{min} = 2$

图 6.20（续）

6.6.3 多尺度分解流程

非边缘保留的多尺度分解、边缘保留无细节选择性分解和边缘保留有细节选择性分解的算法步骤可归纳如下。

1）计算图像 $f(x,y)$ 的梯度 $G(x,y)$。

2）确定梯度变换算子 S 及其参数。

3）根据 6.6.2 小节中边缘保留有细节选择的多尺度分解中的步骤 1）～4）得到处理后的梯度。

4）把处理后的梯度作为 $\nabla BL(x,y) = G_{new}(x,y)$ 进行优化处理，获取图像的粗糙分量 $BL(x,y)$，进而得到细节分量 $D(x,y)$。

5）令 $f(x,y) = BL(x,y)$，重复步骤 1）～5），直到分解结束。

最后，得到一个剩余分量（粗糙分量）和一系列细节分量：

$$f(x,y) = \sum_{l=1}^{L} D_l(x,y) + \text{BL}(x,y) \qquad (6.45)$$

进行简单的线性运算即可获取增强图像：

$$f_{\text{en}}(x,y) = \sum_{l=1}^{L} \delta_l \cdot D_l(x,y) + \text{BL}(x,y) \qquad (6.46)$$

式中，$\delta_l > 1$。

6.6.4　海上目标提取与增强

本章对海上目标（非军事目标）进行了实验分析，包括主要目标的提取和非主要目标信息的增强。对于军事目标也可以进行同样处理，只是设定的参数不同。

实验目标为民用船舶，在能见度不太好的情况下进行主要目标的提取和一些细节的增强处理。图 6.21 为可见光目标的提取与增强，图 6.22 为红外目标的提取与增强。这里对于目标的提取没有做过多的讨论，只是采用了粗糙分量。由于粗糙分量含有图像中的主要能量，因此粗糙分量作为主要目标的提取是合理的。

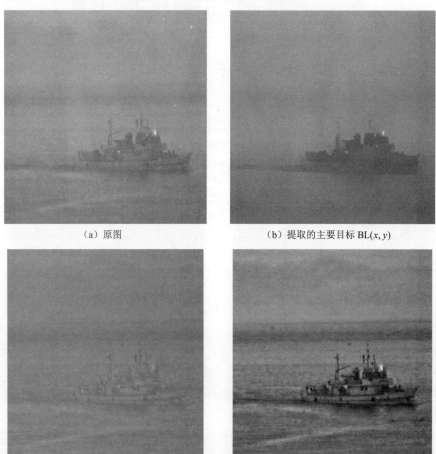

（a）原图　　　　　　　　　　　（b）提取的主要目标 BL(x,y)

（c）细节分量 $D(x,y)$　　　　　　（d）增强图像（注意背景中的黑点）

图 6.21　可见光目标的提取与增强

（a）原图 （b）提取的主要目标 BL(x, y)

（c） 细节分量 $D(x, y)$ （d）增强图像（注意背景中的亮点）

图 6.22 红外目标的提取与增强

值得注意的是，这里增强的所有对象都是细节信息，对于含有主要能量的目标没有做任何处理。增强图像不含有振铃现象，较以往基于小波、NLEMD 等算法的增强，这是这种增强算法的最大优点。

本 章 小 结

本章把边缘和梯度作为广义极值，介绍了广义经验模式分解算法。

通过图像边缘几乎可以完全解读图像的完整信息，图像边缘也可以表达图像的多尺度特性。本章定义了图像边缘的八个特征参数，根据边缘特征参数将图像边缘归结为四大类 20 种边缘模式，并给出了相应的边缘参数估计和边缘检测算法。进一步，本章将图像的边缘视为图像的广义极值点，并用 DL 替代 IMF、BSL 替代剩余量，从而介绍了一种广义经验模式分解算法，它拓展了传统 BEMD 的分解思想，并通过控制空间尺度、亮度尺度或其他特征参数对图像进行多尺度分解。与 BEMD 方法不同，该算法可以有效保留边缘，对于边缘保留的多尺度分解的应用具有重要的价值，本章通过大量实验验证了该算法与现有相关算法相比的优势。

在此基础上，本章将目前主要的多尺度分解算法集成形成统一框架，包含四种多尺度分解模式，并给出多尺度分解统一的数学解释。根据参数可选定合适的分解模式和相应的分解算法，获得良好的分解效果。

最后，本章给出了数学优化方程，建立边缘保留的多尺度分解和非边缘保留的多尺度分解统一框架，即基于梯度（广义极值）的多尺度分解。通过改变图像尺度获取改变尺度对应的图像即可完成有效的多尺度分解，而且这种分解可以通过控制尺度达到包括边缘保留的多种多尺度分解方法。重要的是，本章算法可以实现微细小纹理的分解提取而不产生边缘模糊，可以有效增强微细小纹理而对其他部分几乎不产生影响，可以一次性地把高对比度的稠密细节信息进行有效的提取和分离，性能优于同类算法。

参 考 文 献

[1] 张贤达. 现代信号处理[M]. 北京：清华大学出版社，2002.

[2] 张贤达，保铮. 非平稳信号分析与处理[M]. 北京：国防工业出版社，1998.

[3] 陶然，齐林，王越. 分数阶 Fourier 变换的原理与应用[M]. 北京：清华大学出版社，2004.

[4] 陶然，邓兵，王越. 分数阶 Fourier 变换在信号处理领域的研究进展[J]. 中国科学 E 辑：信息科学，2006，36(2)：113-136.

[5] 邓兵，陶然，杨曦. 分数阶 Fourier 变换域的采样及分辨率分析[J]. 自然科学进展，2007，17(5)：655-661.

[6] 孟祥意，陶然，王越. 抽取和内插的分数阶 Fourier 域分析[J]. 中国科学 E 辑：信息科学，2007，37 (8)：1000-1017.

[7] 冉启文，谭立英. 分数傅里叶光学导论[M]. 北京：科学出版社，2004.

[8] 冉启文，沈一鹰，刘永坦. 分数 Fourier 变换、矩阵群和时-频分析[J]. 信号处理，2001，17(2)：162-167.

[9] 孙晓兵，保铮. 分数阶 Fourier 变换及其应用[J]. 电子学报，1996，24(12)：60-65.

[10] OZAKTAS H M, ZALEVSKY Z, KUTAY M A. The fractional Fourier transform with applications in optics and signal processing[M]. New York: John Wiley & Sons, 2000.

[11] PEI S C , YEH M.H, LUO T L. Fractional Fourier series expansion for finite signals and dual extension to discrete-time fractional Fourier transform[J]. IEEE Transaction on Signal Processing, 1999, 47(10): 2883-2888.

[12] CARIOLARO G, ERSEGHE T, KRANIAUSKAS P, et al. A unified framework for the fractional Fourier transform[J]. IEEE Transaction on Signal Processing, 1998, 46(12): 3206-3219.

[13] ALMEIDA L B. The fractional Fourier transform and time-frequency representations[J]. IEEE Transaction on Signal Processing. 1994, 42(11): 3084-3091.

[14] MOSHINSKY M, QUESNE C. Linear canonical transformations and their unitary representation[J]. Journal of Mathematical Physics, 1971, 12 (8): 1772-1783.

[15] NAMIAS V. The fractinal order Fourier transform and its application to quantum mechanics[J]. Journal of the Institute of Mathematics of Jussieu, 1980, 25: 241-265.

[16] BARSHAN B, KUTAY M A, OZAKTAS H M. Optimal filters with linear canonical transformations[J]. Optics Communications, 1997, 135: 32-36.

[17] MENDLOVIC D, OZAKTAS H M. Fractional Fourier transforms and their optical implementation (I) [J]. Journal of the Optical Society of America A-Optics Image Science and Vision, 1993, 10(10): 1875-1881.

[18] OZAKTAS H M, MENDLOVIC D. Fractional Fourier transforms and their optical implementation (II) [J]. Journal of the Optical Society of America A-Optics Image Science and Vision, 1993, 10(12): 2522-2531.

[19] OZAKTAS H M, KUTAY M A, ZALEVSKY Z. The fractional Fourier transform with applications in optics and signal Processing[M]. New York: John Wiley & Sons, 2000.

[20] PEI S C, DING J J. Two-dimensional affine generalized fractional Fourier transform[J]. IEEE Transaction on Signal Processin, 2001, 49 (4): 878-897.

[21] MCBRIDE A C, KERR F H. On Namias' fractional Fourier transform[J]. IMA Journal of Applied Mathematics, 1987, 39: 159-175.

[22] AKAY O, BOUDREAUX-BARTELS G F. Unitary and hermitian fractional operators and their relation to the fractional Fourier transform[J]. IEEE Signal Processing Letters, 1998, 5(12): 312-314.

[23] LOHMANN A W. Relationships between the Radon-Wigner and fractional Fourier transfoms[J]. Journal of the Optical Society of America A-Optics Image Science and Vision, 1994, 11(6): 1398-1401.

[24] PEI S C, YEH M H, TSENG C C. Discrete fractional Fourier transform based on orthogonal projections[J]. IEEE Transaction on Signal Processing, 1999, 47(5): 1335-1348.

[25]　WIENER N. Hermitian polynomials and Fourier analysis[J]. Journal of Mathematics and Physics, 1929, 18: 70-73.

[26]　PEI S C, DING J J. Relations between fractional operations and time-frequency distributions, and their applications[J]. IEEE Transaction on Signal Processing, 2001, 49 (8): 1638-1655.

[27]　HEINIG H P, SMITH M. Extensions of the Heisenberg-Weyl inequality[J]. International Journal of Mathematics, 1986, 9: 185-192.

[28]　BECKNER W. Inequalities in Fourier analysis[J]. The Annals of Mathematics, 1975, 102 (1): 159-182.

[29]　HARDY G. LITTLEWOOD J E, PÓLYA G. Inequalities[M]. Cambridge: Press of University of Cambridge, 1951.

[30]　SELIG K K. Uncertainty principles revisited[J]. Electronic Transactions on Numerical Analysis, 2002, 14: 145-177.

[31]　FOLLAND G B, SITARAM A. The uncertainty principle: A mathematical survey[J]. The Journal of Fourier Analysis and Applications, 1997, 3 (3): 207-238.

[32]　LOUGHLIN P J, COHEN L. The uncertainty principle: Global, local, or both? [J]. IEEE Transaction on Signal Processing, 2004, 52 (5): 1218-1227.

[33]　OZAKTAS H M, AYTUR O. Fractional Fourier domains[J]. Signal Processing, 1995, 46: 119-124.

[34]　MUSTARD D. Uncertainty principle invariant under fractional Fourier transform[J]. Journal of the Australian Mathematical Society B, 1991, 33: 180-191.

[35]　SHINDE S, VIKRAM M G. An uncertainty principle for real signals in the fractional Fourier transform domain[J]. IEEE Transaction on Signal Processing, 2001, 49 (11): 2545-2548.

[36]　STERN A. Uncertainty principles in linear canonical transform domains and some of their implications in optics[J]. Journal of the Optical Society of America A-Optics image Science and Vision, 2008, 25 (3): 647-652.

[37]　STERN A. Sampling of compact signals in offset linear canonical transform domains[J]. Signal, Image and Video Processing, 2007, 1 (4): 359-367.

[38]　AYTUR O, OZAKTAS H M. Non-orthogonal domains in phase space of quantum optics and their relation to fractional Fourier transform[J]. Optics Communications, 1995, 120: 166-170.

[39]　STANKOVIC L, ALIEVA T, BASTIAANS M J. Time–frequency signal analysis based on the windowed fractional Fourier transform[J]. Signal Processing, 2003, 83: 2459-2468.

[40]　COHEN L. The uncertainty principles of windowed wave functions[J]. Optics Communications, 2000, 179: 221-229.

[41]　HIRSCHMAN I I JR. A note on entropy[J]. American Journal of Mathematics, 1957, 79 (1): 152-156.

[42]　MAASSEN H. A discrete entropic uncertainty relation[C]// Quantum Probability and Applications V, Proceedings of the Fourth Workshop, Held in Heidelberg, FRG, 1988: 263-266.

[43]　IWO B B. Entropic uncertainty relations in quantum mechanics[C]// Quantum Probability and Applications II, Eds. L.Accardi and W.von Waldenfels, Lecture Notes in Mathematics 1136, Berlin: Springer, 1985: 90.

[44]　MAASSEN H, UFFINK J B M. Generalized entropic uncertainty relations[J]. Physical Review Letters, 1983, 60(12): 1103-1106.

[45]　AMIR D, COVER T M, THOMAS J A. Information theoretic inequalities[J]. IEEE Transaction Information Theory, 2001, 37(6): 1501-1508.

[46]　MAJERNÍK V, MAJERNÍKOVÁ E, SHPYRKO S. Uncertainty relations expressed by Shannon-like entropies[J]. CEJP 3, 2003: 393-420.

[47]　BECKNER W. Inequalities in Fourier analysis on Rn[C]// Proceedings of the National Academy of Sciences of the United States of America, 1975, 72 (2): 638-641.

[48]　BENEDETTO J J, HEINIG H P. Weighted Fourier inequalities: New proofs and generalizations[J]. The Journal of Fourier Analysis and Applications, 2003, 9: 1-37.

[49]　IWO B B. Formulation of the uncertainty relations in terms of the Rényi entropies[J]. Physical Review A, 2006, 74: 052101.

[50]　BIALYNICKI-BIRULA I. Rényi Entropy and the Uncertainty Relations[J]. AIP Conference Proceedings, 2007, 889(1): 52-61.

[51] GILL J. An entropy measure of uncertainty in vote choice[J]. Electoral Studies, 2005: 1-22.

[52] RÉNYI A. Some fundamental questions of information theory[J]. MTA III Oszt. Közl., 1960, 251.

[53] RÉNYI A. On measures of information and entropy[C]// Proceedings of the 4th Berkeley Symposium on Mathematics, Statistics and Probability, 1960: 547.

[54] SHARMA K K, JOSHI S D. Uncertainty principle for real signals in the linear canonical transform domains[J]. IEEE Transaction on Signal Processing, 2008, 56(7): 2677-2683.

[55] BECKNER W. Pitt's inequality and the uncertainty principle[C]// Proceedings of the American Mathematical Society, 1995, 123(6): 1897-1905.

[56] BECKNER W. Pitt's inequality with sharp error estimates[EB/OL]. Analysis of PDEs (Mathematics Analysis of PDEs). http://arxiv.org/abs/math/0701939.

[57] BECKNER W. Pitt's inequality with sharp convolution estimates[J]. Proceedings of the American Mathematical Society, 2008, 136(5): 1871-1885.

[58] SHANNON C E. A mathematical theory of communication[J]. The Bell System Technical Journal,1948, 27: 379-656.

[59] WÓDKIEWICZ K. Operational approach to phase-space measurements in quantum mechanics[J]. Physical Review Letters, 1984, 52(13): 1064-1067.

[60] ALMEIDA L B. The fractional Fourier transform and time-frequency representations[J]. IEEE Transaction on Signal Processing, 1994, 42(11): 3084-3091.

[61] 徐冠雷, 王孝通, 徐晓刚, 等. 基于 EMD 分解的舰船导航数据融合[C]// 交通信息工程及控制全国博士生学术论坛. 北京, 2005: 1014-1020.

[62] 徐冠雷, 王孝通, 徐晓刚, 等. 基于限邻域 EMD 的图像增强[J]. 电子学报, 2006, 34(9): 1635-1639.

[63] 徐冠雷, 王孝通, 徐晓刚, 等. 噪声概率快速估计的自适应椒盐噪声消除算法[J]. 光电工程, 2005, 32(12): 34-38.

[64] 徐冠雷, 王孝通, 徐晓刚, 等. 基于限邻域 EMD 分解的多波段图像融合新算法[J]. 红外与毫米波学报, 2006, 25(3): 225-228.

[65] XU G L, WANG X T, XU X G. Neighborhood limited empirical mode decomposition and application in image processing[C]// IEEE International Conference on Image and Graphics, Qingdao: IEEE Press, 2007: 149-154.

[66] 徐晓刚, 徐冠雷, 王孝通, 等. 多维 Hilbert 变换研究[J]. 通信技术, 2016, 49(10): 1265-1270.

[67] 于浩, 王孝通, 徐冠雷. 基于贝叶斯分类的雾天和雨天两类天气现象自动识别[J]. 舰船电子工程, 2016, 36 (9): 73-75.

[68] 刘泗照, 徐冠雷. 一种基于 KNN 的天气现象连续观测识别方法[J]. 图像与信号处理, 2018, 7(1): 36-42.

[69] 陈建文, 徐冠雷. 基于 K-Means 的时间季节反演识别方法[J]. 图像与信号处理, 2018, 7(1): 57-64.

[70] FELSBERG M, SOMMER G. The monogenic signal[J]. IEEE Transactions on Signal Processing, 2001, 49(12): 3136-3144.

[71] GABOR D. Theory of communication[J]. Electrical Engineers Part I, 1947, 94(73): 429-457.

[72] BOASHASH B. Estimating and interpreting the instantaneous frequency of a signal-Part 1: Fundamentals[C]// IEEE Proceeding, IEEE Press, 1992, 80(4): 520-539.

[73] BOASHASH B. Estimating and interpreting the instantaneous frequency of a signal-Part 2: Algorithms and Applications[C]// IEEE Proceeding, IEEE Press, 1992, 80(4): 540-568.

[74] STARK H. An extension of the Hilbert transform product theorem[C]// IEEE Proceeding, IEEE Press, 1971(59): 1359-1360.

[75] JOSEPH P H, JOHN W H, NGAO D M, et al. Skewed 2D Hilbert transforms and computed AM-FM models[C]// IEEE Proceeding International Conference on Image Processing1998. IEEE Press, 1998: 602-606.

[76] STEFAN L H. Multidimensional complex signals with single-orthant spectra[C]// IEEE Proceeding, IEEE Press, 1992, 80(8): 1287-1300.

[77] THOMAS B, GERAKD S. Hypercomplex signals-a novel extension of the analytic signal to the multidimensional case[J]. IEEE Transaction on Signal Processing, 2001, 49(11): 2844-2852.

[78] CHANG J H, PEI S C, DING J J. 2D quaternion Fourier spectral analysis and its applications[C]// The IEEE International

Symposium on Circuits and Systems, IEEE Press, 2004, 3: 241-244.

[79]　SANGWINE S J, ELL T A. Hypercomplex Fourier transforms of color images[C]// IEEE Proceeding International Conference on Image Processing. IEEE Press, 2001, 1: 137-140.

[80]　COHEN L, LEE C. Standard deviation of instantaneous frequency[C]// International Conference on Acoustics, Speech, and Signal Processing. IEEE Press, 1989, (4): 2238-2241.

[81]　COHEN L. What is a multicomponent signal[C]// IEEE International Conference on Acoustics, Speech and Signal Processing. IEEE Press, 1992, 5: 113-V116.

[82]　BEDROSIAN E. A product theorem for Hilbert transform[J]. IEEE, 1963, 51: 868-869.

[83]　FU Y X , LI L Q. A generalized Bedrosian theorem in fractional Fourier domain[C]// IEEE Proceeding. IEEE Press, 2006: 1785-1788.

[84]　BOASHASH B. Time frequency signal analysis and processing: A comprehensive reference[M]. Amsterdam: Elsevier Science & Technology Books, 2003.

[85]　CARSON J R, FRY T C. Variable frequency electric circuit theory with application to the theory of frequency modulation[J]. Bell Labs Technical Journal, 1937, 16: 513-540.

[86]　VILLE J. Theorie et applications de la notion de signal analytique[J]. Cables Et Transmission,1948, 2A: 61-74.

[87]　MATHWORKS CORPERATION. Time-frequency toolbox for use with matlab[EB/OL].http://tftb.nongnu.org/tutorial.pdf, 2018.

[88]　VINCENT I, AUGER F, DONCARLI C. A comparative study between two instantaneous frequency estimators[C]// European Signal Processing Conference, 1994, 3: 1429-1432.

[89]　DJURIC P, KAY S. Parameter estimation of chirp signals[J]. IEEE Transaction Acoust Speech and Signal Processing, 1990, 38(12): 356-363.

[90]　HAMILTON W R. Elements of Quaternions[M]. London: Longmans, Green, 1864.

[91]　MOXEY C E, SANGWINE S J, ELL T A. Hypercomplex correlation techniques for vector images[J]. IEEE Transaction on Signal Processing, 2003, 51(7): 1941-1953.

[92]　SANGWINE S J, ELL T A. Hypercomplex auto-and cross-correlation of color images[C]// IEEE Proc ICASSP, 1999: 319-322.

[93]　ELL T A. Hypercomplex spectral transforms[D]. Minneapolis: University of Minnesota Twin City, 1992.

[94]　PEI S C, DING J J, CHANG J H. Efficient implementation of quaternion Fourier transform, convolution, and correlation by 2-D complex FFT[J]. IEEE Transaction on Signal Processing, 2001, 49(11): 2783-2797.

[95]　ALMEIDA L B. Product and convolution theorems for the fractional Fourier transform[J]. IEEE Signal Processing Letters, 1997, 4(1): 15-17.

[96]　ZAYED A I. A convolution and product theorem for the fractional Fourier transform[J]. IEEE Signal Processing Letters, 1998, 5(4): 101-103.

[97]　AKAY O, BOUDREAUS G F. Linear fractionally invariant systems: Fractional filtering and correlation viafractional operators[C]// IEEE Proceeding of Signals Systems & Computers, 1998, 2: 1494-1498.

[98]　DUHAMEL P. Implementation of split-radix FFT algorithms for complex, real and real-symmetric data[J]. IEEE Transaction on Acoust, Speech and Signal Processing, 1986, 34: 285-295.

[99]　SANGWINE S J, ELL T A. Hypercomplex Fourier transforms of color images[C]// IEEE International Conference on Acoustics, Speech and Signal Processing, 2001: 137-140.

[100]　王宏禹. 随机数字信号处理[M]. 北京：科学出版社，1988.

[101]　余英林，谢胜利，蔡汉添. 信号处理新方法导论[M]. 北京：清华大学出版社，2004.

[102]　邹红星，戴琼海，李衍达，等. 不含交叉项干扰且具有 WVD 聚集性的时频分布之不存在性[J]. 中国科学（E 辑），2001，31(8)：348-354.

[103]   成礼智，王红霞，罗永. 小波的理论与应用[M]. 北京：科学出版社，2004.

[104]   盖云英，包革军. 复变函数与积分变换[M]. 北京：科学出版社，2001.

[105]   徐伯勋，白旭滨，傅孝毅. 信号处理中的数学变换和估计方法[M]. 北京：清华大学出版社，2004.

[106]   HUANG N E, ZHENG S, STEVEN R L, et al. The empirical mode decomposition and the Hilbert spectrum for nonlinear non-stationary time series analysis[J]. Proceedings of the Royal Society A-Mathematical Physical and Engineering Sciences, 1998, 454: 903-995.

[107]   WU Z , HUANG N E. A study of the characteristics of white noise using the empirical mode decomposition method[J]. Proceedings of the Royal Society A-Mathematical Physical and Engineering Sciences, 2004, 460: 1597-1611.

[108]   HUANG N E, ZHENG S, LONG S R. A new view of nonlinear water waves: the Hilbert spectrum[J]. Annual Review of Fluid Mechanics, 1999, 31: 417-57.

[109]   WU Z , HUANG N E. Ensemble empirical mode decomposition: A noise-assisted data analysis method[J]. Advances in Adaptive Data Analysis, 2009, 1(1): 1-41.

[110]   RILLING G, FLANDRIN P. One or two frequencies? The empirical mode decomposition answers[J]. IEEE Transaction on Signal Processing, 2008, 56(1): 85-95.

[111]   RILLING G, FLANDRIN P. On the influence of sampling on the empirical mode decomposition[C]// IEEE International Conference on Acoustics, Speech and Signal Processing, 2006: 444-447.

[112]   RILLING G, FLANDRIN P, GONÇALVÉS P. Empirical mode decomposition as a filter bank[J]. IEEE Signal Processing Letters, 2004, 11(2): 112-114.

[113]   FLANDRIN P, GONÇALVÉS P. Empirical mode decompositions as data-driven wavelet-like expansions for stochastic processes[J]. International Journal of Wavelets Multiresolution and Information Processing, 2004, 2(4): 477-496.

[114]   FLANDRIN P, GONÇALVÉS P, RILLING G. EMD equivalent filter banks, from interpretation to applications[J]. Hilbert-Huang Transform and Its Applications, 2005: 57-74.

[115]   SHARPLEY R C, VATCHEV V. Analysis of the intrinsic mode functions[J]. Construct Approx, 2006, 24: 17-47.

[116]   SENROY N, SURYANARAYANAN S, PAULO F R. An improved Hilbert-Huang method for analysis of time-varying waveforms in power quality[J]. IEEE Transaction on Power Systems, 2007, 22(4): 1843-1850.

[117]   BOUDRAA A O, CEXUS J C. EMD-based signal filtering[J]. IEEE Transaction on Instrumentation and Measurement, 2007, 56(6): 2196-2202.

[118]   LIANG H L, LIN Q H, CHEN J D Z. Application of the empirical mode decomposition to the analysis of esophageal manometric data in gastroesophageal reflux disease[J]. IEEE Transaction on Biomedical Engineering, 2005, 52(10): 1692-1701.

[119]   DEERING R, KAISER J F. The use of a masking signal to improve empirical mode decomposition[C]// IEEE International Conference on Acoustics, Speech and Signal Processing, 2005, IV: 485-488.

[120]   SENROY N, SURYANARAYANAN S. Two techniques to enhance empirical mode decomposition for power quality applications[C]// IEEE Power Engineering Society General Meeting. Tampa: IEEE Press, 2007: 1-6.

[121]   SENROY N, SURYANARAYANAN S, PAULO F R. An improved Hilbert-Huang method for analysis of time-varying waveforms in power quality[J]. IEEE Transaction on Power Systems, 2007, 22(4): 1843-1850.

[122]   GLEDHILL R J. Methods for investigating conformational change in biomolecular simulations[J]. A Dissertation for the Degree of Doctor of Philosophy at Department of Chemistry, the University of Southampton, 2003, 9: 201.

[123]   ZHANG Q, QUE P W, LIU Q K, et al. Application of empirical mode decomposition to ultrasonic signal[C]// IEEE International Ultrasonics Symposium. IEEE Press, 2005, 3(18-21): 1789-1792.

[124]   MESSINA A R, VITTAL V. Extraction of dynamic patterns from wide-area measurements using empirical orthogonal functions[J]. IEEE Transaction on Power Systems, 2007, 22(2): 1843-1850.

[125]   YI Q, SHUREN Q AND MAO Y. Research on iterated Hilbert transform and its application in mechanical fault

diagnosis[J]. Mechanical Systems and Signal Processing, 2008, 22(8): 1967-1980.

[126] YANG W. Interpretation of mechanical signals using an improved Hilbert-Huang transform[J]. Mechanical Systems and Signal Processing, 2008, 22(5): 1061-1071.

[127] FELDMAN M. Time-Varying vibration decomposition and analysis based on the Hilbert transform[J]. Journal of Sound and Vibration, 2006, 23(5): 518-530.

[128] KOPSINIS Y, MCLAUGHLIN S. Investigation and performance enhancement of the empirical mode decomposition method based on a heuristic search optimization approach[J]. IEEE Transaction on Signal Processing, 2008, 56(1): 1-13.

[129] TANAKA T, MANDIC D P. Complex empirical mode decomposition[J]. IEEE Signal Processing Letters, 2007, 14(2): 101-104.

[130] RILLING G, FLANDRIN P, GONÇALVÉS P, LILLY J M. Bivariate empirical mode decomposition[J]. IEEE Signal Processing Letters, 2008, 14(12): 1-4.

[131] XUAN B, XIE W, PENG S. EMD sifting based on bandwidth[J]. IEEE Signal Processing Letters, 2007, 14(8): 537-540.

[132] RILLING G, FLANDRIN P, GONÇALVÉS P. On empirical mode decomposition and its algorithms[C]// IEEE-EURASIP Workshop on Nonlinear Signal and Image Processing. Grado: NSIP-03, 2003: 8-11.

[133] DELÉCHELLE E, LEMOINE J, NIANG O. Empirical mode decomposition: An analytical approach for sifting process[J]. IEEE Signal Processing Letters, 2005, 12(11): 764-767.

[134] HUANG N E. A confidence limit for the empirical mode decomposition and Hilbert spectral analysis[J]. Proceedings of the Royal Society of London Series A, 2003, 459: 2317-2345.

[135] CHEN Q, HUANG N E, RIEMENSCHNEIDER S, et al. A B-spline approach for empirical mode decompositions[J]. Advances in Computational Mathematics, 2006, 24: 171-195.

[136] HAN C, GUO H, WANG C, FAN D. A novel method to reduce speckle in SAR images[J]. International Journal of Remote Sensing, 2002, 23(23): 5095-5101.

[137] YUE H Y, GUO H D, HAN C M, et al. A SAR interferogram filter based on the empirical mode decomposition method[C]// IEEE International Geoscience and Remote Sensing Symposium, IEEE Press, 2001, 5: 2061-2063.

[138] LONG S R. Use of the empirical mode decomposition and Hilbert-Huang transform in image analysis[J]. World Multiconference on Systemics, Cybernetics and Informatics, 2001: 256-280.

[139] NUNES J C, BOUAOUNE Y, DELECHELLE E, et al. Texture analysis based on the bidimensional empirical mode decomposition with gray-level co-occurrence models[J]. IEEE Machine Vision and Application, 2003, 2: 633-635.

[140] SINCLAIR S, PEGRAM G G S. Empirical mode decomposition in 2-D space and time: A tool for space-time rainfall analysis and nowcasting[J]. Hydrology and Earth System Sciences, 2005, 9(3): 71-76.

[141] YANG ZH H, QI D X, YANG L H. Signal period analysis based on Hilbert-Huang transform and its application to texture analysis[C]// IEEE Proceedings of the Third International Conference on Image and Graphics, IEEE Press, 2004: 430-433.

[142] LINDERHED A. 2-D empirical mode decompositions-in the spirit of image compression[J]. Proceedings of SPIE-The International Society for Optical Engineering, 2002, 4: 1-8.

[143] LIU Z X, WANG H J, PENG S L. Texture classification through directional empirical mode decomposition[C]// Proceedings of the 17th International Conference on Pattern Recognition, IEEE Press, 2004, 4: 803-806.

[144] 刘忠轩, 彭思龙. 方向 EMD 分解与其在纹理分割中的应用[J]. 中国科学 E 辑: 信息科学, 2005, 35(2): 113-123.

[145] XIONG C, XU J, ZOU J, et al. Texture classification based on EMD and FFT[J]. Journal of Zhejiang University-SCIENCE A, 2006, 7(9): 1516-1521.

[146] NUNES J C, GUYOT S, DELECHELLE E. Texture analysis based on local analysis of the bidimensional empirical mode decomposition[J]. Machine Vision and Applications, 2005, 16: 177-188.

[147] LIU Z, WANG H, PENG S. Texture segmentation using directional empirical mode decomposition[C]// Proceedings of the 17th International Conference on Pattern Recognition. IEEE Press, 2004, 279-282.

[148] LIU Z, PENG S. Boundary processing of bidimensional using texture synthesis[J]. IEEE Signal Processing Letters, 2005, 12(1): 33-36.

[149] 徐冠雷，王孝通，徐晓刚，等. 多分量到单分量可用 EMD 分解的条件及判据[J]. 自然科学进展，2006，16(10)：1356-1360.

[150] 徐冠雷，王孝通，徐晓刚. 二象 Hilbert 变换[J]. 自然科学进展，2007，17(8)：1120-1129.

[151] MEIGNEN S, PERRIER V. A new formulation for empirical mode decomposition based on constrained optimization[J]. IEEE Signal Processing Letters, 2007, 14(12): 932-935.

[152] STEVENSON M, MESBAH M, BOASHASH B. A sampling limit for the empirical mode decomposition[C]// The International Source Suppliers and Producers Association, Sydney (A), 2005: 647-650.

[153] ZHAO J P, HUANG D J. Mirror extending and circular spline function for empirical mode decomposition method[J]. Journal of Zhejiang University (Science), 2001, 2(3): 247-252.

[154] XU G L, WANG X T, XU X G. Neighborhood limited empirical mode decomposition and application in image processing[C]// International Conference on Image and Graphics. Chengdu: ICIG, 2007: 149-154.

[155] MANN S, HAYKIN S. The chirplet transform: A generalization of Gabor's logon transform[J]. Vision Interface, 1991, 3(7): 205-212.

[156] RICHARD C. Time-frequency analysis of visual evoked potentials using chirplet transform[J]. Electronics Letters, 2005, 41(4): 217-218.

[157] 易叶青，林亚平，林牧，等. 基于遗传算法的盲源信号分离[J]. 计算机研究与发展，2006，43(2)：244-252.

[158] YANG C. Blind separation using convex functions[J]. IEEE Transaction on Signal Processing, 2005, 53(6): 2027-2035.

[159] ZHANG L Q, CICHOCKI A, AMARI S. Natural gradient algorithm for blind separation of over determined mixture with additive noise[J]. IEEE Signal Processing Letters, 1999, 6(11): 293-295.

[160] CRUCES S, CICHOCKI A, CASTEDO L. An iterative inversion approach to blind source separation[J]. IEEE Transaction on Neural Networks, 2000, 11(6): 1423-1437.

[161] 陈木生，狄红伟. 多聚焦图像融合的最佳小波分解层研究[J]. 光电工程，2003，31(3)：64-67.

[162] DEBEVEC P E, Malik J. Recovering high dynamic range radiance maps from photographs [J]. ACM Transaction on Graphics, 1997, 16(8): 369-378.

[163] DEBEVEC P E. Rendering synthetic objects into real scenes: Bridging traditional and image-based graphics with global illumination and high dynamic range photography[J]. ACM transaction on Graphics, 1998, 17(8): 189-198.

[164] COHEN J, TCHOU C, HAWKINS T, DEBEVEC P. Real-time highdynamic range texture mapping[J]. Rendering Techniques, 2001: 313-320.

[165] DICARLO J M, WANDELL B A. Rendering high dynamic range images[J]. The International Society for Optical Engineering, 2001(3): 392-401.

[166] WARD G J. A contrast-based scale factor for luminance display[J]. Graphics Gems, 1994, 2: 415-421.

[167] WARD L, RUSHMEIER H, PIATKO C. A visibility matching tone reproduction operator for high dynamic range scenes[J]. IEEE Transaction on Visualization and Computer Graphics, 1997, 4 (3): 291-306.

[168] TUMBLIN J, RUSHMEIER H E. Tone reproduction for realistic images[J]. Computer Graphics and Applications, 1993, 6(13): 42-48.

[169] TUMBLIN J, TURK G. LCIS: A boundary hierarchy for detail-preserving contrast reduction[J]. ACM transaction on Graphics, 1999, 18(8): 83-90.

[170] TUMBLIN J, HODGINS J K, GUENTER B K. Two methods for display of high contrast images[J]. ACM Transactions on Graphics, 1999, 18 (1): 56-94.

[171] JOBSON D J, RAHMAN Z, WOODELL G A. A multi-scale Retinex for bridging the gap between color images and the human observation of scenes[J]. IEEE Transactions on Image Processing, 1997, 6 (7): 965-976.

[172]　CHIU K, HERF M, SHIRLEY P, et al. Spatially nonuniform scaling functions for high contrast images[C]// Proceeding of Graphics Interface. Morgan Kaufmann: IEEE Press, 1993: 245-253.

[173]　RAANAN F, DANI L, MICHAEL W. Gradient domain high dynamic range compression[J]. ACM Transactions on Graphics, 2002, 21(8): 249-256.

[174]　ERIC P, MARC N, GUILLERMO S. Color histogram equalization through mesh deformation[J]. IEEE Transaction on Image Processing, 2003, 2(11): 117-120.

[175]　YANG S H, LIN D W. A geometry-enhanced color histogram[J]. Information Technology: Research and Education, 2003, 8: 563-567.

[176]　FABRIZIO R. Recent advances in fuzzy techniques for image enhancement[J]. IEEE Transaction on Instrumentation and Measurement, 1998, 47(6): 1428-1434.

[177]　JOBSON D J, RAHMAN Z G, WOODELL A. Properties and performance of a center/surround retinex[J]. IEEE Transaction on Image Processing, 1997, 6(3): 451-462.

[178]　MALLOT H A. Computational vision: Information processing in perception and visual behavior[M]. Cambridge: MIT Press, 2000.

[179]　MUNTEANU C, ROSA A. Color image enhancement using evolutionary principles and the retinex theory of color constancy[C]// IEEE Signal Processing Society Workshop on Neural Networks for Signal Processing XI, IEEE Press, 2001: 393-402.

[180]　VELDE K V. Multi-scale color image enhancement[C]// IEEE Proceeding of Image Processing. Kobe: IEEE Press, 1999: 584-587.

[181]　STARCK J L, FIONN M, CANDÈS J, et al. Gray and color image contrast enhancement by the curvelet transform[J]. IEEE Transaction on Image Processing, 2003, 12(6): 706-717.

[182]　CHAUDHURI B B, SARKAR N. Texture segmentation using fractal dimension[J]. IEEE Transaction on Pattern Analysis and Machine Intelligence, 1995, 17(1): 72-77.

[183]　TUCERYAN M, JAIN A K. Texture segmentaiton using Voronoi polygons[J]. IEEE Transaction on Pattern Analysis and Machine Intelligence, 1990, 12(2): 211-216.

[184]　COMER M L, DELP E J. Segmentation of textured images using a multiresolution Gaussian autoregressive model[J]. IEEE Transaction on Image Processing, 1999, 8: 408-420.

[185]　UMBERTO S. 2-D phase unwrapping and instantaneous frequency estimation[J]. IEEE Transaction on Geoscience and Remote Sensing, 1995, 33(3): 579-589.

[186]　FRANCOS J M, FRIEDLANDER B. Parameter Estimation of 2-D Random Amplitude Polynomial-Phase Signals[J]. IEEE Transaction on Signal Processing,1999, 47(7): 1795-1810.

[187]　FRIEDLANDER B, FRANCOS J M. An estimation algorithm for 2-D polynomial phase signals[J]. IEEE Transaction on Image Processing, 1996, 5(6): 1084-1087.

[188]　沈滨, 崔峰, 彭思龙. 二维 EMD 的纹理分析及图像瞬时频率估计[J]. 计算机辅助设计与图形学学报, 2005, 17 (10): 2345-2352.

[189]　BOUDRAA A O, CEXUS J C, SALZENSTEIN F G. IF estimation using empirical mode decomposition and nonlinear Teager energy operator[C]// IEEE International Symposium on Communications, Control, and Signal Processing, IEEE Press, 2004(9): 45-48.

[190]　MARAGOS P, BOVIK A C. Demodulation of images modeled by amplitude-frequency modulation using multidimensional energy separation[C]// IEEE International Conference on Image Processing. IEEE Press, 1994(3): 421-425.

[191]　KAISER J F. On a simple algorithm to calculate the 'energy' of a signal[C]// IEEE International Conference on Acoustics, Speech and Signal Processing. IEEE Press, 1990(1): 381-384.

[192]　HAVLICEK J P, BOVIK A C. Multi-component AM-FM image models and wavelet-based demodulation with component

tracking[C]// IEEE International Conference on Image Processing, IEEE Press, 1994(12): 141-145.

[193] JACOBSON L D, WECHSLER H. Joint spatial/spatial-frequency representation[J]. Signal Processing, 1988(14): 37-68.

[194] GONZALEZ C R, WOODS E R. Digital image processing[M]. 2ed. New York: Prentice Hall, 2002.

[195] MATHWORKS[OL]. http://www.mathworks.com/products/matlab/.

[196] CUNHA A, ZHOU J, DO M. The nonsubsampled contourlet transform: Theory, design, and applications[J]. IEEE Transaction on Image Processing, 2006, 15(10): 3089-3101.

[197] CHOUDHURY P, TUMBLIN J. The trilateral filter for high contrast images and meshes[C]// Proceedings of the 14th Eurographics Workshop on Rendering Techniques. Leuven: IEEE Press, 2003:186-196.

[198] DURAND F, DORSEY J. Fast bilateral filtering for the display of high-dynamic-range images[J]. ACM Transactions on Graphics, 2002, 21(3): 257-266.

[199] CHEN J, PARIS S, DURAND F. Real-time edge-aware image processing with the bilateral grid[J]. ACM Transactions on Graphics, 2005, 26(3): 103.

[200] XU G L, WANG X T, XU X G. Fractional quaternion Fourier transform, convolution and correlation[J]. Signal Processing, 2008, 88(10): 2511-2517.

[201] XU G L, WANG X T, XU X G. Novel uncertainty relations in fractional Fourier transform domain for real signals[J]. Chinese Physics B, 2010, 19(1): 014203-1-9.

[202] XU G L, WANG X T, XU X G. The logarithmic, Heisenberg's and Windowed uncertainty principles in fractional Fourier transform domains[J]. Signal Processing, 2009, 89(3): 339-343.

[203] 徐冠雷, 王孝通, 徐晓刚. 分数阶 Fourier 域的二维广义 Hilbert 变换及 Bedrosian 定理[J]. 数学物理学报, 2011, 31A(3): 814-828.

[204] XU G L, WANG X T, XU X G. Extended Hilbert transform for multidimensional signals[C]// IET International Conference on Visual Information Engineering. Qingdao: IET press, 2008: 292-297.

[205] XU G L, WANG X T, XU X G. Improved bi-dimensional EMD and Hilbert spectrum for the analysis of textures[J]. Pattern Recognition, 2009, 42(5): 718-734.

[206] WANG S J, KUO L C, JONG H H, et al. Representing images using points on image surfaces[J]. IEEE Transaction on Image Processing, 2005,14(8):1043-1056.

[207] BEEK P. Edge-based image representation and coding[D]. Delft: Delft University of Technology, 1995.

[208] BURT P J, ADELSON E H. The Laplacian pyramid as a compact image code[J]. IEEE Transaction on Communications,1983: 532-540.

[209] ZEEV F, FATTAL R, DANI L, RICHARD S. Edge-Preserving decompositions for multi-scale tone and detail manipulation[J]. ACM Transactions on Graphics, 2008, 27(3).

[210] WINNEM H, OLSEM S, GOOCH B. Realtime video abstraction[J]. ACM Transactions on Graphics, 2006, 25(3): 1221-1226.

[211] MINH N D, MARTIN V. The contourlet transform: An efficient directional multiresolution image representation[J]. IEEE Transaction on Image Processing, 2005, 14(12): 2091-2106.

[212] PERONA P, MALIK J. Scale-space and edge detection using anisotropic diffusion[J]. IEEE Transactions on Pattern Analysis and Machine Intelligence, 1990, 12(7): 629-639.

[213] BLACK M J, SAPIRO G, MARIMONT D H, et al. Robust anisotropic diffusion[J]. IEEE Transaction on Image Processing, 1998, 7(3): 421-432.

[214] CAI Z, PRASAD A N, TSAI C L. Denoised least squares estimators: An application to estimation advertising effectiveness[J]. Statistica Sinica, 2000, 10: 1231-1241.

[215] WEN C, GAO G, CHEN Z. Multiresolution model for image denoising based on total least squares[C]// Fourth International Conference on Fuzzy Systems and Knowledge Discovery. IEEE Press, 2005, 3(24-27): 622-626.

[216]　YI L, SHARAN L, ADELSON E H. Compressing and companding high dynamic range images with subband architectures[J]. ACM Transactions on Graphics, 2005, 24(3): 836–844.

[217]　SCHLICK C. Quantization techniques for visualization of high dynamic range pictures[J]. Photorealistic Rendering Techniques, 1994: 7-20.

[218]　GONZALEZ C R, WOODS E R. Digital image processing[M]. 3ed. New York: Prentice Hall, 2011.

[219]　CANNY J F. A computational approach to edge detection[J]. IEEE Transaction on Pattern Analysis and Machine Intelligence, 1986, 8: 679-698.

[220]　LINDEBERG T. Edge detection and ridge detection with automatic scale selection[J]. International Journal of Computer Vision, 1998, 30(2): 117-156.

[221]　DICKEY F M, SHANMUGAM K S. Optimum edge detection filter[J]. Applied Optics, 1975, 16: 145-148.

[222]　SHANMUGAM K S, DICKEY F M, GREEN J A. An optimal frequency domain filter for edge detection in digital pictures[J]. IEEE Transaction on Pattern Analysis and Machine Intelligence, 1979, 1: 37-49.

[223]　MARR D, HILDRETH E. Theory of edge detection[J]. Proceedings of the Royal Society of London B, 1980, 207: 187-217.

[224]　SARKAR S, BOYER K L. On optimal infinite impulse response edge detection filters[J]. IEEE Transaction on Pattern Analysis and Machine Intelligence, 1991, 13: 1154-1171.

[225]　SHEN J , CASTAN S. An optimal linear operator for step edge detection[J]. Graphical Models and Image Processing, 1992, 54: 112-133.

[226]　CASTAN S, ZHAO J, SHEN J. New edge detection methods based on exponential filter[C]// International Conference on Pattern Recognition. Atlantic City: IEEE Press, 1990: 709-711.

[227]　CASTAN S, ZHAO J, SHEN J. Optimal filter for edge detection methods and results[C]// European Conference on Computer Vision. Antibes: Springer press, 1990: 13-15.

[228]　ZHAO J, CASTAN S. Towards the unification of band-limited derivative operators for edge detection[J]. Signal Processing, 1993, 31: 103-119.

[229]　PETROU M, KITTLER J. Optimal edge detectors for ramp edges[J]. IEEE Transaction on Pattern Analysis and Machine Intelligence, 1991, 13: 483-491.

[230]　ZHAO J P, HUANG D J. Mirror extending and circular spline function for empirical mode decomposition method[J]. Journal of Zhejiang University (Science), 2001, 2(3): 247-252.

[231]　BARASH D. A fundamental relationship between bilateral filtering, adaptive smoothing, and the nonlinear diffusion equation[J]. IEEE Transaction on Pattern Analysis and Machine Intelligence, 2002, 24(6): 844-847.

[232]　WIGNER E P. On the quantum correction for thermodynamic equilibrium[J]. Physical Review,1932, 40: 749-759.

[233]　LOUGHLIN P J, PITTON J W, ATLAS L E. Construction of positive time-frequency distributions[J]. IEEE Transaction on Signal Processing, 1994, 42(10): 2697-2705.

[234]　JAMES W P. Positive time-frequency distributions via quadratic programming[J]. Multidimensional Systems and Signal Processing, 1998, 9(4): 439-445.

[235]　SWEDENS W. The lifting scheme: A new philosophy in biorthogonal wavelet constructions[J]. Wavelet Applications in Signal and Image Processing, 1995, 8(2): 68-79.

[236]　CANDÈS J. Ridgelets: Theory and applications[R]. Technical report, Stanford University, September, 1998.

[237]　EMMANUEL J. Ridgelets: Estimating with ridge functions[J]. Annals of Statistics, 2003, 31(5): 1561-1599.

[238]　DAVID L D. Orthonormal ridgelets and linear singularities[J]. SIAM Journal on Mathematical Analysis, 2000, 31(5): 1062-1099.

[239]　NICK K. Complex wavelets for shift invariant analysis and filtering of signals[J]. Applied and Computational Harmonic Analysis, 2001, 10(3): 234-253.

[240]　PENNEC E L, MALLAT S. Sparse geometrical image approximation with bandelets[J]. IEEE Transaction on Image Processing, 2004, 14(4): 423-438.

[241]　PENNEC E L, MALLAT S. Bandlet image approximation and compression[J]. SIAM Multiscale Modeling and Simulation, 2005, 4(3): 992-1039.

[242]　CANDON E U. Immersion of Fourier transform in a continuous group of functional transformations[J]. Proceedings of the National Academy of Sciences, 1937, 23: 158-164.

[243]　XU G L, WANG X T, XU X G. Uncertainty inequalities for linear canonical transform[J]. IET Signal Processing, 2009, 3(5): 392-402.

[244]　XU G L, WANG X T, XU X G. Three uncertainty relations for real signals associated with linear canonical transform[J]. IET Signal Processing, 2009, 3(1): 85-92.

[245]　XU G L, WANG X T, XU X G. Generalized Hilbert transform and its properties in 2D LCT domain[J]. Signal Processing, 2009, 89(7): 1395-1402.

[246]　XU G L, WANG X T, XU X G. Improved bi-dimensional empirical mode decomposition based on 2D assisted signals analysis and application[J]. IET Image Processing, 2011, 5(3): 205-221.

[247]　XU G L, WANG X T, XU X G. Time-varying frequency-shifting signal assisted empirical mode decomposition method for AM-FM signals [J]. Mechanical Systems and Signal Processing, 2009, 23 (8): 2458-2469.

[248]　PATRICK P, MICHEL G, ANDREW B. Poisson image editing[J]. ACM Transactions on Graphics, 2003, 24(8): 313-318.

[249]　KARLHEINZ G. Reconstruction algorithms in irregular sampling[J]. Mathematics of Computation, 1992, 59 (199): 181-194.

[250]　HANS G F, KARLHEINZ G. Theory and practice of irregular sampling[J]. Journal of Mathematical Analysis and Applications, 1992, 167: 530-556.

[251]　CENKER C, HANS G F, STEIER H. Fast iterative and non-iterative reconstruction of band-limited functions from irregular sampling values[C]// International Conference on Acoustics, Speech and Signal Processing. IEEE Press, 1991, 3: 1773-1776.

[252]　FEICHTINGER H G, GROCHENIG K. Irregular sampling theorems and series expansions of band-limited functions[J]. Journal of Mathematical Analysis and Applications, 1992, 167: 530-556.

[253]　HANS G F, KARLHEINZ G, HERMANN M. Iterative methods in irregular sampling theory: Numerical Results[C]// Proceedings of Springer-Verlag. Aachen: Springer Press, 1990(253): 160-166.

[254]　KARLHEINZ G. Reconstruction algorithms in irregular sampling[J]. Mathematical Components, 1992, 59: 103-125.

[255]　KARLHEINZ G. Irregular sampling of wavelet and short time Fourier transforms[J]. Constructive Approximation, 1993, 9(2-3): 283-297.

[256]　STOCKWELL G, MANSINHA L, LOWE R P. Localization of the complex spectrum: The S-transform[J]. IEEE Transactions on Signal Processing, 1996, 44(4): 998-1001.

[257]　ASSOUS S, HUMEAU A, TARTAS M, et al. S-transform applied to laser Doppler flowmetry reactive hyperemia signals[J]. IEEE Transactions on Biomedical Engineering, 2006, 53(6)6: 1032-1037.

[258]　PINNEGAR C R, MANSINHA L. The S-transform with windows of arbitrary and varying shape[J]. Geophysics, 2003, 68: 381-385.

[259]　PINNEGAR C R, EATON D E. Application of the S-transform to prestack noise attenuation filtering[J]. Journal of Geophysical Research Atmospheres, 2003, 108(B9): 2422.

[260]　SCHIMMEL M, GALLART J. The inverse S-transform in filters with time-frequency localization[J]. IEEE Transactions on Signal Processing, 2005, 53(11): 4417-4422.

[261]　SIMON C, VENTOSA S, SCHIMMEL M, et al. The S-transform and its inverses: Side effects of discretizing and filtering[J]. IEEE Transactions on Signal Processing, 2007, 55(10): 4928-4937.

[262] LEE I W C, DASH P K. S-Transform-based intelligent system for classification of power quality disturbance signals[J]. IEEE Transactions on Industrial Electronics, 2003, 50(4): 800-805.

[263] CHILUKURI M V, DASH P K. Multiresolution S-transform-based fuzzy recognition system for power quality events[J]. IEEE Transactions on Power Delivery, 2004, 19(1): 323-330.

[264] DASH P K, PANIGRAHI B K, PANDA G. Power quality analysis using S-transform[J]. IEEE Transactions on Power Delivery, 2003, 18(2): 406-411.

[265] ZHAO F, YANG R. Power-quality disturbance recognition using S-transform[J]. IEEE Transactions on Power Delivery, 2007, 22(2): 944-950.

[266] ADAMS M D, KOSSENTINI F, WARD R K. Generalized S-transform[J]. IEEE Transactions on Signal Processing, 2002, 50(11): 2831-2842.

[267] TAO R, LI Y L, WANG Y. Short-time fractional Fourier transform and its applications[J]. IEEE Transactions on Signal Processing, DOI: 10.1109/TSP.2009.2028095.

[268] PENG S L, HWANG W L. Adaptive signal decomposition based on local narrow band signals[J]. IEEE Transactions on Signal Processing, 2008, 56(7): 2669-2676.

[269] XU G L, WANG X T, XU X G. On analysis of bi-dimensional component decomposition via BEMD[J]. Pattern Recognition, 2012, 45(4): 1617-1626.

[270] XU G L, WANG X T, XU X G, et al. Improved EMD for the analysis of FM signals[J]. Mechanical Systems and Signal Processing, 2012, 33(11): 181-196.

[271] XU G L, WANG X T, XU X G, et al. Image decomposition and texture analysis via combined bi-dimensional Bedrosian's principles[J]. IET Image Processing, 2018, 12 (2): 262-273.

[272] XU G L, WANG X T, XU X G, et al. Unified framework for multi-scale decomposition and applications[J]. IET The Journal of Engineering, 2017(11): 577-588.

[273] 杨达，王孝通，徐冠雷. 基于多尺度极值的一维信号趋势项快速提取方法研究[J]. 电子与信息学报，2013，35(5)：1208-1214.

[274] 杨达，王孝通，徐冠雷，等. 利用局部极值点特性的多聚焦图像快速融合[J]. 中国图象图形学报，2014，19(1)：11-19.

[275] YANG D, WANG X T, XU G L. A Fast BEMD algorithm based on multi-scale extrema[C]// The 2014 7th International Congress on Image and Signal Processing & Bio Medical Engineering and Informatics (CISP-BMEI). Dalian: IEEE Press, 2014: 14-16.

[276] XU G L, WANG X T, ZHOU L J, et al. Time-varying bandpass filter based on assisted signals for AM-FM signal separation: A revisit[J]. Journal of Signal and Information Processing, 2013, 4: 229-242.

[277] CHEN G, WANG Z. A signal decomposition theorem with Hilbert transform and its application to narrowband time series with closely spaced frequency components[J]. Mechanical Systems and Signal Processing, 2012, 28: 258-279.

[278] VENOUZIOU M, ZHANG H ZH. Characterizing the Hilbert transform by the Bedrosian theorem[J]. Journal of Mathematical Analysis and Applications, 2008, 338: 1477-1481.

[279] CHEN G, WANG Z. A signal decomposition theorem with Hilbert transform and its application to narrowband time series with closely spaced frequency components[J]. Mechanical Systems and Signal Processing, 2012, 28(4): 258-279.

[280] XU G L, WANG X T, XU X G, et al. The bi-dimensional Bedrosian's principle for image decomposition[J]. Applied Mechanics and Materials, 2014(602-205): 3854-3858.

[281] XU G L, WANG X T, XU X G, et al. Amplitude and phase analysis based on signed demodulation for AM-FM signals [J]. Journal of Computer and Communications, 2014, 2: 87-92.

[282] XU G L, WANG X T, XU X G. Generalized uncertainty principles associated with Hilbert transform[J]. Signal Image and Video Processing, 2014, 8(2): 279-285.

[283]   CEREJEIRAS P, CHEN Q, KAEHLER U. Bedrosian identity in blaschke product case[J]. Complex Analysis and Operator Theory, 2012(6): 275-300.

[284]   ZHANG H. Multidimensional analytic signals and the Bedrosian identity[J]. Integral Equations and Operator Theory, 2014(78): 301-321.

[285]   ISABELLE B, HENRI M. Data fusion in 2D and 3D image processing: An overview[J]. Computer Graphics and Image Processing, 1997, 10: 127-134.

[286]   VICTOR J D T. Frequency-based fusion of multiresolution images[C]// IEEE International Proceeding on Geoscience and Remote Sensing Symposium. IEEE Press, 2003(6): 3665-3667.

[287]   李树涛，王耀南，张昌凡. 基于视觉特性的多波段图像融合[J]. 电子学报，2001，29(12)：1699-1701.

[288]   LI H, MANJUNATH B S, MITRA S K. Multisensor image fusion using the wavelet transform[J]. Graphical Models and Image Processing, 1995, 57: 235-245.

[289]   CHIPMAN L J, ORR T M, LEWIS L N. Wavelets and image fusion[J]. IEEE Transactions on Image Processing, 1995, 3: 248-251.

[290]   WILSON T A, ROGERS S K, MYERS L R. Perceptual based hyperspectral image fusion using multiresolution analysis[J]. Optical Engineering, 1995, 34(11): 3154-3164.

[291]   GEMMA P. A general framework for multiresolution image fusion: From pixels to regions[J]. Information Fusion, 2003, 4: 259-280.

[292]   PAUL H, NISHAN C, DAVE B. Image fusion using complex wavelets[C]// Proceedings of the IEEE International Conference on Acoustics, Speech, and Signal Processing, ICASSP 2011. Prague: Prague Congress Center, 2011: (22-27): 487-496.

[293]   LI Z H, JIG Z L, LIU G, et al. A region-based image fusion algorithm using multiresolution segmentation[C]// IEEE Proceeding on Intelligent Transportation Systems. IEEE Press, 2003(1): 96-101.

[294]   徐冠雷，王孝通，徐晓刚，等. 基于视觉特性的多聚焦图像融合新算法[J]. 中国图象图形学报，2007，12(2)：330-335.